全国二级造价工程师继续教育教材

安徽海量科技咨询有限责任公司　组编

杨　光　刘　辉　主编

机械工业出版社

本教材依据我国现行工程造价法律法规、标准规范等政策制度规定，结合建设行业发展和工程造价管理实际编写。为着力提高造价工程师职业素养和执业能力，全书重点介绍了建设工程中与工程造价业务相关的新法规、新制度、新标准、新理论、新技术和新方法。详细阐述了新型建设模式——工程总承包的类型、特点、招标投标、合同及其造价管理，以及相应的全过程工程咨询业务范围与内容、咨询方法及注意事项。扼要叙述BIM技术与造价信息化管理以及各种造价软件的应用。通过工程造价典型案例分析，系统归纳总结了工程造价编制与审核技巧以及造价成本控制方法。针对二级造价工程师的职业特点，简要介绍了造价工程师的职业资格制度和职业道德。

图书在版编目（CIP）数据

全国二级造价工程师继续教育教材/安徽海量科技咨询有限责任公司组编；杨光，刘辉主编. —北京：机械工业出版社，2023.6
ISBN 978-7-111-73323-2

Ⅰ.①全… Ⅱ.①安… ②杨… ③刘… Ⅲ.①建筑造价管理-资格考试-继续教育-教材 Ⅳ.①TU723.3

中国国家版本馆 CIP 数据核字（2023）第 105749 号

机械工业出版社（北京市百万庄大街 22 号　邮政编码 100037）
策划编辑：闫云霞　　　　　　责任编辑：闫云霞　张大勇
责任校对：张亚楠　张　薇　　封面设计：张　静
责任印制：单爱军
北京虎彩文化传播有限公司印刷
2023 年 8 月第 1 版第 1 次印刷
184mm×260mm · 18 印张 · 445 千字
标准书号：ISBN 978-7-111-73323-2
定价：68.00 元

电话服务　　　　　　　　　　网络服务
客服电话：010-88361066　　　机　工　官　网：www.cmpbook.com
　　　　　010-88379833　　　机　工　官　博：weibo.com/cmp1952
　　　　　010-68326294　　　金　书　网：www.golden-book.com
封底无防伪标均为盗版　　　机工教育服务网：www.cmpedu.com

《全国二级造价工程师继续教育教材》
编审人员名单

主　编：杨　光　刘　辉

编著者（排名不分先后）：

江小燕　王艳丽　杨　光　吴正文　刘　辉

郑　勇　李顺达　王永刚　程　峰　沈月婷

胡旭辉　杨旻紫　吴大江　姜　洁　罗张福

王玉涵　杨　璐　王　珏　梁继美　胡　煜

陈　林　陈政杰

审　定：杨　博　柏　娟

前　言

　　当今我国 GDP 已连续多年位居世界第二位，其中建筑业产值始终占比 10% 左右。面向未来，我国固定资产投资将会持续增长，建设项目管理由原来的"质量、进度、投资"三大控制转变为"项目增值"，建设方式将全面推行工程总承包，工程咨询实行全过程工程咨询，其内容涵盖项目决策、勘察、设计、招标、造价、监理、运维等建设活动。建设行业专业技术人员，特别是造价工程师将面临巨大的机遇与挑战。为满足工程建设发展的需要，着力提高造价工程师职业素养和执业能力，根据我国工程造价专业职业发展规划，结合造价 CPD 教育目的和行业实际，组织编写了本教材。

　　本教材共六章，重点介绍了建设工程中与工程造价业务相关的新法规、新制度、新标准、新理论、新技术和新方法。详细阐述了建设项目新型建设模式——工程总承包模式，包括总承包的类型、特点、招标投标、合同管理、造价管理，以及相应的全过程工程咨询的业务范围与内容、咨询方法与注意事项。简要介绍了 BIM 技术内容及其在造价管理中的应用，列举了造价软件应用实例。本教材中通过工程造价典型案例分析，归纳总结了工程定额的应用、工程造价编制与审核技巧以及价值工程分析与造价成本控制方法。同时为适应造价工程师的职业要求，扼要介绍了造价工程师的职业资格制度和职业道德内容。

　　本教材聚焦建设行业发展前沿，理论与实践经验相结合，具有丰富的知识性、实践性、操作性。其内容新颖、结构完整、实例典型、图文并茂、易读易懂，对实际工作具有指导作用。本教材在编写过程中，参考了大量建设行业的新成果，汲取了工程咨询单位的先进经验和多位专家学者的宝贵意见和建议，在此一并表示感谢。

　　本教材主要用于全国二级造价工程师继续教育，也可用于一级造价工程师、建筑师、勘察设计注册工程师、建造师、监理工程师等职业资格人员的继续教育；还可供建设单位（投资人）、勘察、设计单位、施工、监理、造价咨询、招标代理、运维等单位的造价专业技术人员培训或业务参考使用。

　　本教材虽经认真准备、反复讨论、审查修改，但不足之处仍在所难免，恳请广大读者提出宝贵意见。

编　者

目　录

第一章 工程造价新的法规与规范

第一节 工程造价法规（造价管理办法、条例）

一、《中华人民共和国建筑法》及《建设工程质量管理条例》中有关工程造价的法律法规条文

（一）《中华人民共和国建筑法》

《中华人民共和国建筑法》（以下简称《建筑法》）自 1998 年 3 月 1 日起施行，至今先后修正过两次，分别为 2011 年修正了第四十八条有关工伤保险、意外伤害保险的规定，2019 年修正了第八条有关申请领取施工许可证的规定。《建筑法》施行 20 多年来，整部法规的框架并未有实质性的变动，全法包括 "总则" "建筑许可" "建筑工程发包与承包" "建筑工程监理" "建筑安全生产管理" "建筑工程质量管理" "法律责任" "附则" 八章。

《建筑法》虽然总体上涵盖了调整建筑活动的方方面面，但唯独缺少了行业内外高度关注且争议纠纷层出不穷的 "工程造价" 章节，使建筑行业造价管理和解决拖欠工程款在国家法律层级缺乏依据。例如《建筑法》第十八条："建筑工程造价应当按照国家有关规定，由发包单位与承包单位在合同中约定。公开招标发包的，其造价的约定，须遵守招标投标法律的规定。发包单位应当按照合同的约定，及时拨付工程款项"，倡导性的寥寥数语显然无法制约和指导纷繁复杂的造价管理。《建筑法》缺乏工程造价的明确规定，而现实却又对工程造价争议的依法处理存在迫切的需求。面对法律本身的立法缺乏，中华人民共和国最高人民法院为指导法院准确判案，先后通过两部施工合同司法解释对工程造价的司法审判实践工作做了成体系的详尽规定：2005 年 1 月 1 日起施行的《最高人民法院关于审理建设工程施工合同纠纷案件适用法律问题的解释（一）》（以下简称《施工合同司法解释（一）》）共二十八条，其中对造价进行规定的包括了 "合同无效，工程验收合格的处理原则" 等十三条条文，与造价有关的包括了 "建设工程施工合同无效的情形" 等六条条文；2019 年 2 月 1 日起施行的《最高人民法院关于审理建设工程施工合同纠纷案件适用法律问题的解释（二）》（以下简称《施工合同司法解释（二）》）共二十六条，其中对造价进行规定的包括了 "背离中标合同实质性内容的判断标准" 等十二条条文，与造价有关的包括了 "合同无效损失赔偿的认定" 等在内的六条条文，且将工程

质量和工期争议均纳入造价规定中。无论是《施工合同司法解释（一）》还是《施工合同司法解释（二）》，造价条款都占据了大量的篇幅，司法实践对造价法规的需求由此可见一斑。

（二）《建设工程质量管理条例》

2000 年 1 月 10 日，《建设工程质量管理条例》经国务院第二十五次常务会议通过，于 2000 年 1 月 30 日发布，自发布之日起施行。根据 2017 年 10 月 7 日国务院令（第 687 号）《国务院关于修改部分行政法规的决定》修正，根据 2019 年 4 月 23 日国务院令（第 714 号）《国务院关于修改部分行政法规的决定》第二次修正。

《建设工程质量管理条例》第十条："建设工程发包单位不得迫使承包方以低于成本的价格竞标，不得任意压缩合理工期。建设单位不得明示或者暗示设计单位或者施工单位违反工程建设强制性标准，降低建设工程质量。"

《建设工程质量管理条例》第四十一条："建设工程在保修范围和保修期限内发生质量问题的，施工单位应当履行保修义务，并对造成的损失承担赔偿责任。"

二、合同制度中有关工程造价的法律法规条文

2020 年 5 月 28 日，十三届全国人大三次会议表决通过了《中华人民共和国民法典》，自 2021 年 1 月 1 日起施行。婚姻法、继承法、民法通则、收养法、担保法、合同法、物权法、侵权责任法、民法总则同时废止。《中华人民共和国民法典》是新中国第一部以法典命名的法律，在法律体系中居于基础性地位，也是市场经济的基本法。《中华人民共和国民法典》共七编，各编依次为总则、物权、合同、人格权、婚姻家庭、继承、侵权责任以及附则。

《中华人民共和国民法典》（以下简称《民法典》）第三编"合同"包括第一分编"通则"、第二分编"典型合同"和第三分编"准合同"，其中第二分编包括第九章至第二十七章，第十八章为"建设工程合同"。在"建设工程合同"这一章，主要有以下涉及工程造价的相关规定：

1）《民法典》第七百八十八条【建设工程合同定义和种类】："建设工程合同是承包人进行工程建设，发包人支付价款的合同。建设工程合同包括工程勘察、设计、施工合同。"

2）《民法典》第七百九十五条【施工合同的内容】："施工合同的内容一般包括工程范围、建设工期、中间交工工程的开工和竣工时间、工程质量、工程造价、技术资料交付时间、材料和设备供应责任、拨款和结算、竣工验收、质量保修范围和质量保证期、相互协作等条款。"

3）《民法典》第七百九十九条【建设工程的竣工验收】："建设工程竣工后，发包人应当根据施工图纸及说明书、国家颁发的施工验收规范和质量检验标准及时进行验收。验收合格的，发包人应当按照约定支付价款，并接收该建设工程。建设工程竣工经验收合格后，方可交付使用；未经验收或者验收不合格的，不得交付使用。"

4）《民法典》第八百零七条【发包人未支付工程价款的责任】："发包人未按照约定支付价款的，承包人可以催告发包人在合理期限内支付价款。发包人逾期不支付的，除根据建设工程的性质不宜折价、拍卖外，承包人可以与发包人协议将该工程折价，也可以请求人民法院将该工程依法拍卖。建设工程的价款就该工程折价或者拍卖的价款优先受偿。"

三、《招标投标法》及其实施条例有关工程造价的法律法规条文

《中华人民共和国招标投标法》（以下简称《招标投标法》）是为了规范招标投标活动，保护国家利益、社会公共利益和招标投标活动当事人的合法权益，提高经济效益，保证项目质量制定的法律。1999年8月30日第九届全国人民代表大会常务委员会第十一次会议通过，自2000年1月1日起施行；根据2017年12月27日第十二届全国人民代表大会常务委员会第三十一次会议《关于修改〈中华人民共和国招标投标法〉、〈中华人民共和国计量法〉的决定》修正，自2017年12月28日起施行。

《招标投标法》第三十三条规定："投标人不得以低于成本的报价竞标，也不得以他人名义投标或者以其他方式弄虚作假，骗取中标。"

《招标投标法》第四十一条规定："中标人的投标应当符合下列条件之一：（一）能够最大限度地满足招标文件中规定的各项综合评价标准；（二）能够满足招标文件的实质性要求，并且经评审的投标价格最低；但是投标价格低于成本的除外。"

《招标投标法》第四十六条规定："招标人和中标人应当自中标通知书发出之日起三十日内，按照招标文件和中标人的投标文件订立书面合同。招标人和中标人不得再行订立背离合同实质性内容的其他协议。招标文件要求中标人提交履约保证金的，中标人应当提交。"该条规定适用于依法必须进行招标的项目，而不适用于依法不属于招标的项目，依法进行招投标的项目不允许发包人和承包人任意变更实质性内容。而对于非强制招标项目，发包人和承包人协商一致即可订立、变更和解除合同。

《中华人民共和国招标投标法实施条例》第五十七条规定："招标人和中标人应当依照招标投标法和本条例的规定签订书面合同，合同的标的、价款、质量、履行期限等主要条款应当与招标文件和中标人的投标文件的内容一致。招标人和中标人不得再行订立背离合同实质性内容的其他协议。"

在签订的中标合同外，当事人签订的实质性内容不同的合同应认定为无效合同。如2020年12月29日，最高人民法院发布的《建设工程司法解释（一）》第二条规定："招标人和中标人另行签订的建设工程施工合同约定的工程范围、建设工期、工程质量、工程价款等实质性内容，与中标合同不一致，一方当事人请求按照中标合同确定权利义务的，人民法院应予支持。"

四、《建筑工程施工发包与承包计价管理办法》的主要内容

为了规范建筑工程施工发包与承包计价行为，维护建筑工程发包与承包双方的合法权益，促进建筑市场的健康发展，根据有关法律、法规，制定《建筑工程施工发包与承包计价管理办法》（住建部令第16号），该办法共二十七条，自2014年2月1日起施行。

（一）工程发承包计价的内容

在中华人民共和国境内的建筑工程施工发包与承包计价管理（以下简称"工程发承包计价"），适用该办法。该办法所称建筑工程是指房屋建筑和市政基础设施工程，所称工程发承包计价包括编制工程量清单、最高投标限价、招标标底、投标报价，进行工程结算，以及签订和调整合同价款等活动。

（二）工程发承包计价的基本原则

建筑工程施工发包与承包价在政府宏观调控下，由市场竞争形成。工程发承包计价应当

遵循公平、合法和诚实信用的原则。国家推广工程造价咨询制度，对建筑工程项目实行全过程造价管理。

全部使用国有资金投资或者以国有资金投资为主的建筑工程（以下简称国有资金投资的建筑工程），应当采用工程量清单计价；非国有资金投资的建筑工程，鼓励采用工程量清单计价。国有资金投资的建筑工程招标的，应当设有最高投标限价；非国有资金投资的建筑工程招标的，可以设有最高投标限价或者招标标底。最高投标限价及其成果文件，应当由招标人报工程所在地县级以上地方人民政府住房城乡建设主管部门备案。

（三）工程发承包计价的基本规定

1. 最高投标限价与标底

工程量清单应当依据国家制定的工程量清单计价规范、工程量计算规范等编制。工程量清单应当作为招标文件的组成部分。

最高投标限价应当依据工程量清单、工程计价有关规定和市场价格信息等编制。招标人设有最高投标限价的，应当在招标时公布最高投标限价的总价，以及各单位工程的分部分项工程费、措施项目费、其他项目费、规费和税金。招标标底应当依据工程计价有关规定和市场价格信息等编制。

2. 投标报价

投标报价不得低于工程成本，不得高于最高投标限价。投标报价应当依据工程量清单、工程计价有关规定、企业定额和市场价格信息等编制。投标报价低于工程成本或者高于最高投标限价总价的，评标委员会应当否决投标人的投标。对是否低于工程成本报价的异议，评标委员会可以参照国务院住房城乡建设主管部门和省、自治区、直辖市人民政府住房城乡建设主管部门发布的有关规定进行评审。

招标人与中标人应当根据中标价订立合同。不实行招标投标的工程由发承包双方协商订立合同。合同价款的有关事项由发承包双方约定，一般包括合同价款约定方式，预付工程款、工程进度款、工程竣工价款的支付和结算方式，以及合同价款的调整情形等。发承包双方在确定合同价款时，应当考虑市场环境和生产要素价格变化对合同价款的影响。

实行工程量清单计价的建筑工程，鼓励发承包双方采用单价方式确定合同价款。建设规模较小、技术难度较低、工期较短的建筑工程，发承包双方可以采用总价方式确定合同价款。紧急抢险、救灾以及施工技术特别复杂的建筑工程，发承包双方可以采用成本加酬金方式确定合同价款。

发承包双方应当在合同中约定，发生下列情形时合同价款的调整方法：①法律、法规、规章或者国家有关政策变化影响合同价款的；②工程造价管理机构发布价格调整信息的；③经批准变更设计的；④发包方更改经审定批准的施工组织设计造成费用增加的；⑤双方约定的其他因素。

3. 预付款与工程进度款

发承包双方应当根据国务院住房城乡建设主管部门和省、自治区、直辖市人民政府住房城乡建设主管部门的规定，结合工程款、建设工期等情况在合同中约定预付工程款的具体事宜。预付工程款按照合同价款或者年度工程计划额度的一定比例确定和支付，并在工程进度款中予以抵扣。

承包方应当按照合同约定向发包方提交已完成工程量报告。发包方收到工程量报告后，应当按照合同约定及时核对并确认。发承包双方应当按照合同约定，定期或者按照工程进度分段进行工程款结算和支付。

4. 竣工结算

工程完工后，应当按照下列规定进行竣工结算：①承包方应当在工程完工后的约定期限内提交竣工结算文件；②国有资金投资建筑工程的发包方，应当委托具有相应资质的工程造价咨询企业对竣工结算文件进行审核，并在收到竣工结算文件后的约定期限内向承包方提出由工程造价咨询企业出具的竣工结算文件审核意见；逾期未答复的，按照合同约定处理，合同有约定的，竣工结算文件视为已被认可。非国有资金投资的建筑工程发包方，应当在收到竣工结算文件后的约定期限内予以答复，逾期未答复的，按照合同约定处理，合同没有约定的，竣工结算文件视为已被认可；发包方对竣工结算文件有异议的，应当在答复期内向承包方提出，并可以在提出异议之日起的约定期限内与承包方协商；发包方在协商期内未与承包方协商或者经协商未能与承包方达成协议的，应当委托工程造价咨询企业进行竣工结算审核，并在协商期满后的约定期限内向承包方提出由工程造价咨询企业出具的竣工结算文件审核意见；③承包方对发包方提出的工程造价咨询企业竣工结算审核意见有异议的，在接到该审核意见后一个月内，可以向有关工程造价管理机构或者有关行业组织申请调解，调解不成的，可以依法申请仲裁或者向人民法院提起诉讼。

发承包双方在合同中对上述第①项、第②项的期限没有明确约定的，应当按照国家有关规定执行；国家没有规定的，可认为其约定期限均为28日。

工程竣工结算文件经发承包双方签字确认的，应当作为工程决算的依据，未经对方同意，另一方不得就已生效的竣工结算文件委托工程造价咨询企业重复审核。发包方应当按照竣工结算文件及时支付竣工结算款。

竣工结算文件应当由发包方报工程所在地县级以上地方人民政府住房城乡建设主管部门备案。

五、《工程造价咨询业管理办法》（征求意见稿）的主要内容

《工程造价咨询企业管理办法》（2006年3月22日建设部令第149号发布）（以下简称149号部令），自2006年7月1日起施行，2015年5月4日、2016年9月13日、2020年2月19日三次修正；《注册造价工程师管理办法》（2006年12月25日建设部令第150号发布）（以下简称150号部令），自2007年3月1日起施行，2016年9月13日、2020年2月19日二次修正。两个部令自施行以来，对规范工程造价咨询行为，加强行业管理发挥了重要作用。

但近年来，随着国务院行政审批制度改革不断推进，149号部令、150号部令虽然多次修正，但部分条款仍需调整才能适应新的工作需要，主要表现在：一是取消工程造价咨询企业资质审批。2021年6月国务院发布《国务院关于深化"证照分离"改革进一步激发市场主体发展活力的通知》（国发【2021】7号），自7月1日起，停止工程造价咨询企业资质审批，工程造价咨询企业按照其营业执照经营范围开展业务。二是加强事中事后监管。为贯彻落实国发【2021】7号文要求，健全审管衔接机制，做好放管结合，创新监管手段，切实履行监管职责。三是造价工程师实施分专业、分级别注册和执业。根据2018年住建部、交通运输部、水利部、人力资源社会保障部联合印发的《造价工程师职业资格制度规定》（建

人【2018】67号），注册造价工程师分为土木建筑工程、安装工程、交通运输工程和水利工程四个专业，分为一级、二级两个等级。造价工程师的注册、执业等条款仍需进一步完善。

为做好取消工程造价咨询企业资质审批的衔接工作，加强工程造价咨询业管理，住建部启动149号部令修订；2021年8月，为做好工程造价咨询业顶层设计，决定合并修订149号部令和150号部令；2021年9月，形成《工程造价咨询业管理办法》初稿，征求行业专家和部分地区工程造价管理机构意见；2021年11月，住房和城乡建设部发布关于征求《工程造价咨询业管理办法》（征求意见稿）意见的函，对《工程造价咨询企业管理办法》和《注册造价工程师管理办法》进行了合并修订，形成《工程造价咨询业管理办法》（征求意见稿）。

（一）总则

工程造价咨询是指工程造价咨询企业接受委托、注册造价工程师接受委派，对建设项目全过程造价的确定与控制提供专业咨询服务，并出具工程造价成果文件的活动。

国务院住房和城乡建设主管部门负责全国工程造价咨询活动的监督管理，指导和规范全国工程造价咨询业的发展。县级以上地方人民政府住房和城乡建设主管部门负责本行政区域内工程造价咨询业的监督管理，可委托所属的工程造价管理机构负责具体事务工作。国务院交通运输、水利主管部门按照职责分工负责本专业工程造价咨询活动的监督管理。

（二）工程造价咨询企业管理

工程造价咨询企业应当按照营业执照经营范围开展相关业务，并具备与承接业务相匹配的能力和注册造价工程师。

工程造价咨询企业依法从事工程造价咨询活动，不受行政区域限制。

工程造价咨询企业应当建立完整的质量管理体系、内部操作规程和档案管理制度，确保咨询成果质量。

工程造价咨询企业不得有下列行为：①允许其他企业借用本企业名义从事造价咨询活动；②转包或承接他人转包的工程造价咨询业务；③以弄虚作假手段协助他人在本企业申请造价工程师注册；④以给予回扣、恶意压低收费等方式进行不正当竞争；⑤同时接受发包人和承包人、招标人和投标人、两个以上投标人对同一工程项目的工程造价咨询业务；⑥出具虚假、不实或误导性工程造价成果文件；⑦承接被审核、被评审、被审计单位与本企业有利害关系的工程造价咨询业务；⑧法律、法规禁止的其他行为。

（三）注册造价工程师管理

注册造价工程师实行注册执业管理。取得职业资格证书的人员，应当经过注册方能按注册专业和级别以注册造价工程师名义执业。

国务院住房和城乡建设主管部门对全国土木建筑工程、安装工程专业的注册造价工程师的注册、执业活动实施统一监督管理。省、自治区、直辖市人民政府住房和城乡建设主管部门对本行政区域内土木建筑工程、安装工程专业的注册造价工程师执业活动实施监督管理，并负责本行政区域内土木建筑工程、安装工程专业的二级注册造价工程师的注册工作。

注册造价工程师的注册条件为：①经本人申请。②取得职业资格。③受聘于一个工程建设领域的建设、勘察设计、施工、招标代理、工程监理、工程造价咨询等具有独立法人资格的单位。④无以下不予注册的情形：不具有完全民事行为能力的；申请在两个或者两个以上单位注册的；社保缴纳单位与申请注册单位不一致的；未达到造价工程师继续教育合格标准的；受刑事处罚，且尚未执行完毕的；因工程造价咨询活动受刑事处罚，自刑事处罚执行完毕之日起至申请注册之日止不满 5 年的；法律、法规规定不予注册的其他情形。

造价工程师注册证书、执业印章的样式以及编码规则由国务院住房和城乡建设主管部门会同交通运输、水利主管部门协商统一制定。注册证书和执业印章是注册造价工程师的执业凭证，由注册造价工程师本人保管、使用。

注册造价工程师享有下列权利：①使用注册造价工程师名称；②在规定范围内从事执业活动；③在本人执业活动中形成的文件上签字并加盖执业印章；④保管和使用本人的注册证书和执业印章；⑤对本人执业活动进行解释和辩护；⑥接受继续教育；⑦获得相应的劳动报酬；⑧对侵犯本人权利的行为进行申诉。

注册造价工程师应当履行下列义务：①遵守法律、法规、有关管理规定，恪守职业道德；②执行工程造价计价标准和计价方法；③保证执业活动成果的质量，并承担相应责任；④参加继续教育，提高执业水平；⑤与当事人有利害关系的，应当主动回避；⑥保守在执业中知悉的国家秘密和他人的商业、技术秘密；⑦协助注册管理机关完成相关工作。

（四）工程造价成果文件管理

工程造价成果文件是指工程造价咨询企业接受委托，由注册造价工程师编制、审核完成的与工程造价有关的文件。

工程造价咨询企业应当按照有关规定，在出具的工程造价成果文件上加盖企业公章，并对工程造价成果文件负责。

注册造价工程师应当在本人编制的工程造价成果文件上签字，加盖执业印章，并承担相应的法律责任。最终出具的工程造价成果文件应当由一级注册造价工程师审核、签字盖章，并承担相应的法律责任。工程造价成果文件的编制人与审核人不得为同一注册造价工程师。修改经注册造价工程师签字盖章的工程造价最终成果文件，应当由签字盖章的注册造价工程师本人进行；本人因特殊情况不能进行修改的，应当由承接该业务的工程造价咨询企业指派其他注册造价工程师重新出具工程造价成果文件。

除法律、法规另有规定外，未经委托人书面同意，工程造价咨询企业和注册造价工程师不得对外提供工程造价咨询服务过程中获知的当事人的商业秘密。

（五）信用信息管理

国务院住房和城乡建设主管部门负责建立全国工程造价咨询管理系统，指导开展信用信息相关管理工作。省、自治区、直辖市人民政府住房和城乡建设主管部门负责制定本行政区域工程造价咨询业信用信息管理制度，实施信用信息动态管理，执行统计报告制度。县级以上人民政府住房和城乡建设主管部门负责联合有关部门，管理、记录、归集、共享本行政区域内工程造价咨询业信用信息。

信用信息内容包括工程造价咨询企业和注册造价工程师的基本信息、从业信息（含工程造价成果文件）、守信信息和失信信息等。

工程造价咨询企业和注册造价工程师应当及时向企业注册所在地县级以上人民政府住房和城乡建设主管部门提供相关信用信息，并承诺提供的信息真实、准确、完整，接受社会监督。

鼓励委托方从全国工程造价咨询管理系统中选择工程造价咨询企业和注册造价工程师开展工程造价咨询活动。

县级以上人民政府住房和城乡建设主管部门应当按照有关规定将查处工程造价咨询企业、注册造价工程师的违法行为和行政处罚结果记入其失信信息，并向社会公布。县级以上人民政府住房和城乡建设主管部门应当依照有关法律、法规，建立健全工程造价咨询活动投诉举报的处理机制，加强投诉举报核查工作。

工程造价咨询业组织应当加强行业自律管理。鼓励工程造价咨询企业和注册造价工程师加入工程造价咨询业组织，遵守行约、行规，诚实守信经营。

（六）监督检查

县级以上人民政府住房和城乡建设主管部门依照有关法律、法规和本办法的规定，对工程造价咨询企业和注册造价工程师进行检查，并及时将检查情况和结果向社会公布，接受社会监督。

监督检查的主要内容包括：①全国工程造价咨询管理系统的信用信息填报情况；②工程造价成果文件质量情况；③注册造价工程师执业情况；④企业技术档案管理、质量控制、财务管理等情况；⑤其他应当检查的内容。

县级以上人民政府住房和城乡建设主管部门结合工程造价咨询企业信用情况，实施差异化监管。具有以下情形的，应当加强监管：①以不正当方式承揽业务的；②有失信信息记录的；③被投诉或者举报且被查实的；④其他需要实施严格监管的情形。

工程造价咨询企业和注册造价工程师违法从事工程造价咨询活动的，工程项目所在地县级以上地方人民政府住房和城乡建设主管部门或者其他有关部门应当依法查处，并将违法事实、处理结果告知企业注册所在地省级人民政府住房和城乡建设主管部门；依法撤销造价工程师注册的，应当将违法事实、处罚建议及有关材料告知注册机关。

注册造价工程师有下列情形之一的，其注册证书失效：①已与聘用单位解除劳动合同的；②聘用单位破产或被吊销营业执照的；③注册有效期满且未延续注册的；④死亡或者不具有完全民事行为能力的；⑤其他导致注册失效的情形。

有下列情形之一的，注册机关或者其上级行政机关依据职权或者根据利害关系人的请求，可以撤销注册造价工程师的注册：①行政机关工作人员滥用职权、玩忽职守作出准予注册许可的；②超越法定职权作出准予注册许可的；③违反法定程序作出准予注册许可的；④对不具备注册条件的申请人作出准予注册许可的；⑤依法可以撤销注册的其他情形。

有下列情形之一的，由注册机关办理注销注册手续，收回注册证书和执业印章或者公告其注册证书和执业印章作废：①有该办法注册证书失效所列情形发生的；②依法被撤销注册的；③依法被吊销注册证书的；④受到刑事处罚的；⑤法律、法规规定应当注销注册的其他情形。

工程造价咨询企业和注册造价工程师应当接受县级以上人民政府住房和城乡建设主管部门依法实施的监督检查，如实提供相关资料，不得拒绝、延误、阻挠、逃避检查，不得谎报、隐匿、销毁相关资料。县级以上人民政府住房和城乡建设主管部门进行监督检查时，应当有两名以上监督检查人员参加，并出示执法证件，不得妨碍被检查单位的正常经营活动，不得索取或者收受财物、谋取其他利益。

（七）法律责任

1. 工程造价咨询企业的法律责任

工程造价咨询企业有允许其他企业借用本企业名义从事造价咨询活动；转包或承接他人转包的工程造价咨询业务；以弄虚作假手段协助他人在本企业申请造价工程师注册；以给予

回扣、恶意压低收费等方式进行不正当竞争等行为之一的，由县级以上人民政府住房和城乡建设主管部门或者其他有关部门给予通报批评，责令限期改正；逾期未改正的，可处以3万元以下的罚款。

工程造价咨询企业有同时接受发包人和承包人、招标人和投标人、两个以上投标人对同一工程项目的工程造价咨询业务；出具虚假、不实或误导性工程造价成果文件；承接被审核、被评审、被审计单位与本企业有利害关系的工程造价咨询业务等行为之一的，由县级以上人民政府住房和城乡建设主管部门或者其他有关部门责令停业整顿3~6个月，有违法所得的没收违法所得；构成犯罪的，依法追究刑事责任。

工程造价咨询企业违反规定不配合检查的，由县级以上人民政府住房和城乡建设主管部门或者其他有关部门给予警告，责令限期改正；逾期未改正的，可处以3万元以下的罚款。

工程造价咨询企业违反有关规定提供虚假信用信息的，由县级以上人民政府住房和城乡建设主管部门或者其他有关部门给予通报批评，责令限期改正；逾期未改正的，处以1万元以上3万元以下的罚款。

2. 注册造价师的法律责任

（1）造价师注册违法行为应承担的法律责任　隐瞒有关情况或者提供虚假材料申请造价工程师注册的，注册机关不予受理或者不予注册，并给予警告，申请人在1年内不得再次申请造价工程师注册。

以欺骗、贿赂等不正当手段取得造价工程师注册的，由注册机关撤销其注册，3年内不得再次申请注册，并由县级以上人民政府住房和城乡建设主管部门或者其他有关部门处以罚款。其中，没有违法所得的，处以1万元以下罚款；有违法所得的，处以违法所得3倍以下且不超过3万元的罚款。

（2）无证或未办理变更注册执业应承担的法律责任　违反该办法规定，未经注册而以注册造价工程师的名义从事工程造价咨询活动的，由县级以上人民政府住房和城乡建设主管部门或者其他有关部门给予警告，责令停止违法活动，并可处以1万元以上3万元以下的罚款；对其所在企业由县级以上人民政府住房和城乡建设主管部门或者其他有关部门给予通报批评。

违反该办法规定，聘用单位变更后，未办理变更注册而继续执业的注册造价工程师，由县级以上人民政府住房和城乡建设主管部门或者其他有关部门责令限期改正；逾期不改的，可处以5000元以下的罚款。

（3）造价师执业活动中违法行为应承担的法律责任　注册造价工程师在承接被审核、被评审、被审计单位与本企业有利害关系的工程造价咨询业务的工程造价成果文件上签字盖章，且造成委托方重大经济损失的，由注册机关吊销其注册，终身禁止注册执业。

注册造价工程师有下列行为之一的，由县级以上人民政府住房和城乡建设主管部门或者其他有关部门给予警告，责令改正，没有违法所得的，处以1万元以下罚款；有违法所得的，处以违法所得3倍以下且不超过3万元的罚款：①不履行注册造价工程师义务；②在执业过程中，索贿、受贿或者谋取合同约定费用外的其他利益；③在执业过程中实施商业贿赂；④签署有虚假、不实或误导性陈述的工程造价成果文件；⑤以个人名义承接工程造价业务；⑥在非本人完成的工程造价成果文件上签字盖章；⑦同时在两个或者两个以上单位执业；⑧涂改、倒卖、出租、出借或者以其他形式非法转让注册证书或者执业印章；⑨超出注册专业和级别范围执业。

（4）造价师未提供信用信息应承担的法律责任　注册造价工程师未按照有关规定提供信用信息或提供虚假信息的，由县级以上人民政府住房和城乡建设主管部门或者其他有关部门责令限期改正；逾期未改正的，可处以 1 万元以下的罚款。

第二节　《建设工程工程量清单计价规范》的主要内容

为规范建设工程造价计价行为，统一建设工程计价文件的编制原则和计价方法，根据《中华人民共和国建筑法》《中华人民共和国合同法》《中华人民共和国招标投标法》等法律法规，制定《建设工程工程量清单计价规范》（GB 50500—2013）（以下简称《13 规范》）。

一、《13 规范》的特点

《13 规范》主要具备以下特点：确立了工程计价标准体系的形成、扩大了计价计量规范的适用范围、深化了工程造价运行机制的改革、强化了工程计价计量的强制性规定、注重了与施工合同的衔接、明确了工程计价风险分担的范围、完善了招标控制价制度、规范了不同合同形式的计量与价款交付、统一了合同价款调整的分类内容、确立了施工全过程计价控制与工程结算、提供了合同价款争议解决的方法、增加了工程造价鉴定的专门规定、细化了措施项目计价的规定、增强了规范的可操作性、保持了规范的先进性。

二、总则

1. 《13 规范》的适用范围

《13 规范》适用于建设工程发承包及实施阶段的计价活动。建设工程进入发承包及实施阶段，与决策阶段、设计阶段不同，发承包双方以及第三方中介服务机构将受合同法、建筑法、招标投标法等法律法规的约束。《13 规范》的适用范围明确规定为"建设工程发承包及实施阶段的计价活动"，使其与建设工程决策阶段、设计阶段有所区分，避免因理解上的歧义而发生纠纷。

建设工程发承包及实施阶段的计价活动包括：工程量清单编制、招标控制价编制、投标报价编制、工程合同价款的约定、工程施工过程中工程计量与合同价款的支付、索赔与现场签证、合同价款的调整、竣工结算的办理和合同价款争议的解决以及工程造价鉴定等活动，涵盖了工程建设发承包及实施阶段的整个过程。

2. 工程造价的组成内容

建设工程发承包及实施阶段的工程造价由分部分项工程费、措施项目费、其他项目费、规费和税金组成。

3. 建设工程计价活动的主体

招标工程量清单、招标控制价、投标报价、工程计量、合同价款调整、合同价款结算与支付以及工程造价鉴定等工程造价文件的编制与核对，应由具有专业资格的工程造价人员承担。承担工程造价文件的编制与核对的工程造价人员及其所在单位，应对工程造价文件的质量负责。

4. 建设工程计价活动的原则

建设工程发承包及实施阶段的计价活动应遵循客观、公正、公平的原则。建设工程发承包及实施阶段的计价活动，除应符合《13 规范》外，尚应符合国家现行有关标准的规定。

三、一般规定

1. 计价方式

使用国有资金投资的建设工程发承包，必须采用工程量清单计价。该条在《13 规范》中仍然保留为强制性条文。《必须招标的工程项目规定》（2018 年 3 月 27 日国家发展和改革委员会令第 16 号）规定："全部或者部分使用国有资金投资或者国家融资的项目包括：（一）使用预算资金 200 万元人民币以上，并且该资金占投资额 10%以上的项目；（二）使用国有企业事业单位资金，并且该资金占控股或者主导地位的项目。"

非国有资金投资的建设工程，宜采用工程量清单计价。不采用工程量清单计价的建设工程，应执行《13 规范》除工程量清单等专门性规定外的其他规定。

工程量清单计价应采用综合单价计价。该条在《13 规范》中保留为强制性条文。鉴于工程量清单计价不论分部分项工程项目，还是措施项目；不论是单价项目，还是总价项目，均应采用综合单价法计价，即包括除规费和税金以外的全部费用。

措施项目中的安全文明施工费必须按国家或省级、行业建设主管部门的规定计算，不得作为竞争性费用。该条为《13 规范》中的强制性条文。根据《中华人民共和国安全生产法》《建设工程安全生产管理条例》等法律、法规的规定，2012 年 2 月 14 日，财政部、国家安全生产监督管理总局印发《企业安全生产费用提取和使用管理办法》（财企【2012】16 号）第七条规定："建设工程施工企业提取的安全费用列入工程造价，在竞标时，不得删减，列入标外管理"。根据该条文，考虑到安全生产、文明施工的管理与要求越来越高，按照财政部、国家安监总局的规定，安全费用标准不予竞争。因此，《13 规范》规定措施项目清单中的安全文明施工费必须按国家或省级建设行政主管部门或行业建设主管部门的规定费用标准计价，招标人不得要求投标人对该项费用进行优惠，投标人也不得将该项费用参与市场竞争。

规费和税金必须按国家或省级、行业建设主管部门的规定计算，不得作为竞争性费用。该条保留为《13 规范》中的强制性条文。规费是政府和有关权力部门根据国家法律、法规规定施工企业必须缴纳的费用。税金是国家按照税法预先规定的标准，强制地、无偿地要求纳税人缴纳的费用。二者都是工程造价的组成部分，但是其费用内容和计取标准都不是发承包人能自主确定的，更不是由市场竞争决定的。主要包括如下内容：①社会保险费由《中华人民共和国社会保险法》规定的养老保险费、医疗保险费、失业保险费、工伤保险费、生育保险费；②住房公积金由《住房公积金管理条例》（国务院令第 262 号）规定；③工程排污费由《中华人民共和国水污染防治法》规定。

2. 发包人提供材料和工程设备

发包人提供的材料和工程设备（以下简称甲供材料）应在招标文件中按照《13 规范》附录的规定填写《发包人提供材料和工程设备一览表》，写明甲供材料的名称、规格、数量、单价、交货方式、交货地点等。承包人投标时，甲供材料单价应计入相应项目的综合单价中，签约后，发包人应按合同约定扣除甲供材料款，不予支付。承包人应根据合同工程进度计划的安排，向发包人提交甲供材料交货的日期计划。发包人应按计划提供。发包人提供的甲供材料如规格、数量或质量不符合合同要求，或由于发包人原因发生交货日期延误、交货地点及交货方式变更等情况的，发包人应承担由此增加的费用和（或）工期延误，并应向承包人支付合理利润。发承包双方对甲供材料的数量发生争议不能达成一致的，应按照相关工程的计价定额同类项目规定的材料消耗量计算。若发包人要求承包人采购已在招标文件中确定为甲供材料的，材料价格应由发承包双方根据市场调查确定，并应另行签订补充协议。

3. 计价风险

建设工程发承包，必须在招标文件、合同中明确计价中的风险内容及其范围，不得采用无限风险、所有风险或类似语句规定计价中的风险内容及范围。该条为《13 规范》中的强制性条文。在工程施工阶段，发承包双方都面临许多风险，但不是所有的风险以及无限度的风险都应由承包人承担，而是应按风险共担的原则，对风险进行合理分摊。其具体体现则是应在招标文件或合同中对发承包双方各自应承担的计价风险内容及其风险范围或幅度进行界定和明确，而不能要求承包人承担所有风险或无限度风险。根据我国工程建设特点，投标人应完全承担的风险是技术风险和管理风险，如管理费和利润；应有限度承担的是市场风险，如材料价格、施工机械使用费；应完全不承担的是法律、法规、规章和政策变化的风险。

由于下列因素出现，影响合同价款调整的，应由发包人承担：①国家法律、法规、规章和政策发生变化；②省级或行业建设主管部门发布的人工费调整，但承包人对人工费或人工单价的报价高于发布的除外；③由政府定价或政府指导价管理的原材料等价格进行了调整。

目前，我国仍有一些原材料价格按照《中华人民共和国价格法》的规定实行政府定价或政府指导价，如水、电、燃油等。对政府定价或政府指导价管理的原材料价格应按照相关文件规定进行合同价款调整，不应在合同中违规约定。

由于市场物价波动影响合同价款的，应由发承包双方合理分摊。当合同中没有约定，发承包双方发生争议时，应按《13 规范》的规定调整合同价款。

由于承包人使用机械设备、施工技术以及组织管理水平等自身原因造成施工费用增加的，应由承包人全部承担。

当不可抗力发生，影响合同价款时，应按《13 规范》的规定执行。

四、工程量清单编制

1. 一般规定

招标工程量清单应由具有编制能力的招标人或受其委托、具有相应资质的工程造价咨询人编制。

招标工程量清单必须作为招标文件的组成部分，其准确性和完整性应由招标人负责。该条为《13 规范》中的强制性条文。采用工程量清单方式招标发包，工程量清单必须作为招标文件的组成部分，招标人应将工程量清单连同招标文件的其他内容一并发（或发售）给投标人。招标人对编制的工程量清单的准确性和完整性负责。投标人依据工程量清单进行投标报价，对工程量清单不负有核实的义务，更不具有修改和调整的权力。对编制质量的责任规定明确、责任具体。工程量清单作为投标人报价的共同平台，其准确性（如数量不算错），其完整性（如不缺项漏项），均应由招标人负责。如招标人委托工程造价咨询人或招标代理人编制，其责任仍应由招标人承担。因为，中标人与招标人签订工程施工合同后，在履约过程中发现工程量清单漏项或错算，引起合同价款调整的，应由发包人（招标人）承担，而非其他编制人，所以此处规定仍由招标人负责。至于因为工程造价咨询人或招标代理人的错误应承担什么责任，则应由招标人与工程造价咨询人或招标代理人通过合同约定处理或协商解决。

招标工程量清单是工程量清单计价的基础，应作为编制招标控制价、投标报价、计算或调整工程量、索赔等的依据之一。招标工程量清单应以单位（项）工程为单位编制，应由分部分项工程项目清单、措施项目清单、其他项目清单、规费和税金项目清单组成。编制招标工程量清单应依据：①《13规范》和相关工程的国家计量规范；②国家或省级、行业建设主管部门颁发的计价定额和办法；③建设工程设计文件及相关资料；④与建设工程有关的标准、规范、技术资料；⑤拟定的招标文件；⑥施工现场情况、地勘水文资料、工程特点及常规施工方案；⑦其他相关资料。

2. 分部分项工程项目清单

分部分项工程项目清单必须载明项目编码、项目名称、项目特征、计量单位和工程量。分部分项工程项目清单必须根据相关工程现行国家计量规范规定的项目编码、项目名称、项目特征、计量单位和工程量计算规则进行编制。

3. 措施项目清单

措施项目清单必须根据相关工程现行国家计量规范的规定编制。该条为《13规范》中的强制性条文。

4. 其他项目清单

其他项目清单应按照下列内容列项：①暂列金额；②暂估价，包括材料暂估单价、工程设备暂估单价、专业工程暂估价；③计日工；④总承包服务费。

暂列金额应根据工程特点按有关计价规定估算。暂估价中的材料、工程设备暂估单价应根据工程造价信息或参照市场价格估算，列出明细表；专业工程暂估价应分不同专业，按有关计价规定估算，列出明细表。计日工应列出项目名称、计量单位和暂估数量。总承包服务费应列出服务项目及其内容等。

5. 规费清单

规费项目清单应按照下列内容列项：①社会保险费，包括养老保险费、失业保险费、医疗保险费、工伤保险费、生育保险费；②住房公积金；③工程排污费。该条根据《中华人民共和国社会保险法》的规定，将《建设工程工程量清单计价规范》（GB 50500—2008）（以下简称《08规范》）使用的"社会保障费"更正为"社会保险费"，将"工伤保险费、生育保险费"列入社会保险费。根据第十一届全国人民代表大会常务委员会第二十次会议将《中华人民共和国建筑法》第四十八条规定的"建筑施工企业必须为从事危险作业的职工办理意外伤害保险，支付保险费"修改为"建筑施工企业应当依法为职工参加工伤保险缴纳工伤保险费。鼓励企业为从事危险作业的职工办理意外伤害保险，支付保险费"。因此，删除了意外伤害保险，另在企业管理费中列支。

五、招标控制价

1. 一般规定

国有资金投资的建设工程招标，招标人必须编制招标控制价。该条为《13规范》中的强制性条文，国有资金投资的工程在进行招标时，根据《中华人民共和国招标投标法》第二十二条规定："招标人设有标底的，标底必须保密"。但由于实行工程量清单招标后，由于招标方式的改变，标底保密这一法律规定已不能起到有效遏止哄抬标价的作用，我国有的地区和部门已经发生了在招标项目上所有投标人的报价均高于标底的现象，致使中标人的中标价高于招标人的预算，对招标工程的业主带来了困扰。因此，为有利于客观、合理地评审投标报价和避免哄抬标价，造成国有资产流失，招标人必须编制招标控制价，作为投标人的最高投标限价，招标人能够接受的最高交易价格。

"招标控制价应由具有编制能力的招标人或受其委托具有相应资质的工程造价咨询人编制和复核。""工程造价咨询人接受招标人委托编制招标控制价，不得再就同一工程接受投标人委托编制投标报价。"为体现招标的公开、公平、公正性，防止招标人有意抬高或压低工程造价，给投标人以错误信息，根据《建设工程质量管理条例》第十条："建设工程发包单位不得迫使承包方以低于成本的价格竞标"的规定，招标人应在招标文件中如实公布招标控制价，不得对所编制的招标控制价进行上浮或下调。当招标控制价超过批准的概算时，招标人应将其报原概算审批部门审核。招标人应在发布招标文件时公布招标控制价，同时应将招标控制价及有关资料报送工程所在地或有该工程管辖权的行业管理部门工程造价管理机构备查。

2. 编制与复核

招标控制价应根据下列依据编制与复核：①《13 规范》；②国家或省级、行业建设主管部门颁发的计价定额和计价办法；③建设工程设计文件及相关资料；④拟定的招标文件及招标工程量清单；⑤与建设项目相关的标准、规范、技术资料；⑥施工现场情况、工程特点及常规施工方案；⑦工程造价管理机构发布的工程造价信息，当工程造价信息没有发布时，参照市场价；⑧其他的相关资料。

综合单价中应包括招标文件中划分的应由投标人承担的风险范围及其费用。招标文件中没有明确的，如是工程造价咨询人编制，应提请招标人明确；如是招标人编制，应予明确。分部分项工程和措施项目中的单价项目，应根据拟定的招标文件和招标工程量清单项目中的特征描述及有关要求确定综合单价计算。招标文件提供了暂估单价的材料，按暂估的单价计入综合单价。

其他项目应按下列规定计价：①暂列金额应按招标工程量清单中列出的金额填写；②暂估价中的材料、工程设备单价应按招标工程量清单中列出的单价计入综合单价；③暂估价中的专业工程金额应按招标工程量清单中列出的金额填写；④计日工应按招标工程量清单中列出的项目根据工程特点和有关计价依据确定综合单价计算；⑤总承包服务费应根据招标工程量清单列出的内容和要求估算。

3. 投诉与处理

投标人经复核认为招标人公布的招标控制价未按照《13 规范》的规定进行编制的，应在招标控制价公布后 5 天内向招标投标监督机构和工程造价管理机构投诉。

投诉人投诉时，应当提交由单位盖章和法定代表人或其委托人签名或盖章的书面投诉书。投诉书应包括下列内容：①投诉人与被投诉人的名称、地址及有效联系方式；②投诉的招标工程名称、具体事项及理由；③投诉依据及有关证明材料；④相关的请求及主张。投诉人不得进行虚假、恶意投诉，阻碍招标投标活动的正常进行。

工程造价管理机构受理投诉后，应立即对招标控制价进行复查，组织投诉人、被投诉人或其委托的招标控制价编制人等单位人员对投诉问题逐一核对。有关当事人应当予以配合，并应保证所提供资料的真实性。工程造价管理机构在接到投诉书后应在 2 个工作日内进行审查，应在不迟于结束审查的次日将是否受理投诉的决定书面通知投诉人、被投诉人以及负责该工程招标投标监督的招标投标管理机构。当招标控制价复查结论与原公布的招标控制价误差大于±3%时，应当责成招标人改正。工程造价管理机构应当在受理投诉的 10 天内完成复查，特殊情况下可适当延长，并作出书面结论通知投诉人、被投诉人及负责该工程招标投标监督的招标投标管理机构。

招标人根据招标控制价复查结论需要重新公布招标控制价的，其最终公布的时间至招标文件要求提交投标文件截止时间不足 15 天的，应相应延长投标文件的截止时间。《中华人民共和国招标投标法》第二十三条规定："招标人对已发出的招标文件进行必要的澄清或者修改的，应当在招标文件要求提交投标文件截止时间至少十五日前，以书面形式通知所有招标文件收受人。"招标控制价的重新公布，也是一种澄清和修改，因此，该规定与《中华人民共和国招标投标法》的规定保持一致。

六、投标报价

1. 一般规定

投标价应由投标人或受其委托具有相应资质的工程造价咨询人编制。投标报价编制和确定的最基本特征是投标人自主报价，它是市场竞争形成价格的体现。但投标人自主决定投标报价必须执行《13 规范》的强制性条文。《中华人民共和国标准化法》第一章第二条规定："强制性标准必须执行"。

投标报价不得低于工程成本。该条为强制性条文。《中华人民共和国招标投标法》第三十二条规定："投标人不得以低于成本的报价竞标"。与《08 规范》相比，《13 规范》将"投标报价不得低于工程成本"上升为强制性条文，并单列一条，将成本定义为工程成本，而不是企业成本，这就使判定投标报价是否低于成本有了一定的可操作性。原因如下：①工程成本包含在企业成本中，二者的概念不同，涵盖的范围不同，某一单个工程的盈或亏，并不必然表现为整个企业的盈或亏；②建设工程施工合同是特殊的加工承揽合同，以施工企业成本来判定单一工程施工成本对发包人也是不公平的。因发包人需要控制和确定的是其发包的工程项目造价，无须考虑承包该工程的施工企业成本；③相对于一个地区而言，一定时期范围内，同一结构的工程成本基本上会趋于一个较稳定的值，这就使得对同类型工程成本的判断有了可操作的比较标准。

投标人必须按招标工程量清单填报价格、项目编码、项目名称、项目特征、计量单位、工程量必须与招标工程量清单一致。投标人的投标报价高于招标控制价的应予废标。《中华人民共和国招标投标法实施条例》第五十一条规定："有下列情形之一的，评标委员会应当否决其投标：……（五）投标报价低于成本或者高于招标文件设定的最高投标限价"。国有资金投资的工程，其招标控制价相当于政府采购中的采购预算，且其定义就是最高投标限价。因此本条规定在国有资金投资工程的招标投标活动中，投标人的投标报价不能超过招标控制价，否则应予废标。

2. 编制与复核

投标报价应根据下列依据编制和复核：①《13 规范》；②国家或省级、行业建设主管部门颁发的计价办法；③企业定额，国家或省级、行业建设主管部门颁发的计价定额和计价办法；④招标文件、招标工程量清单及其补充通知、答疑纪要；⑤建设工程设计文件及相关资料；⑥施工现场情况、工程特点及投标时拟定的施工组织设计或施工方案；⑦与建设项目相关的标准、规范等技术资料；⑧市场价格信息或工程造价管理机构发布的工程造价信息；⑨其他的相关资料。

综合单价中应包括招标文件中划分的应由投标人承担的风险范围及其费用，招标文件中没有明确的，应提请招标人明确。在分部分项工程和措施项目中的单价项目，应根据招标文件和招标工程量清单项目中的特征描述确定综合单价计算。

其他项目应按下列规定报价：①暂列金额应按招标工程量清单中列出的金额填写；②材料、工程设备暂估价应按招标工程量清单中列出的单价计入综合单价；③专业工程暂估价应按招标工程量清单中列出的金额填写；④计日工应按招标工程量清单中列出的项目和数量，自主确定综合单价并计算计日工金额；⑤总承包服务费应根据招标工程量清单中列出的内容和提出的要求自主确定。

招标工程量清单与计价表中列明的所有需要填写单价和合价的项目，投标人均应填写且只允许有一个报价。未填写单价和合价的项目，视为此项费用已包含在已标价工程量清单中其他项目的单价和合价之中。当竣工结算时，此项目不得重新组价予以调整。

投标总价应当与分部分项工程费、措施项目费、其他项目费和规费、税金的合计金额一致。

七、合同价款约定

1. 一般规定

实行招标的工程合同价款应在中标通知书发出之日起 30 天内，由发承包双方依据招标文件和中标人的投标文件在书面合同中约定。

合同约定不得违背招标、投标文件中关于工期、造价、质量等方面的实质性内容。招标文件与中标人投标文件不一致的地方应以投标文件为准。《中华人民共和国合同法》第二百七十条规定："建设工程合同应采用书面形式"。《中华人民共和国招标投标法》第四十六条规定："招标人和中标人应当自中标通知书发出之日起 30 日内，按照招标文件和中标人的投标文件订立书面合同。招标人和中标人不得再行订立背离合同实质性内容的其他协议"。

工程合同价款的约定是建设工程合同的主要内容，根据上述有关法律条款的规定，招标工程合同价款的约定应满足以下几方面的要求：①约定的依据要求：招标人向中标的投标人发出的中标通知书；②约定的时限要求：自招标人发出中标通知书之日起 30 日内；③约定的内容要求：招标文件和中标人的投标文件；④合同的形式要求：书面合同。

2. 约定内容

发承包双方应在合同条款中对下列事项进行约定：①预付工程款的数额、支付时间及抵扣方式；②安全文明施工措施的支付计划，使用要求等；③工程计量与支付工程进度款的方式、数额及时间；④工程价款的调整因素、方法、程序、支付及时间；⑤施工索赔与现场签证的程序、金额确认与支付时间；⑥承担计价风险的内容、范围以及超出约定内容、范围的调整办法；⑦工程竣工价款结算编制与核对、支付及时间；⑧工程质量保证金的数额、预留方式及时间；⑨违约责任以及发生工程价款争议的解决方法及时间；⑩与履行合同、支付价款有关的其他事项等。如合同中上述内容约定或约定不明的，若发承包双方在合同履行中发生争议由双方协商确定；当协商不能达成一致时，应按《13规范》的规定执行。

八、工程计量

1. 一般规定

工程量必须按照相关工程现行国家计量规范规定的工程量计算规则计算。该条为《13规范》中的新增强制性条文。正确的计量是发包人向承包人支付合同价款的前提和依据。该条明确规定了不论何种计价方式，其工程量必须按照相关工程的现行国家计量规范规定的工程量计算规则计算。采用全国统一的工程量计算规则，对于规范工程建设各方的计量计价行为，有效减少计量争议具有十分重要的意义。

工程计量可选择按月或按工程形象进度分段计量，具体计量周期应在合同中约定。工程量的正确计算是合同价款支付的前提和依据，而选择恰当的计量方式对于正确计量也十分必要。由于工程建设具有投资大、周期长等特点，因此，工程计量以及价款支付是通过"阶段小结、最终结清"来体现的。所谓阶段小结可以时间节点来划分，即按月计量；也可以形象节点来划分，即按工程形象进度分段计量。按工程形象进度分段计量与按月计量相比，其计量结果更具稳定性，可以简化竣工结算。但应注意工程形象进度分段的时间应与按月计量保持一定关系，不应过长。

因承包人原因造成的超出合同工程范围施工或返工的工程量，发包人不予计量。

2. 单价合同的计量

工程量必须以承包人完成合同工程应予计量的工程量确定。施工中进行工程计量，当发现招标工程量清单中出现缺项、工程量偏差，或因工程变更引起工程量增减时，应按承包人在履行合同义务中完成的工程量计算。招标人提供的招标工程量清单，应当被认为是准确的和完整的。但在实际工作中，难免会出现疏漏，工程建设的特点也决定了难免会出现变更。因此，为体现合同的公平，工程量应按承包人在履行合同义务过程中实际完成的工程量计量。若发现工程量清单中出现漏项、工程量计算偏差，以及工程变更引起工程量的增减变化应按实调整。

承包人应当按照合同约定的计量周期和时间向发包人提交当期已完工程量报告。发包人应在收到报告后7天内核实，并将核实计量结果通知承包人。发包人未在约定时间内进行核实的，承包人提交的计量报告中所列的工程量应视为承包人实际完成的工程量。发包人认为需要进行现场计量核实时，应在计量前24小时通知承包人，承包人应为计量提供便利条件并派人参加。当双方均同意核实结果时，双方应在上述记录上签字确认。承包人收到通知后不派人参加计量，视为认可发包人的计量核实结果。发包人不按照约定时间通知承包人，致使承包人未能派人参加计量，计量核实结果无效。

当承包人认为发包人核实后的计量结果有误时，应在收到计量结果通知后的7天内向发包人提出书面意见，并应附上其认为正确的计量结果和详细的计算资料。发包人收到书面意见后，应在7天内对承包人的计量结果进行复核后通知承包人。承包人对复核计量结果仍有异议的，按照合同约定的争议解决办法处理。承包人完成已标价工程量清单中每个项目的工程量并经发包人核实无误后，发承包双方应对每个项目的历次计量报表进行汇总，以核实最终结算工程量，并应在汇总表上签字确认。

3. 总价合同的计量

采用工程量清单方式招标形成的总价合同，其招标工程量清单与合同工程实施中工程量的差异，应调整。

采用经审定批准的施工图纸及其预算方式发包形成的总价合同，除按照工程变更规定的工程量增减外，总价合同各项目的工程量应为承包人用于结算的最终工程量。

总价合同约定的项目计量应以合同工程经审定批准的施工图纸为依据，发承包双方应在合同中约定工程计量的形象目标或时间节点进行计量。承包人应在合同约定的每个计量周期内对已完成的工程进行计量，并向发包人提交达到工程形象目标完成的工程量和有关计量资料的报告。发包人应在收到报告后 7 天内对承包人提交的上述资料进行复核，以确定实际完成的工程量和工程形象目标。对其有异议的，应通知承包人进行共同复核。

九、合同价款调整

下文参照国内外多部合同范本，总结我国工程建设合同的实践经验和建筑市场的交易习惯，对所有涉及合同价款调整、变动的因素或其范围进行了归并，包括索赔、现场签证等内容，共集中于 14 个方面，并根据其特性设置节和条文，既有调整的原则性规定，又有详细的时效性规定，使合同价款的调整更具操作性。

1. 一般规定

下文规定了合同价款的调整因素、调整程序、支付原则等。

下列事项（但不限于）发生，发承包双方应当按照合同约定调整合同价款：①法律法规变化；②工程变更；③项目特征不符；④工程量清单缺项；⑤工程量偏差；⑥计日工；⑦物价变化；⑧暂估价；⑨不可抗力；⑩提前竣工（赶工补偿）；⑪误期赔偿；⑫索赔；⑬现场签证；⑭暂列金额；⑮发承包双方约定的其他调整事项。

出现合同价款调增事项（不含工程量偏差、计日工、现场签证、索赔）后的 14 天内，承包人应向发包人提交合同价款调增报告并附上相关资料；承包人在 14 天内未提交合同价款调增报告的，应视为承包人对该事项不存在调整价款请求。出现合同价款调减事项（不含工程量偏差、索赔）后的 14 天内，发包人应向承包人提交合同价款调减报告并附相关资料；发包人在 14 天内未提交合同价款调减报告的，应视为发包人对该事项不存在调整价款请求。

发（承）包人应在收到承（发）包人合同价款调增（减）报告及相关资料之日起 14 天内对其核实，予以确认的应书面通知承（发）包人。当有疑问时，应向承（发）包人提出协商意见。发（承）包人在收到合同价款调增（减）报告之日起 14 天内未确认也未提出协商意见的，应视为承（发）包人提交的合同价款调增（减）报告已被发（承）包人认可。发（承）包人提出协商意见的，承（发）包人应在收到协商意见后的 14 天内对其核实，予以确认的应书面通知发（承）包人。承（发）包人在收到发（承）包人的协商意见后 14 天内既不确认也未提出不同意见的，应视为发（承）包人提出的意见已被承（发）包人认可。

发包人与承包人对合同价款调整的不同意见不能达成一致的，只要对发承包双方履约不产生实质影响，双方应继续履行合同义务，直到其按照合同约定的争议解决方式得到处理。

经发承包双方确认调整的合同价款，作为追加（减）合同价款，应与工程进度款或结算款同期支付。

2. **法律法规变化**

招标工程以投标截止日前 28 天、非招标工程以合同签订前 28 天为基准日，其后因国家的法律、法规、规章和政策发生变化引起工程造价增减变化的，发承包双方应按照省级或行业建设主管部门或其授权的工程造价管理机构据此发布的规定调整合同价款。

因工程变更引起已标价工程量清单项目或其工程数量发生变化时，应按照下列规定调整：

1）已标价工程量清单中有适用于变更工程项目的，应采用该项目的单价；但当工程变更导致该清单项目的工程数量发生变化，且工程量偏差超过 15% 时，该项目单价应按照《13 规范》第 9.6.2 条的规定调整。

2）已标价工程量清单中没有适用但有类似于变更工程项目的，可在合理范围内参照类似项目的单价。

3）已标价工程量清单中没有适用也没有类似于变更工程项目的，应由承包人根据变更工程资料、计量规则和计价办法、工程造价管理机构发布的信息价格和承包人报价浮动率提出变更工程项目的单价，并应报发包人确认后调整。

4）已标价工程量清单中没有适用也没有类似于变更工程项目，且工程造价管理机构发布的信息价格缺价的，应由承包人根据变更工程资料、计量规则、计价办法和通过市场调查等取得有合法依据的市场价格提出变更工程项目的单价，并应报发包人确认后调整。

3. **物价变化**

发生合同工程工期延误的，应按照下列规定确定合同履行期的价格调整：①因非承包人原因导致工期延误的，计划进度日期后续工程的价格，应采用计划进度日期与实际进度日期两者的较高者；②因承包人原因导致工期延误的，计划进度日期后续工程的价格，应采用计划进度日期与实际进度日期两者的较低者。

4. **不可抗力**

因不可抗力事件导致的人员伤亡、财产损失及其费用增加，发承包双方应按下列原则分别承担并调整合同价款和工期：

1）合同工程本身的损害、因工程损害导致第三方人员伤亡和财产损失以及运至施工场地用于施工的材料和待安装的设备的损害，应由发包人承担。

2）发包人、承包人人员伤亡应由其所在单位负责，并应承担相应费用。

3）承包人的施工机械设备损坏及停工损失，应由承包人承担。

4）停工期间，承包人应发包人要求留在施工场地的必要的管理人员及保卫人员的费用应由发包人承担。

5）工程所需清理、修复费用，应由发包人承担。

不可抗力解除后复工的，若不能按期竣工，应合理延长工期。发包人要求赶工的，赶工费用应由发包人承担。

5. **提前竣工（赶工补偿）**

招标人应依据相关工程的工期定额合理计算工期，压缩的工期天数不得超过定额工期的 20%，超过者，应在招标文件中明示增加赶工费。发包人要求合同工程提前竣工的，应征得承包人同意后与承包人商定采取加快工程进度的措施，并应修订合同工程进度计划。发包人应承担承包人由此增加的提前竣工（赶工补偿）费用。

发承包双方应在合同中约定提前竣工每日历天应补偿额度，此项费用应作为增加合同价款列入竣工结算文件中，应与结算款一并支付。

6. 误期赔偿

承包人未按照合同约定施工，导致实际进度迟于计划进度的，承包人应加快进度，实现合同工期。合同工程发生误期，承包人应赔偿发包人由此造成的损失，并应按照合同约定向发包人支付误期赔偿费。即使承包人支付误期赔偿费，也不能免除承包人按照合同约定应承担的任何责任和应履行的任何义务。

发承包双方应在合同中约定误期赔偿费，并应明确每日历天应赔额度。误期赔偿费应列入竣工结算文件中，并应在结算款中扣除。

在工程竣工之前，合同工程内的某单项（位）工程已通过了竣工验收，且该单项（位）工程接收证书中表明的竣工日期并未延误，而是合同工程的其他部分产生了工期延误时，误期赔偿费应按照已颁发工程接收证书的单项（位）工程造价占合同价款的比例幅度予以扣减。

7. 索赔

《中华人民共和国民法通则》第一百一十一条规定："当事人一方不履行合同义务或者履行合同义务不符合约定条件的，另一方有权要求履行或者采取补救措施，并有权要求赔偿损失。"索赔是合同双方依据合同约定维护自身合法利益的行为，它的性质属于经济补偿行为，而非惩罚。该规定更具操作性，一是对索赔范围未作限制，二是规定了索赔条件，三是规定了索赔程序。

当合同一方向另一方提出索赔时，应有正当的索赔理由和有效证据，并应符合合同的相关约定。建设工程施工中的索赔是发承包双方行使正当权利的行为，承包人可向发包人索赔，发包人也可向承包人索赔。该条规定了索赔的三要素：一是正当的索赔理由；二是有效的索赔证据；三是在合同约定的时间内提出。

根据合同约定，承包人认为非承包人原因发生的事件造成了承包人的损失，应按下列程序向发包人提出索赔：

1）承包人应在知道或应当知道索赔事件发生后28天内，向发包人提交索赔意向通知书，说明发生索赔事件的事由。承包人逾期未发出索赔意向通知书的，丧失索赔的权利。

2）承包人应在发出索赔意向通知书后28天内，向发包人正式提交索赔通知书。索赔通知书应详细说明索赔理由和要求，并应附必要的记录和证明材料。

3）索赔事件具有连续影响的，承包人应继续提交延续索赔通知，说明连续影响的实际情况和记录。

4）在索赔事件影响结束后的28天内，承包人应向发包人提交最终索赔通知书，说明最终索赔要求，并应附必要的记录和证明材料。

承包人索赔应按下列程序处理：

1）发包人收到承包人的索赔通知书后，应及时查验承包人的记录和证明材料。

2）发包人应在收到索赔通知书或有关索赔的进一步证明材料后的28天内，将索赔处理结果答复承包人，如果发包人逾期未作出答复，视为承包人索赔要求已被发包人认可。

3）承包人接受索赔处理结果的，索赔款项应作为增加合同价款，在当期进度款中进行支付；承包人不接受索赔处理结果的，应按合同约定的争议解决方式办理。

承包人要求赔偿时，可以选择下列一项或几项方式获得赔偿：①延长工期；②要求发包人支付实际发生的额外费用；③要求发包人支付合理的预期利润；④要求发包人按合同的约定支付违约金。

当承包人的费用索赔与工期索赔要求相关联时，发包人在作出费用索赔的批准决定时，应结合工程延期，综合作出费用赔偿和工程延期的决定。

发承包双方在按合同约定办理了竣工结算后，应被认为承包人已无权再提出竣工结算前所发生的任何索赔。承包人在提交的最终结清申请中，只限于提出竣工结算后的索赔，提出索赔的期限应自发承包双方最终结清时终止。

根据合同约定，发包人认为由于承包人的原因造成发包人的损失，宜按承包人索赔的程序进行索赔。发包人要求赔偿时，可以选择下列一项或几项方式获得赔偿：①延长质量缺陷修复期限；②要求承包人支付实际发生的额外费用；③要求承包人按合同的约定支付违约金。

承包人应付给发包人的索赔金额可从拟支付给承包人的合同价款中扣除，或由承包人以其他方式支付给发包人。

8. 现场签证

承包人应发包人要求完成合同以外的零星项目、非承包人责任事件等工作的，发包人应及时以书面形式向承包人发出指令，并应提供所需的相关资料；承包人在收到指令后，应及时向发包人提出现场签证要求。

承包人应在收到发包人指令后的7天内向发包人提交现场签证报告，发包人应在收到现场签证报告后的48小时内对报告内容进行核实，予以确认或提出修改意见。发包人在收到承包人现场签证报告后的48小时内未确认也未提出修改意见的，应视为承包人提交的现场签证报告已被发包人认可。

现场签证的工作如已有相应的计日工单价，现场签证中应列明完成该类项目所需的人工、材料、工程设备和施工机械台班的数量。如现场签证的工作没有相应的计日工单价，应在现场签证报告中列明完成该签证工作所需的人工、材料设备和施工机械台班的数量及单价。

合同工程发生现场签证事项，未经发包人签证确认，承包人便擅自施工的，除非征得发包人书面同意，否则发生的费用应由承包人承担。

现场签证工作完成后的7天内，承包人应按照现场签证内容计算价款，报送发包人确认后，作为增加合同价款，与进度款同期支付。

在施工过程中，当发现合同工程内容因场地条件、地质水文、发包人要求等不一致时，承包人应提供所需的相关资料，并提交发包人签证认可，作为合同价款调整的依据。

9. 竣工结算

工程完工后，发承包双方必须在合同约定时间内办理工程竣工结算。发包人应在收到承包人提交的竣工结算文件后的28天内核对。发包人经核实，认为承包人还应进一步补充资料和修改结算文件，应在上述时限内向承包人提出核实意见，承包人在收到核实意见后的28天内应按照发包人提出的合理要求补充资料，修改竣工结算文件，并应再次提交给发包人复核后批准。

发包人在收到承包人竣工结算文件后的 28 天内，不核对竣工结算或未提出核对意见的，应视为承包人提交的竣工结算文件已被发包人认可，竣工结算办理完毕。

承包人在收到发包人提出的核实意见后的 28 天内，不确认也未提出异议的，应视为发包人提出的核实意见已被承包人认可，竣工结算办理完毕。

发包人委托工程造价咨询人核对竣工结算的，工程造价咨询人应在 28 天内核对完毕，核对结论与承包人竣工结算文件不一致的，应提交给承包人复核；承包人应在 14 天内将同意核对结论或不同意见的说明提交工程造价咨询人。承包人逾期未提出书面异议的，应视为工程造价咨询人核对的竣工结算文件已经承包人认可。

对发包人或发包人委托的工程造价咨询人指派的专业人员与承包人指派的专业人员经核对后无异议并签名确认的竣工结算文件，除非发承包人能提出具体、详细的不同意见，发承包人都应在竣工结算文件上签名确认，如其中一方拒不签认的，按下列规定办理：

1）若发包人拒不签认的，承包人可不提供竣工验收备案资料，并有权拒绝与发包人或其上级部门委托的工程造价咨询人重新核对竣工结算文件。

2）若承包人拒不签认的，发包人要求办理竣工验收备案的，承包人不得拒绝提供竣工验收资料，否则，由此造成的损失，承包人承担相应责任。

发包人对工程质量有异议，拒绝办理工程竣工结算的，已竣工验收或已竣工未验收但实际投入使用的工程，其质量争议应按该工程保修合同执行，竣工结算应按合同约定办理；已竣工未验收且未实际投入使用的工程以及停工、停建工程的质量争议，双方应就有争议的部分委托有资质的检测鉴定机构进行检测，并应根据检测结果确定解决方案，或按工程质量监督机构的处理决定执行后办理竣工结算，无争议部分的竣工结算应按合同约定办理。该条规定了发包人对工程质量有异议时，竣工结算的办理原则。根据财政部、建设部印发的《建设工程价款结算暂行办法》（财建【2004】369 号）第十九条的规定，《13 规范》作了相应规定：

1）已竣工验收或已竣工未验收但实际投入使用的工程，其质量争议按该工程保修合同执行，竣工结算按合同约定办理。

2）已竣工未验收且未实际投入使用的工程以及停工、停建工程的质量争议，应当就有争议部分竣工结算暂缓办理，并就有争议的工程部分委托有资质的检测鉴定机构进行检测，根据检测结果确定解决方案，或按工程质量监督机构的处理决定执行后办理竣工结算。此处有两层含义：一是经检测质量合格，竣工结算继续办理；二是经检测，质量确有问题，应经修复处理，质量验收合格后，竣工结算继续办理。无争议部分的竣工结算按合同约定办理。

承包人应根据办理的竣工结算文件向发包人提交竣工结算款支付申请。申请应包括下列内容：①竣工结算合同价款总额；②累计已实际支付的合同价款；③应预留的质量保证金；④实际应支付的竣工结算款金额。

十、合同解除的价款结算与支付

合同解除是合同非常态的终止，为了限制合同的解除，法律规定了合同解除制度。根据解除权来源划分，可分为协议解除和法定解除。鉴于建设工程施工合同的特性，为了防止社会资源浪费，法律不赋予发承包人享有任何单方解除权，因此，除了协议解除，根据《最高人民法院关于审理建设工程施工合同纠纷案件适用法律问题的解释（二）》（法释〔2018〕20号）第八条、第九条的规定，施工合同的解除有承包人根本违约的解除和发包人根本违约的解除两种。

既然施工合同的解除是一个合法有效合同的非常态解除，就存在对解除前行为和解除事项的处理问题。《最高人民法院关于审理建设工程施工合同纠纷案件适用法律问题的解释》第十条规定："建设工程施工合同解除后，已经完成的建设工程质量合格的，发包人应当按照约定支付相应的工程价款……因一方违约导致合同解除的，违约方应当赔偿因此而给对方造成的损失"。因此，下文针对工程建设合同履行过程中由于以上原因导致合同解除后的价款结算与支付进行规范。

发承包双方协商一致解除合同的，应按照达成的协议办理结算和支付合同价款。

由于不可抗力致使合同无法履行解除合同的，发包人应向承包人支付合同解除之日前已完成工程但尚未支付的合同价款，此外，还应支付下列金额：

1）《13规范》第9.11.1条规定的应由发包人承担的费用。

2）已实施或部分实施的措施项目应付价款。

3）承包人为合同工程合理订购且已交付的材料和工程设备货款。

4）承包人撤离现场所需的合理费用，包括员工遣送费和临时工程拆除、施工设备运离现场的费用。

5）承包人为完成合同工程而预期开支的任何合理费用，且该项费用未包括在本款其他各项支付之内。

发承包双方办理结算合同价款时，应扣除合同解除之日前发包人应向承包人收回的价款。当发包人应扣除的金额超过了应支付的金额，承包人应在合同解除后的56天内将其差额退还给发包人。

因承包人违约解除合同的，发包人应暂停向承包人支付任何价款。发包人应在合同解除后28天内核实合同解除时承包人已完成的全部合同价款以及按施工进度计划已运至现场的材料和工程设备货款，按合同约定核算承包人应支付的违约金以及造成损失的索赔金额，并将结果通知承包人。发承包双方应在28天内予以确认或提出意见，并办理结算合同价款。如果发包人应扣除的金额超过了应支付的金额，承包人应在合同解除后的56天内将其差额退还给发包人。发承包双方不能就解除合同后的结算达成一致的，按照合同约定的争议解决方式处理。

因发包人违约解除合同的，发包人除应按照《13规范》第12.0.2条规定向承包人支付各项价款外，应按合同约定核算发包人应支付的违约金以及给承包人造成损失或损害的索赔金额费用。该笔费用应由承包人提出，发包人核实后应与承包人协商确定后的7天内向承包人签发支付证书。协商不能达成一致的，应按照合同约定的争议解决方式处理。

十一、合同价款争议的解决

1. 监理或造价工程师暂定

若发包人和承包人之间就工程质量、进度、价款支付与扣除、工期延期、索赔、价款调整等发生任何法律上、经济上或技术上的争议，首先应根据已签约合同的规定，提交合同约定职责范围内的总监理工程师或造价工程师解决，并应抄送另一方。总监理工程师或造价工程师在收到此提交文件后 14 天内应将暂定结果通知发包人和承包人。发承包双方对暂定结果认可的，应以书面形式予以确认，暂定结果成为最终决定。

发承包双方在收到总监理工程师或造价工程师的暂定结果通知之后的 14 天内未对暂定结果予以确认也未提出不同意见的，应视为发承包双方已认可该暂定结果。

发承包双方或一方不同意暂定结果的，应以书面形式向总监理工程师或造价工程师提出，说明自己认为正确的结果，同时抄送另一方，此时该暂定结果成为争议。在暂定结果对发承包双方当事人履约不产生实质影响的前提下，发承包双方应实施该结果，直到按照发承包双方认可的争议解决办法被改变为止。

2. 管理机构的解释或认定

合同价款争议发生后，发承包双方可就工程计价依据的争议以书面形式提请工程造价管理机构对争议以书面文件进行解释或认定。

工程造价管理机构应在收到申请的 10 个工作日内就发承包双方提请的争议问题进行解释或认定。

发承包双方或一方在收到工程造价管理机构书面解释或认定后仍可按照合同约定的争议解决方式提请仲裁或诉讼。除工程造价管理机构的上级管理部门作出了不同的解释或认定，或在仲裁裁决或法院判决中不予采信的外，工程造价管理机构作出的书面解释或认定应为最终结果，并应对发承包双方均有约束力。

3. 协商和解

合同价款争议发生后，发承包双方任何时候都可以进行协商。协商达成一致的，双方应签订书面和解协议，和解协议对发承包双方均有约束力。

如果协商不能达成一致协议，发包人或承包人都可以按合同约定的其他方式解决争议。

4. 调解

发承包双方应在合同中约定或在合同签订后共同约定争议调解人，负责双方在合同履行过程中发生争议的调解。合同履行期间，发承包双方可协议调换或终止任何调解人，但发包人或承包人都不能单独采取行动。除非双方另有协议，在最终结清支付证书生效后，调解人的任期应即终止。如果发承包双方发生了争议，任何一方可将该争议以书面形式提交调解人，并将副本抄送另一方，委托调解人调解。发承包双方应按照调解人提出的要求，给调解人提供所需要的资料、现场进入权及相应设施。调解人应被视为不是在进行仲裁人的工作。调解人应在收到调解委托后 28 天内或由调解人建议并经发承包双方认可的其他期限内提出调解书，发承包双方接受调解书的，经双方签字后作为合同的补充文件，对发承包双方均具有约束力，双方都应立即遵照执行。

当发承包双方中任一方对调解人的调解书有异议时，应在收到调解书后 28 天内向另一方发出异议通知，并应说明争议的事项和理由。但除非并直到调解书在协商和解或仲裁裁决、诉讼判决中作出修改，或合同已经解除，承包人应继续按照合同实施工程。当调解人已就争议事项向发承包双方提交了调解书，而任一方在收到调解书后 28 天内均未发出表示异议的通知时，调解书对发承包双方应均具有约束力。

5. 仲裁、诉讼

发承包双方的协商和解或调解均未达成一致意见，其中的一方已就此争议事项根据合同约定的仲裁协议申请仲裁，应同时通知另一方。

仲裁可在竣工之前或之后进行，但发包人、承包人、调解人各自的义务不得因在工程实施期间进行仲裁而有所改变。当仲裁是在仲裁机构要求停止施工的情况下进行时，承包人应对合同工程采取保护措施，由此增加的费用应由败诉方承担。

发包人、承包人在履行合同时发生争议，双方不愿和解、调解或者和解、调解不成，又没有达成仲裁协议的，可依法向人民法院提起诉讼。

第三节　工程造价规范

一、《建设工程造价咨询规范》的主要内容

为规范工程造价咨询业务活动，提高建设项目工程造价咨询成果文件的质量，制定《建设工程造价咨询规范》（GB/T 51095—2015）。该规范适用于建设工程造价咨询活动及其成果文件的管理。

（一）总则

工程造价咨询企业接受委托方的委托，运用工程造价的专业技能，为建设项目决策、设计、发承包、实施、竣工等各个阶段工程计价和工程造价管理提供服务。工程造价咨询应坚持合法、独立、客观、公正和诚实信用的原则。

工程造价咨询应签订书面的建设工程造价咨询合同，合同文本应选择国家现行的《建设工程造价咨询合同（示范文本）》。合同中应明确工程造价咨询服务的内容、范围、双方的义务、权利、责任、服务周期、服务酬金、支付方式及成果文件表现形式等要求。

工程造价咨询企业应按委托咨询合同要求出具成果文件，并应在成果文件或需其确认的相关文件上签章，承担合同主体责任。造价工程师和造价员应在各自完成的成果文件上签章，承担相应责任。工程造价咨询企业以及承担工程造价咨询业务的工程造价专业人员，不得同时接受利益或厉害双方或多方委托进行同一项目、同一阶段中的工程造价咨询业务。工程造价咨询活动及其成果文件的管理除应符合该规范外，尚应符合国家现行有关标准的规定。

（二）基本规定

1. 业务范围和一般要求

工程造价咨询业务范围应包括下列内容：①投资估算的编制与审核；②经济评价的编制与审核；③设计概算的编制、审核与调整；④施工图预算的编制与审核；⑤工程量清单的编制与审核；⑥最高投标限价的编制与审核；⑦工程结算的编制与审核；⑧工程竣工决算的编制与审核；⑨全过程工程造价管理咨询；⑩工程造价鉴定；⑪方案比选、限额设计、优化设计的造价咨询；⑫合同管理咨询；⑬建设项目后评价；⑭工程造价信息咨询服务；⑮其他工程造价咨询工作。

工程造价咨询企业在承接具体咨询业务时，应根据企业自身的业务胜任能力等因素进行是否承接咨询业务的判断。工程造价咨询企业承担咨询业务时，应编制工程造价咨询成果文件，并应符合国家有关法律、法规的有关规定。当委托单位委托多个工程造价咨询企业共同承担大型或复杂的建设项目咨询业务时，委托单位应明确业务主要承担单位，并应由业务主要承担单位负责总体规划、统一标准、阶段部署、资料汇总等综合性工作；其他单位应按合

同要求负责其所承担的具体工作。

对同一项目、同一阶段工程造价咨询成果文件的审核，当对编制所采用的计价依据、计价方法无异议时，宜与编制时采用的计价依据和计价方法保持一致。

工程造价咨询企业承担全过程工程造价管理咨询业务时，应掌握各阶段工程造价的关系，加强管理，在实施过程中做到工程造价的有效控制，并应依据工程造价咨询合同中约定的服务内容、范围、深度和参与程度编制相应工程造价咨询成果文件。工程造价咨询成果文件的内容、格式、深度和精度等要求应符合工程造价咨询合同的要求，以及国家和行业相关规定。工程造价咨询企业应根据委托合同要求，配合勘察设计单位、施工单位做好方案比选、优化设计和限额设计，以及利用价值分析等方法，提出合理决策和设计方案的建议。

工程造价咨询企业在进行方案比选时，应提交方案比选报告，并应符合下列规定：

1）对于使用功能单一，建设规模、建设标准及设计寿命基本相同的非经营性建设项目应优选工程造价或单方工程造价较低的方案。宜根据建设项目的构成，分析各单位工程和主要分部分项工程的技术指标，进行优劣分析，提出优选方案以及改进建议。

2）对于使用功能单一，但建设规模、建设标准或设计寿命不同的非经营性建设项目，应综合评价一次性建设投资和项目运营过程中的费用支出，进行建设项目的全寿命周期的总费用比选，进行优劣分析，提出优选方案以及改进建议。

3）对于经营性建设项目，应分析技术的先进性与经济的合理性，在满足设计功能和技术先进的前提下，应根据建设项目的资金筹措能力，以及投资回收期、内部收益率、净现值等财务评价指标，综合确定投资规模和工程造价，进行优劣分析，提出优选方案以及改进建议。

4）当运用价值工程的方法对不同方案的功能和成本进行分析时，应综合选取价值系数较高的方案作为优选方案，并应对降低其冗余功能和成本的途径进行分析，提出改进建议。

5）进行方案比选时，应兼顾项目近期与远期的功能要求和建设规模，实现项目的可持续发展。

工程造价咨询企业在参与优化设计时，应依据有关技术经济资料，对设计方案提出优化设计建议与意见，通过设计招标、方案竞选、深化设计等措施，使技术方案更加经济合理。工程造价咨询企业参与限额设计时，应配合设计单位，按项目实施内容和标准进行投资分解和投资分析，通过有关技术经济指标分析，确定合理可行的建设标准及限额。

2. 组织管理

工程造价咨询企业应对其所咨询的项目实施有效的组织管理，对其咨询工作中涉及的基础资料的收集、归纳和整理，各类成果文件的编制、审核、审定和修改，成果文件的提交、归档等均应建立相应的管理制度，并落实到位。

工程造价咨询企业承担咨询业务后，应根据项目特点编制工作计划；承担大型项目或全过程工程造价管理咨询业务时，应依据项目特点、投标文件、工程造价咨询合同等编制工程造价咨询项目的工作大纲。工作大纲的内容应包括项目概况、工程造价咨询服务范围、工作组织、工作进度、人员安排、实施方案、质量管理等。

工程造价咨询企业应完善项目的流程管理，明确项目工作人员的职责，工程造价咨询项目的工作人员应包括现场和非现场的管理、编制、审核与审定人员。各类管理人员的安排除应符合工程造价咨询合同要求外，还应符合项目质量管理和档案管理等其他方面的要求。

工程造价咨询企业应建立有效的内部组织管理和外部组织协调体系，并应符合下列规定：①内部组织管理体系应包括承担咨询项目的管理模式、企业各级组织管理的职责与分工、现场管理和非现场管理的协调方式，项目负责人和各专业负责人的职责等；②外部组织协调体系应以工程造价咨询合同约定的服务内容为核心，明确协调和联系人员，在确保工程项目参与各方权利与义务的前提下，协调好与建设项目参与各方的关系，促进项目的顺利实施。

工程造价咨询企业应按工程造价咨询合同的要求制定工作进度计划，各类工程造价咨询成果文件的提交时间应与总体进度相协调，工程造价咨询的工作进度计划除应服从整个建设项目的总体进度和施工工期的要求外，还应满足各类工程造价咨询成果文件编制的合理工期的要求。

3. 质量管理

工程造价咨询企业应针对工程咨询业务特点建立质量管理体系，并应通过流程控制、企业标准等措施保证工程造价咨询质量。工程造价咨询企业提交的各类成果文件应由编制人编制，并应由审核人、审定人进行二级审核。承担咨询业务的编制人应审核委托人提供书面资料的完整性、有效性、合规性，并应对自身所收集的工程计量、计价基础资料和编制依据的全面性、真实性和适用性负责，按工程造价咨询合同的要求，编制工程造价咨询成果文件，并整理好工作过程文件。

承担咨询业务的审核人应审核委托人提供书面资料的完整性、有效性、合规性；应审核编制人使用工程计量、计价基础资料和编制依据的全面性、真实性和适用性，并应对编制人的工作成果进行一定比例的复核，完善工程造价咨询成果文件，并整理好工作过程文件。承担咨询业务的审定人应审核委托人提供书面资料的完整性、有效性、合规性，应审核编制人及审核人所使用工程计量、计价基础资料和编制依据全面性、真实性和适用性，并应依据工程经济指标进行工程造价的合理性分析，对工程造价咨询质量进行整体控制。工程造价咨询企业应在工程造价咨询成果文件的封面（或内封）、签署页签章。承担工程造价咨询项目的编制人、审核人、审定人应在工程造价咨询成果文件的签署页及汇总表上签章，并应在其所有承担的咨询业务文件的明细表上署名。

4. 档案管理

工程造价咨询企业应按国家有关档案管理及国家现行标准的规定，建立档案收集制度、统计制度、保密制度、借阅制度、库房管理制度及档案管理人员守则等。

工程造价咨询档案可分为成果文件和过程文件两类。成果文件应包括工程造价咨询企业出具的投资估算、设计概算、施工图预算、工程量清单、最高投标限价、工程计量与支付、竣工结算、竣工决算编制与审核报告以及工程造价鉴定意见书等。过程文件应包括编制、审核和审定人员的工作底稿、相应电子文件等。

工程造价咨询档案的保存期应符合合同和国家等相关规定外，且不应少于 5 年。承担咨询业务的项目负责人应负责工程造价咨询档案管理，除应负责成果文件和过程文件的归档外，还应负责组织并制定咨询业务中所借阅和使用的各类设计文件、施工合同文件、竣工资料等有关可追溯性资料的文件目录，并应对接收、借阅和送还进行记录。

5. 信息管理

工程造价咨询企业应利用计算机及网络通信技术进行有效的信息化管理。工程造价的信息化管理应包括工程造价数据库、工程计量与计价等工具软件、全过程工程造价管理系统的建设、使用、维护和管理等活动。

工程造价咨询企业应利用现代化的信息管理手段，自行建立或利用相关工程造价信息资料、各类典型工程数据库，以及在咨询业务中各类工程项目上积累的工程造价信息，建立并完善工程造价数据库。工程造价咨询企业应按标准化、网络化的原则，在工程项目各阶段采用工程造价管理软件。工程造价咨询企业承担全过程工程造价管理咨询业务时，应依据合同要求，对各阶段工程造价咨询成果文件和所收集的工程造价信息资料进行整理分析，并应用于下一阶段的工程造价确定与控制等环节。

(三) 决策阶段

1. 一般规定

工程造价咨询企业在决策阶段可接受委托承担下列工作：①投资估算的编制与审核；②建设项目经济评价。

编制投资估算时，应依据相应工程造价管理机构发布的工程计价依据，以及工程造价咨询企业积累的有关资料，并应在分析编制期市场要素价格变化的基础上，合理确定建设项目总投资。审核投资估算时，应依据相应工程造价管理机构发布的工程计价依据，以及其他有关资料，审核投资估算中所采用的编制依据的正确性、编制方法的适用性、编制内容与要求的一致性、投资估算中费用项目的准确性、全面性和合理性。

经济评价应依据国家有关政策和现行标准，在项目方案设计的基础上，对拟建项目的经济合理性和财务可行性进行分析论证，并进行全面评价。

2. 投资估算编制

投资估算按委托内容可分为建设项目的投资估算、单项工程投资估算、单位工程投资估算。

项目建议书阶段的投资估算可采用生产能力指数法、系数估算法、比例估算法、指标估算法或混合法进行编制；可行性研究阶段的投资估算宜采用指标估算法进行编制。投资估算的建设项目总投资应由建设投资、建设期利息、固定资产投资方向调节税和流动资金组成。建设投资应包括工程费用、工程建设其他费用和预备费。工程费用应包括建筑工程费、设备购置费、安装工程费。预备费应包括基本预备费和价差预备费。建设期利息应包括支付金融机构的贷款利息和为筹集资金而发生的融资费用。

投资估算应依据建设项目的特征、设计文件和相应的工程造价计价依据或资料对建设项目总投资及其构成进行编制，并应对主要技术经济指标进行分析。投资估算的编制依据应包括下列内容：①国家、行业和地方有关规定；②相应的投资估算指标；③工程勘察与设计文件；④类似工程的技术经济指标和参数；⑤工程所在地编制同期的人工、材料、机械台班市场价格，以及设备的市场价格和有关费用；⑥政府有关部门、金融机构等部门发布的价格指数、利率、汇率、税率，以及工程建设其他费用等；⑦委托单位提供的各类合同或协议及其他技术经济资料。

投资估算成果文件的编制应包括投资估算书封面、签署页、目录、编制说明、投资估算汇总表、单项工程投资估算表等。投资估算编制说明应包括工程概况、编制范围、编制方法、编制依据、主要技术经济指标及投资构成分析、有关参数和率值选定的说明，以及特殊问题说明等。

3. 经济评价

工程造价咨询企业应依据委托合同的要求，对建设项目进行经济评价。一般性项目的经济评价无特定要求时仅需进行财务评价。

财务评价应遵循下列工作程序：①收集、整理和计算有关财务评价基础数据与参数等资料；②估算各期现金流量；③编制基本财务报表；④财务评价指标的计算与分析；⑤不确定性分析和风险分析；⑥项目财务评价最终结论。

盈利能力分析应通过编制全部现金流量表、自有资金现金流量表和损益表等基本财务报表，计算财务内部收益率、财务净现值、投资回收期、投资收益率等指标进行定量判断。清偿能力分析应通过编制资金来源与运用表、资产负债表等基本财务报表，计算借款偿还期、资产负债率、流动比率、速动比率等指标进行定量判断。不确定性分析应通过盈亏平衡分析、敏感性分析等方法来进行定量判断。

风险分析应通过风险识别、风险估计、风险评价与风险应对等环节，进行定性与定量分析。

（四）设计阶段

1. 一般规定

工程造价咨询企业在设计阶段可接受委托承担下列工作：①设计概算的编制、审核与调整；②施工图预算编制与审核。

设计概算应控制在批准的投资估算范围内，施工图预算应控制在已批准的设计概算范围内。当遇有超概算情况时，应编制调整概算，提交分析报告，交委托人报原概算审批部门核准。设计概算和施工图预算编制应依据相应工程造价管理机构发布的工程计价依据，并根据工程造价咨询企业积累的有关资料，以及编制同期的人工、材料、设备、机械台班市场价格，合理确定建设项目总投资。设计概算和施工图预算审核应依据工程造价管理机构发布的计价依据及有关资料，对其编制依据、编制方法、编制内容及各项费用进行审核。

设计概算和施工图预算的审核可采用全面审核法、标准审核法、分组计算审核法、对比审核法、重点审核法等。应重点对工程量的计算，人、材、机要素价格的确定，定额子目的套用，管理费、利润、规费和税金等计取的正确性、全面性等进行审核。

2. 设计概算编制

设计概算按委托内容可分为建设项目的设计概算、单项工程设计概算、单位工程设计概算及调整概算。设计概算的建设项目总投资应由建设投资、建设期利息、固定资产投资方向调节税及流动资金组成。建设投资应包括工程费用、工程建设其他费用和预备费。工程费用应由建筑工程费、设备购置费、安装工程费组成。

设计概算的编制依据应包括下列内容：①国家、行业和地方有关规定；②相应工程造价管理机构发布的概算定额（或指标）；③工程勘察与设计文件；④拟定或常规的施工组织设计和施工方案；⑤建设项目资金筹措方案；⑥工程所在地编制同期的人工、材料、机械台班市场价格，以及设备供应方式及供应价格；⑦建设项目的技术复杂程度，新技术、新材料、新工艺以及专利使用情况等；⑧建设项目批准的相关文件、合同、协议等；⑨政府有关部门、金融机构等发布的价格指数、利率、汇率、税率以及工程建设其他费用；⑩委托单位提供的其他技术经济资料。

当只有一个单项工程的建设项目时，应采用二级形式编制设计概算；当包含两个及以上单项工程的建设项目时，应采用三级形式编制。设计概算应按逐级汇总进行编制，总概算应以综合概算为基础进行编制，综合概算应以建筑工程单位工程概算和设备及安装工程单位工程概算为基础进行编制。

建筑工程单位工程概算费用由分部分项工程费和措施项目费组成。建筑工程概算的分部分项工程费应由各子目的工程量乘以各子目的综合单价汇总而成。各子目的工程最应按概算定额或概算指标的分部分项工程项目划分及其工程量计算规则计算。各子目的综合单价应包括人工费、材料费、机械费、管理费、利润、规费和税金。各子目综合单价的计算可采用概算定额法和概算指标法。

3. 施工图预算编制

施工图预算按委托内容可分为建筑工程施工图预算、安装工程施工图预算。施工图预算的编制依据应包括下列内容：①国家、行业和地方有关规定；②相应工程造价管理机构发布的预算定额；③施工图设计文件及相关标准图集和规范；④项目相关文件、合同、协议等；⑤工程所在地的人工、材料、设备、施工机械市场价格；⑥施工组织设计和施工方案；⑦项目的管理模式、发包模式及施工条件；⑧其他应提供的资料。

建筑工程施工图预算费用由分部分项工程费和措施项目费组成。建筑工程预算的分部分项工程费应由各子目的工程量乘以各子目的综合单价汇总而成。各子目的工程量应按预算定额的项目划分及其工程量计算规则计算。各子目的综合单价应包括人工费、材料费、机械费、管理费、利润、规费和税金。

各子目综合单价的计算可通过预算定额及其配套的费用定额确定。其中人工费、材料费、机械费应依据相应的预算定额子目的人材机要素消耗量，以及报告编制期人材机的市场价格等因素确定；管理费、利润、规费、税金等应依据预算定额配套的费用定额或取费标准，并依据报告编制期拟建项目的实际情况、市场水平等因素确定。编制建筑工程预算时应同时编制综合单价分析表。

（五）发承包阶段

1. 一般规定

工程造价咨询企业在发承包阶段可接受委托承担下列工作：①工程量清单的编制与审核；②最高投标限价的编制与审核；③投标报价编制；④招标策划、招标文件的拟定与审核、招标答疑；⑤清标；⑥完善合同补充条款。

工程造价咨询企业可按约定向委托人提供或参与下列招标策划的服务工作：①发承包模式的选择；②总承包与专业分包之间、各专业分包之间、各标段之间发承包范围的界定；③拟采用的合同形式和合同范本；④合同中拟采用的计价方式；⑤拟采用的主要材料和设备供应及采购方式；⑥发包人与各承包人或各承包人之间的合同关系，及其各自的职责范围。

工程造价咨询企业可接受委托，参与拟定招标文件中下列与工程造价有关的合同条款：①合同计价方式的选择；②主要材料、设备的供应和采购方式；③预付工程款的数额、支付时间及抵扣方式；④安全文明施工措施的支付计划，使用要求等；⑤工程计量与支付工程进度款的方式、数额及时间；⑥工程价款的调整因素、方法、程序、支付及时间；⑦施工索赔与现场签证的程序、金额确认与支付时间；⑧承担计价风险的内容、范围及超出约定内容、范围的调整办法；⑨工程竣工价款结算编制与核对、支付及时间；⑩合同解除的价款结算与支付方式；⑪工程质量保证金的数额、预留方式及时间；⑫违约责任及发生工程价款争议的解决方法及时间；⑬与履行合同、支付价款有关的其他事项等。

工程造价咨询企业可接受委托，参与招投标过程中的投标报价的合规性、合理性分析以及招标答疑等工作。在发承包阶段合同签订前，工程造价咨询企业可依据招标文件的原则，拟定中标人的投标文件，对不明确的问题应在合同补充条款中进行明确。

2. 工程量清单、最高投标限价、投标报价编制与审核

工程量清单、最高投标限价、投标报价的编制对象按委托要求可分为施工总承包项目或专业分包工程项目。建设工程招标的工程量清单、最高投标限价、投标报价应根据现行国家标准《建设工程工程量清单计价规范》GB 50500—2013 的有关规定编制与审核。

最高投标限价、投标报价的工程量应依据招标文件发布的工程量清单确定，最高投标限价和投标报价的单价应采用综合单价，其综合单价应包括人工费、材料费、机械费、管理费、利润、规费和税金。

3. 清标

清标是指招标人或工程造价咨询企业在开标后且评标前，对投标人的投标报价是否响应招标文件、违反国家有关规定，以及报价的合理性、算术性错误等进行审查并出具意见的活动。工程造价咨询企业接受发包人的委托进行清标工作，应在开标后到评标前进行。

清标工作应包括下列内容：①对招标文件的实质性响应；②错漏项分析；③分部分项工程量清单项目综合单价的合理性分析；④措施项目清单的完整性和合理性分析，以及其中不可竞争性费用正确性分析；⑤其他项目清单项目完整性和合理性分析；⑥不平衡报价分析；⑦暂列金额、暂估价正确性复核；⑧总价与合价的算术性复核及修正建议；⑨其他应分析和澄清的问题。

工程造价咨询企业应按合同要求向发包人出具对各投保人投标报价的清标报告。清标报告中，对投标报价的各种分析、对比表可按本规范附录进行编制。工程造价咨询企业对承接的清标工作，应负有保密的义务。

（六）实施阶段

1. 一般规定

工程造价咨询企业在实施阶段可接受委托承担下列工作：①编制建设项目资金使用计划；②进行工程计量与工程款审核；③询价与核价；④进行工程变更、工程索赔和工程签证的审核；⑤合同中止结算、分阶段工程结算、专业工程分包结算的编制与审核；⑥进行工程造价动态管理。

工程造价咨询企业应要求委托人提供与该阶段工程造价相关的文件和资料，应包括下列内容：①设计概算及其批准文件；②招标文件、施工图纸、工程量清单、招标澄清等文件；③最高投标限价或施工图预算文件；④中标人的投标文件；⑤评标报告、投标报价分析报告、投标澄清文件等；⑥施工总承包合同、施工专业承包合同以及材料、设备采购合同等；⑦经认可的施工组织设计；⑧其他有关资料。

2. 编制项目资金使用计划

项目资金使用计划应根据施工合同和批准的施工组织设计进行编制，应与计划工期、预付款支付时间、进度款支付节点、竣工结算支付节点等相符。项目资金使用计划应根据工程量变化、工期、建设单位资金情况等定期或适时调整。

3. 工程计量与合同价款审核

工程造价咨询企业应根据工程施工或采购合同中有关的工程计量周期、时间，及合同价

款支付时间等约定，审核工程计量报告与合同价款支付申请。工程造价咨询企业应对承包人提交的工程计量结果进行审核，根据合同约定确定本期应付合同价款金额，并向委托人提交合同价款支付审核意见。

工程造价咨询企业向委托人提交的工程款支付审核意见，应包括下列主要内容：①工程合同总价款；②期初累计已完成的合同价款及其占总价款比例；③期末累计已实际支付的合同价款及其占总价款比例；④本期合计完成的合同价款及其占总价款比例；⑤本周期合计应扣减的金额及其占总价款比例；⑥本周期实际应支付的合同价款及其占总价款比例。

工程造价咨询企业根据咨询合同约定，在工程的实施阶段可按照竣工结算的有关要求，编制或审核合同中止结算、分阶段工程结算和专业工程分包结算，确定合同款项和应支付的数额等。

4. 询价与核价

工程造价咨询企业可接受委托，承担人工、主要材料、设备、机械台班及专业工程等市场价格的查询工作，并应出具相应的价格咨询报告或审核意见。工程造价咨询企业在确定或调整建筑安装工程的人工费时，可根据合同约定、相关工程造价管理机构发布的信息价格，以及市场价格信息进行计算；主要材料、设备、机械台班及专业工程等相关价格的查询与审核，可按照市场调查取得价格信息进行计算。

5. 工程变更、工程索赔和工程签证审核

工程造价咨询企业接受委托方要求，应按施工合同约定对工程变更、工程索赔和工程签证进行审核。承担工程变更、工程签证咨询业务的工程造价咨询企业，应在工程变更、工程签证确认前，对工程变更、工程签证可能引起的费用变化提出建议，并应根据施工合同的约定，对有效的工程变更和工程签证进行审核，计算工程变更、工程签证引起的费用变化，计入当期工程造价。工程造价咨询企业对工程变更、工程签证等认为签署不明或有疑义时，可要求施工单位与建设单位或监理单位进行澄清。工程造价咨询企业收到工程索赔费用申请报告后，应在施工合同约定的时间内予以审核，并应出具工程索赔费用审核报告，或要求申请人进一步补充索赔理由和依据。工程造价咨询企业对工程变更和工程签证的审核应包括下列内容：①变更或签证的必要性、合理性；②变更或签证方案的合法性、合规性、有效性；③变更或签证方案的可行性、经济性。

工程造价咨询企业对工程索赔费用的审核应包括下列内容：①索赔事项的时效性、程序的有效性和相关手续的完整性；②索赔理由的真实性和正当性；③索赔资料的全面性和完整性；④索赔依据的关联性；⑤索赔工期和索赔费用计算的准确性。工程造价咨询企业审核工程索赔费用后，应在签证单上签署意见或出具报告，应包括下列内容：①索赔事项和要求；②审核范围和依据；③审核引证的相关合同条款；④索赔费用审核计算方法；⑤索赔费用审核计算细目。

6. 工程造价动态管理

工程造价咨询企业可接受委托，进行项目施工阶段的工程造价动态管理，并应提交动态管理咨询报告。工程造价咨询企业应与项目各参与方进行联系与沟通，并应动态掌握影响项目工程造价变化的信息情况。对于可能发生的重大工程变更应及时作出对工程造价影响的预测，并应将可能导致工程造价发生重大变化的情况及时告知委托人。工程造价动态管理报告宜包括下列内容：①项目批准概算金额；②投资控制目标值；③拟分包合同执行情况及预估合同价款；④已签合同名称、编号和签约价款；⑤已确定的待签合同及其价款；⑥本周期前累计已发生的工程变更和工程签证费用；⑦本周期前累计已实际支付的工程价款及占合同总价款比例；⑧本周期前累计工程造价与批准概算（或投资控制目标值）的差值；⑨主要偏差情况及产生较大或重大偏差的原因分析；⑩必要的说明、意见和建议等。

（七）竣工阶段

1. 一般规定

工程造价咨询企业在竣工阶段可接受委托承担下列工作：①竣工结算的编制与审核；②竣工决算的编制与审核。

编制与审核竣工结算时，应按施工合同约定的工程价款的确定方式、方法、调整等内容，当合同中没有约定或约定不明确的，应按合同约定的计价原则以及相应工程造价管理机构发布的工程计价依据、相关规定进行竣工结算。

2. 竣工结算编制

竣工结算按委托内容可分为建设项目的竣工结算、单项工程竣工结算及单位工程竣工结算。竣工结算编制依据应包括下列内容：①影响合同价款的法律、法规和规范性文件；②现场踏勘复验记录；③施工合同、专业分包合同及补充合同，有关材料。设备采购合同；④相关工程造价管理机构发布的计价依据；⑤招标文件、投标文件；⑥工程施工图、经批准的施工组织设计、设计变更、工程洽商、工程索赔与工程签证，相关会议纪要等；⑦工程材料及设备认价单；⑧发承包双方确认追加或核减的合同价款；⑨经批准的开工、竣工报告或停工、复工报告；⑩影响合同价款的其他相关资料。

竣工结算应按施工合同类型采用相应的编制方法，并应符合下列规定：

1）采用总价合同的，应在合同总价基础上，对合同约定能调整的内容及超过合同约定范围的风险因素进行调整。

2）采用单价合同的，在合同约定风险范围内的综合单价应固定不变，并应按合同约定进行计量，且应按实际完成的工程量进行计量。

3）采用成本加酬金合同的，应按合同约定的方法，计算工程成本、酬金及有关税费。

3. 竣工结算审核

竣工结算审核报告应包括工程概况、审核范围、审核原则、审核方法、审核依据、审核要求、审核程序、主要问题及处理情况、审核结果及有关建议等。

竣工结算审核工作应包括下列三个阶段：

1）准备阶段应包括收集、整理竣工结算审核项目的审核依据资料，做好送审资料的交验、核实、签收工作，并应对资料等缺陷向委托方提出书面意见及要求。

2）审核阶段应包括现场踏勘核实，召开审核会议，澄清问题，提出补充依据性资料和必要的弥补性措施，形成会商纪要，进行计量、计价审核与确定工作、完成初步审核报告等。

3）审定阶段应包括就竣工结算审核意见与承包人及发包人进行沟通，召开协调会议，处理分歧事项，形成竣工结算审核成果文件，签认竣工结算审定签署表，提交竣工结算审核报告等工作。

竣工结算审核编制依据应包括下列内容：①影响合同价款的法律、法规和规范性文件；②竣工结算审核委托咨询合同；③竣工结算送审文件；④现场踏勘复验记录；⑤施工合同、专业分包合同及补充合同，有关材料、设备采购合同；⑥相关工程造价管理机构发布的计价依据；⑦招标文件、投标文件；⑧工程施工图、经批准的施工组织设计、设计变更、工程洽商、工程索赔与工程签证，相关会议纪要等；⑨工程材料及设备认价单；⑩发承包双方确认追加或核减的工程价款；⑪经批准的开工、竣工报告或停工、复工报告；⑫竣工结算审核的其他相关资料。

竣工结算审核应采用全面审核法。除委托咨询合同另有约定外，不得采用重点审核法、抽样审核法或类比审核法等其他方法。

工程造价咨询企业在竣工结算审核过程中，发现工程图纸、工程签证等与事实不符时，应由发承包双方书面澄清事实，并应据实进行调整，如未能取得书面澄清，工程造价咨询企业应进行判断，并就相关问题写入竣工结算审核报告。

工程造价咨询企业完成竣工结算的审核，其结论应由发包人、承包人、工程造价咨询企业共同签认。无实质性理由发包人、承包人及工程造价咨询企业因分歧不能共同签认竣工结算审定签署表的，工程造价咨询企业在协调无果的情况下可单独提交竣工结算审核书，并承担相应责任。

4. 竣工决算编制

竣工决算应综合反映竣工项目从筹建开始至项目竣工交付使用为止的全部建设费用、投资效果以及新增资产价值。工程造价咨询企业可接受委托承担竣工决算的全部编制工作，也可承担竣工决算中的投资效果分析，交付使用资产表及明细表等报表部分编制工作。工程造价咨询企业承担竣工决算全部编制工作时，除应具备相应工程造价咨询资质和能力、人员资格和质量管理等要求外，还应符合国家有关竣工决算的其他规定，与会计人员配合完成编制工作。

基本建设项目竣工财务决算报表，应包括下列内容：①基本建设项目概况表；②基本建设项目竣工财务决算表；③基本建设项目交付使用资产总表；④基本建设项目交付使用资产明细表。

(八) 工程造价鉴定

工程造价咨询企业可接受法院或仲裁机构的委托，根据其建设工程造价方面的专业知识和技能，对纠纷项目的工程造价以及由此延伸而引起的经济问题进行鉴别和判断，并应提供鉴定意见。工程造价咨询企业承接工程造价鉴定业务应指派注册造价工程师承担鉴定工作。

工程造价咨询企业接受鉴定委托时，应签订委托文书或鉴定合同。鉴定结论意见应与鉴定委托文书或鉴定合同中明确的项目范围、内容、要求一致，不得超出或缩小委托范围及内容进行鉴定。

对从事鉴定项目的工程造价咨询企业和鉴定人员，根据相关法律、法规的规定需回避的，应自行回避；未自行回避的，鉴定委托人、当事人及利害关系人要求其回避的，应予回避。对工程造价咨询企业主动要求回避的，应说明回避理由，由鉴定委托人作出回避与否的决定。对鉴定人员主动提出回避且理由成立的，应由工程造价咨询企业指派其他符合要求的人员担任鉴定工作。

二、《建设工程造价鉴定规范》的主要内容

根据中华人民共和国住房和城乡建设部《关于印发〈2014年工程建设标准规范制订、修订计划〉的通知》（建标【2013】169号）的要求，本规范编制组经深入调查研究、认真

总结实践经验，并在全国范围内广泛征求意见的基础上，经多次论证，反复修订，编制完成《建设工程造价鉴定规范》（GB/T 51262—2017），自 2018 年 3 月 1 日起实施。《建设工程造价鉴定规范》（以下简称《鉴定规范》）对当前工程造价鉴定工作的难点、疑点问题逐一加以梳理并形成了解决方案，其对于造价鉴定方法与程序的原则性规定也有利于造价鉴定回归专业技术服务的本源。

（一）工程造价鉴定概述

建设工程施工合同纠纷的解决可通过和解、调解、仲裁或诉讼的方式解决。由于建设工程专业性强、造价确定条件多变而复杂，仲裁机构或法院作出公正裁决或判决，需要借助专家的专业知识。

1. **工程造价鉴定的法律依据**

2021 年 12 月 24 日修改的《中华人民共和国民事诉讼法》第七十九条规定："当事人可以就查明事实的专门性问题向人民法院申请鉴定。当事人申请鉴定的，由双方当事人协商确定具备资格的鉴定人；协商不成的，由人民法院指定。

当事人未申请鉴定，人民法院对专门性问题认为需要鉴定的，应当委托具备资格的鉴定人进行鉴定。"

2017 年 9 月 1 日修改的《中华人民共和国仲裁法》第四十四条规定："仲裁庭对专门性问题认为需要鉴定的，可以交由当事人约定的鉴定部门鉴定，也可以由仲裁庭指定的鉴定部门鉴定。"

2. **工程造价鉴定的原则**

鉴定应遵循合法性、独立性、客观性、公正性的原则。

合法性包括：鉴定主体合法、鉴定程序合法、鉴定依据合法、鉴定范围标准合法、鉴定意见书合法。

独立性包括：鉴定机构组织独立、鉴定人员工作独立、鉴定机构之间独立、鉴定人员意见独立、独立鉴定与接受监督的关系。

客观性包括：鉴定证据真实客观、鉴定方法科学客观、鉴定意见准确客观。

公正性包括：鉴定立场公正、鉴定行为公正、鉴定程序公正、鉴定方法公正、鉴定意见公正。

3. **当前工程造价鉴定中存在的不当行为**

（1）鉴定主体存在的问题　当前鉴定主体存在以下问题：鉴定机构不具有工程造价咨询资质、鉴定机构以分公司出具鉴定报告、鉴定人不是注册造价工程师、鉴定人不在本鉴定机构注册、署名鉴定人与实际鉴定人不符、鉴定人专业不对口。

（2）鉴定人角色错位　鉴定人角色错位的表现包括：自行确定鉴定范围、自行确定鉴定证据、擅自进行现场勘验、擅自接受当事人证据材料、擅自通知当事人补充证据、以行业惯例及造价规定为由否定当事人的约定。

（3）鉴定中存在的问题　当前造价鉴定中存在以下问题：遇到问题不及时与委托人沟通；不制定鉴定方案，不择优选择鉴定方法；专业水准不够，鉴别、判断能力不高；鉴定意见中依据不充分，论证与结论不一致；不征求当事人意见就出具鉴定报告，将争议带到出庭作证；未经委托人同意不出庭作证；法庭质证时不正面回答当事人提问。

4. 《鉴定规范》的特点

《鉴定规范》明确了司法权与鉴定权的界限,法律问题由委托人决定,专业问题由鉴定人决定,理顺了工程造价鉴定与案件审理的关系。根据《中华人民共和国民事诉讼法》规定,对于查明案件事实的专门性问题可由当事人申请鉴定或由人民法院决定鉴定,而由于建设工程施工合同纠纷案件存在标的额巨大、案情复杂及专业性强等特点,工程造价鉴定成为左右案件审理结果的重要因素。实践中人民法院审理案件的专业性主要体现在查明事实、认定证据与法律适用方面,而对于建设工程造价如何认定、造价鉴定意见是否准确合理等问题缺乏统一明确的审查标准,广大当事人及法官对于造价鉴定的范围、方式与结果等尚不具有专业的识别能力,导致工程造价鉴定成为实质上影响重大却难以细致审查的一大难题。《鉴定规范》的内容重在法律法规与专业技术的有机结合,以专业角度提出了工程造价鉴定的原则,即明确工程造价鉴定是运用工程造价方面的科学技术和专业知识对工程造价争议中涉及的专门性问题进行识别、判断并提供鉴定意见的活动。面对案件审理与专业鉴定的边界,《鉴定规范》提出了鉴定意见可同时包括确定性意见、推断性意见或供选择性意见的处理方式,对于有争议的事实鉴定机构仅提出造价专业的意见甚至多种可供选择的意见而非直接进行认定,从而确立了工程造价鉴定的范围,也将案件审理回归由司法机关裁决的本源,而非以鉴定意见代替司法机关进行事实认定。

《鉴定规范》明确了鉴定的主体资格,鉴定机构是造价咨询企业;鉴定人是从事鉴定业务的注册造价工程师;明确了鉴定工作程序;建立了鉴定机构和鉴定人回避和公正承诺制度;明确了鉴定的组织、鉴定方案以及鉴定期限;规范了鉴定证据的采用;建立鉴定报告向当事人征求意见制度;规范了鉴定人出庭作证;统一了鉴定意见书格式等。《鉴定规范》发布实施的意义主要体现在建设工程施工纠纷与风险防控两个方面。在施工纠纷处理方面,《鉴定规范》中关于工程造价鉴定的程序、原则、方法等规定将可直接用于施工纠纷处理,从而规范往后的建设工程施工合同纠纷案件审理,《鉴定规范》将此前工程造价鉴定的行业惯例及对疑难问题的处理方式以行业规范的方式加以明确,更有利于统一鉴定标准并促进同类案件裁判标准的统一。在风险防控方面,《鉴定规范》明确规定各类争议如合同具有明确约定的应当按照约定处理,因此在建设工程施工合同草拟与签订的过程中可适当参照《鉴定规范》中有利于己方的内容,而在合同履行过程中发生设计变更、签证等情形的,也可比照《鉴定规范》的相关规定进行处理。

(二) 鉴定依据

1. 鉴定人自备

(1) 适用法规 鉴定人进行工程造价鉴定工作,应自行收集适用于鉴定项目的法律、法规、规章和规范性文件。标准规范包括:自行准备与鉴定项目相关的标准规范;若工程合同约定的标准规范不是国家或行业标准,则应由当事人提供。

(2) 要素价格 鉴定人应自行收集与鉴定项目同时期、同地区、相同或类似工程的技术经济指标以及各类生产要素价格。

2. 委托人移交

委托人移交的证据材料宜包含但不限于下列内容:①起诉状(仲裁申请书)、反诉状(仲裁反申请书)及答辩状、代理词;②证据及《送鉴证据材料目录》;③质证记录、庭审记录等卷宗;④鉴定机构认为需要的其他有关资料。

鉴定机构接收证据材料后，应开具接收清单。

鉴定机构收取复制件应与证据原件核对无误。

委托人向鉴定机构直接移交的证据，应注明质证及证据认定情况，未注明的，鉴定机构应提请委托人明确质证及证据认定情况。

鉴定机构对收到的证据应认真分析，必要时可提请委托人向当事人转达要求补充证据的函件。

3. 当事人提交

鉴定工作中，委托人要求当事人直接向鉴定机构提交证据的，鉴定机构应提请委托人确定当事人的举证期限，并应及时向当事人发出函件，要求其在举证期限内提交证据。

鉴定机构收到当事人的证据材料后，应出具收据，写明证据名称、页数、份数、原件或者复印件以及签收日期，由经办人员签名或盖章。鉴定机构应及时将收到的证据移交委托人，并提请委托人组织质证并确认证据的证明力。

当事人申请延长举证期限的，鉴定人应告知其在举证期限届满前向委托人提出申请，由委托人决定是否准许延期。

4. 证据的补充

鉴定过程中，鉴定人可根据鉴定需要提请委托人通知当事人补充证据，对委托人组织质证并认定的补充证据，鉴定人可直接作为鉴定依据；对委托人转交，但未经质证的证据，鉴定人应提请委托人组织质证并确认证据的证明力。

当事人逾期向鉴定人补充证据的，鉴定人应告知当事人向委托人申请，由委托人决定是否接受。鉴定人应按委托人的决定执行。

5. 鉴定事项调查

根据鉴定需要，鉴定人有权了解与鉴定事项有关的情况，并对所需要的证据进行复制；鉴定人可以询问当事人、证人，询问应制作询问笔录。

鉴定人对特别复杂、疑难、特殊技术等问题或对鉴定意见有重大分歧时，可以向本机构以外的相关专家进行咨询，但最终的鉴定意见应由鉴定人作出，鉴定机构出具。

6. 现场勘验

鉴定机构按委托人要求通知当事人进行现场勘验的，应填写现场勘验通知书，通知各方当事人参加，并提请委托人组织。

勘验现场应制作勘验笔录或勘验图表，记录勘验的时间、地点、勘验人、在场人、勘验经过、结果，由勘验人、在场人签名或者盖章。对于绘制的现场图表应注明绘制的时间、方位、绘测人姓名、身份等内容。必要时鉴定人应采取拍照或摄像取证的方式，留下影像资料。

当事人代表参与了现场勘验，但对现场勘验图表或勘验笔录等不予签字，又不提出具体书面意见的，不影响鉴定人采用勘验结果进行鉴定。

7. 证据的采用

经过当事人质证认可，委托人确认了证明力的证据，或在鉴定过程中，当事人经证据交换已认可无异议并报委托人记录在卷的证据，鉴定人应当作为鉴定依据。

当事人对证据的真实性提出异议，或证据本身彼此矛盾，鉴定人应及时提请委托人认定并按照委托人认定的证据作为鉴定依据。

如委托人未及时认定，或认为需要鉴定人按照争议的证据出具多种鉴定意见的，鉴定人应在征求当事人对于有争议的证据的意见并书面记录后，将该部分有争议的证据分别鉴定并将鉴定意见单列，供委托人判断使用。

（三）鉴定方法

鉴定人应根据合同约定的计价原则和方法进行鉴定。如因证据所限，无法采用合同约定的计价原则和方法的，应按照与合同约定相近的原则，选择施工图预算或工程量清单计价方法或概算、估算的方法进行鉴定。

鉴定过程中，鉴定人可从专业的角度，促使当事人对一些争议事项达成妥协性意见，并制作成书面文件由当事人各方签字（盖章）确认，并在鉴定意见书中予以说明。

鉴定方法囊括了合同争议、证据欠缺、计量争议、计价争议、工期索赔争议、费用索赔争议、工程签证争议、合同解除争议等实践中广泛存在的疑难问题。

1. 合同争议的鉴定

1）委托人认定鉴定项目合同有效的，鉴定人应根据合同约定进行鉴定。

2）委托人认定鉴定项目合同无效的，鉴定人应按照委托人的决定进行鉴定。

3）鉴定项目合同对计价依据、计价方法约定不明的，鉴定人应厘清合同履行的事实，如是按合同履行的，应向委托人提出按其进行鉴定；如没有履行，鉴定人可向委托人提出"参照鉴定项目所在地同时期适用的计价依据、计价方法和签约时的市场价格信息进行鉴定"的建议，鉴定人应按照委托人的决定进行鉴定。

4）鉴定项目合同对计价依据、计价方法没有约定的，鉴定人可向委托人提出"参照鉴定项目所在地同时期适用的计价依据、计价方法和签约时的市场价格信息进行鉴定"的建议，鉴定人应按照委托人的决定进行鉴定。

5）鉴定项目合同对计价依据、计价方法约定条款前后矛盾的，鉴定人应提请委托人决定适用条款，委托人暂不明确的，鉴定人应按不同的约定条款分别作出鉴定意见，供委托人判断使用。

6）当事人分别提出不同的合同签约文本的，鉴定人应提请委托人决定适用的合同文本，委托人暂不明确的，鉴定人可按不同的合同文本分别作出鉴定意见，供委托人判断使用。

2. 证据欠缺的鉴定

鉴定项目施工图（或竣工图）缺失，鉴定人应按以下规定进行鉴定：①建筑标的物存在的，鉴定人应提请委托人组织现场勘验计算工程量作出鉴定；②建筑标的物已经隐蔽的，鉴定人可根据工程性质、是否为其他工程的组成部分等作出专业分析进行鉴定；③建筑标的物已经灭失，鉴定人应提请委托人对不利后果的承担主体作出认定，再根据委托人的决定进行鉴定。

在鉴定项目施工图或合同约定工程范围以外，承包人以完成了发包人通知的零星工程为由，要求结算价款，但未提供发包人的签证或书面认可文件，鉴定人应按以下规定作出专业分析进行鉴定：①发包人认可或承包人提供的其他证据可以证明的，鉴定人应作出肯定性鉴定，供委托人判断使用；②发包人不认可，但该工程可以进行现场勘验，鉴定人应提请委托人组织现场勘验，依据勘验结果进行鉴定。

3. 计量争议的鉴定

当鉴定项目图纸完备，当事人就计量依据发生争议时，鉴定人应以现行国家相关工程计量规范规定的工程量计算规则计量；无国家标准的，按行业标准或地方标准计量。

一方当事人对双方当事人已经签认的某一工程项目的计量结果有异议的，鉴定人应按以下规定进行鉴定：①当事人一方仅提出异议未提供具体证据的，按原计量结果进行鉴定；②当事人一方既提出异议又提出具体证据的，应对原计量结果进行复核，必要时可到现场复核，按复核后的计量结果进行鉴定；③当事人就总价合同计量发生争议的，总价合同对工程计量标准有约定的，按约定进行鉴定；没有约定的，仅就工程变更部分进行鉴定。

4. 计价争议的鉴定

当事人因工程变更导致工程量数量变化，要求调整综合单价发生争议的；或对新增工程项目组价发生争议的，鉴定人应按以下规定进行鉴定：①合同中有约定的，应按合同约定进行鉴定；②合同中约定不明的，鉴定人应厘清合同履行情况，如是按合同履行的，应向委托人提出按其进行鉴定；如没有履行，可按现行国家标准计价规范的相关规定进行鉴定，供委托人判断使用；③合同中没有约定的，应提请委托人决定并按其决定进行鉴定，委托人暂不决定的，可按现行国家标准计价规范的相关规定进行鉴定，供委托人判断使用。

当事人因物价波动，要求调整合同价款发生争议的，鉴定人应按以下规定进行鉴定：①合同中约定了计价风险范围和幅度的，按合同约定进行鉴定；合同中约定了物价波动可以调整，但没有约定风险范围和幅度的，应提请委托人决定，按现行国家标准计价规范的相关规定进行鉴定；但已经采用价格指数法进行了调整的除外；②合同中约定物价波动不予调整的，仍应对实行政府定价或政府指导价的材料按《中华人民共和国合同法》（现已被《民法典》代替）的相关规定进行鉴定。

当事人因人工费调整文件，要求调整人工费发生争议的，鉴定人应按以下规定进行鉴定：①如合同中约定不执行的，鉴定人应提请委托人决定并按其决定进行鉴定；②合同中没有约定或约定不明的，鉴定人应提请委托人决定并按其决定进行鉴定，委托人要求鉴定人提出意见的，鉴定人应分析鉴别：如人工费的形成是以鉴定项目所在地工程造价管理部门发布的人工费为基础在合同中约定的，可按工程所在地人工费调整文件作出鉴定意见；如不是，则应作出否定性意见，供委托人判断使用。

当事人因材料价格发生争议的，鉴定人应提请委托人决定并按其决定进行鉴定。委托人未及时决定可按以下规定进行鉴定，供委托人判断使用：①材料价格在采购前经发包人或其代表签批认可的，应按签批的材料价格进行鉴定；②材料采购前未报发包人或其代表认质认价的，应按合同约定的价格进行鉴定；③发包人认为承包人采购的材料不符合质量要求，不予认价的，应按双方约定的价格进行鉴定，质量方面的争议应告知发包人另行申请质量鉴定。

发包人以工程质量不合格为由，拒绝办理工程结算而发生争议的，鉴定人应按以下规定进行鉴定：①已竣工验收合格或已竣工未验收但发包人已投入使用的工程，工程结算按合同约定进行鉴定；②已竣工未验收且发包人未投入使用的工程，以及停工、停建工程，鉴定人应对无争议、有争议的项目分别按合同约定进行鉴定。工程质量争议应告知发包人申请工程质量鉴定，待委托人分清当事人的质量责任后，分别按照工程造价鉴定意见判断采用。

5. 工期索赔争议的鉴定

当事人对鉴定项目开工时间有争议的，鉴定人应提请委托人决定，委托人要求鉴定人提出意见的，鉴定人应按以下规定提出鉴定意见，供委托人判断使用：①合同中约定了开工时间，但发包人又批准了承包人的开工报告或发出了开工通知，应采用发包人批准的开工报告或发出的开工通知的时间；②合同中未约定开工时间，应采用发包人批准的开工时间；没有发包人批准的开工时间，可根据施工日志、验收记录等相关证据确定开工时间；③合同中约定了开工时间，因承包人原因不能按时开工，发包人接到承包人延期开工申请且同意承包人要求的，开工时间相应顺延；发包人不同意延期要求或承包人未在约定时间内提出延期开工要求的，开工时间不予顺延；④因非承包人原因不能按照合同中约定的开工时间开工，开工时间相应顺延；⑤因不可抗力原因不能按时开工的，开工时间相应顺延；⑥证据材料中，均无发包人或承包人提前或推迟开工时间的证据，采用合同约定的开工时间。

当事人对鉴定项目工期有争议的，鉴定人应按以下规定进行鉴定：①合同中明确约定了工期的，以合同约定工期进行鉴定；②合同对工期约定不明或没有约定的，鉴定人应按工程所在地相关专业工程建设主管部门的规定或国家相关工程工期定额进行鉴定。

当事人对鉴定项目实际竣工时间有争议的，鉴定人应提请委托人决定，委托人要求鉴定人提出意见的，鉴定人应按以下规定提出鉴定意见，供委托人判断使用：①鉴定项目经竣工验收合格的，以竣工验收之日为竣工时间；②承包人已经提交竣工验收报告，发包人应在收到竣工验收报告之日起在合同约定的时间内完成竣工验收而未完成验收的，以承包人提交竣工验收报告之日为竣工时间；③鉴定项目未经竣工验收，未经承包人同意而发包人擅自使用的，以占有鉴定项目之日为竣工时间。

当事人对鉴定项目暂停施工、顺延工期有争议的，鉴定人应按以下规定进行鉴定：①因发包人原因暂停施工的，相应顺延工期；②因承包人原因暂停施工的，工期不予顺延；③工程竣工前，发包人与承包人对工程质量发生争议停工待鉴的，若工程质量鉴定合格，承包人并无过错的，鉴定期间为工期顺延时间。

当事人对鉴定项目因设计变更顺延工期有争议的，鉴定人应参考施工进度计划，判别是否因增加了关键线路和关键工作的工程量而引起工期变化，如增加了工期，应相应顺延工期；如未增加工期，工期不予顺延。

当事人对鉴定项目因工期延误索赔有争议的，鉴定人应先确定实际工期，再与合同工期对比，以此确定是否延误以及延误的具体时间。

对工期延误责任的归属，鉴定人可从专业鉴别、判断的角度提出建议，最终由委托人根据当事人的举证判断确定。

6. 费用索赔争议的鉴定

当事人因提出索赔发生争议的，鉴定人应提请委托人就索赔事件的成因、损失等作出判断，委托人明确索赔成因、索赔损失、索赔时效均成立的，鉴定人应运用专业知识作出因果关系的判断，作出鉴定意见，供委托人判断使用。

一方当事人提出索赔，对方当事人已经答复但未能达成一致，鉴定人可按以下规定进行鉴定：①对方当事人以不符合事实为由不同意索赔的，鉴定人应在厘清证据事实以及事件的因果关系的基础上作出鉴定；②对方当事人以该索赔事项存在，但认为不存在赔偿的，或认为索赔过高的，鉴定人应根据相关证据和专业判断作出鉴定。

当事人对暂停施工索赔费用有争议的，鉴定人应按以下规定进行鉴定：①合同中对上述费用的承担有约定的，应按合同约定作出鉴定；②因发包人原因引起的暂停施工，费用由发包人承担，包括：对已完工程进行保护的费用、运至现场的材料和设备的保管费、施工机具租赁费、现场生产工人与管理人员工资、承包人为复工所需的准备费用等；③因承包人原因引起的暂停施工，费用由承包人承担。

因不利的物质条件或异常恶劣的气候条件的影响，承包人提出应增加费用和延误的工期的，鉴定人应按以下规定进行鉴定：①承包人及时通知发包人，发包人同意后及时发出指示同意的，采取合理措施而增加的费用和延误的工期由发包人承担；发承包双方就具体数额已经达成一致的，鉴定人应采纳这一数额鉴定；发承包双方未就具体数额达成一致，鉴定人通过专业鉴别、判断作出鉴定；②承包人及时通知发包人后，发包人未及时回复的，鉴定人可从专业角度进行鉴别、判断作出鉴定。

因发包人原因，发包人删减了合同中的某项工作或工程项目，承包人提出应由发包人给予合理的费用及预期利润，委托人认定该事实成立的，鉴定人进行鉴定时，其费用可按相关工程企业管理费的一定比例计算，预期利润可按相关工程项目报价中的利润的一定比例或工程所在地统计部门发布的建筑企业统计年报的利润率计算。

7. 工程签证争议的鉴定

当事人因工程签证费用而发生争议，鉴定人应按以下规定进行鉴定：①签证明确了人工、材料、机械台班数量及其价格的，按签证的数量和价格计算；②签证只有用工数量没有人工单价的，其人工单价按照工作技术要求比照鉴定项目相应工程人工单价适当上浮计算；③签证只有材料和机械台班用量没有价格的，其材料和台班价格按照鉴定项目相应工程材料和台班价格计算；④签证只有总价款而无明细表述的，按总价款计算；⑤签证中的零星工程数量与该工程应予实际完成的数量不一致时，应按实际完成的工程数量计算。

当事人因工程签证存在瑕疵而发生争议的，鉴定人应按以下规定进行鉴定：①签证发包人只签字证明收到，但未表示同意，承包人有证据证明该签证已经完成，鉴定人可作出鉴定意见并单列，供委托人判断使用；②签证既无数量，又无价格，只有工作事项的，由当事人双方协商，协商不成的，鉴定人可根据工程合同约定的原则、方法对该事项进行专业分析，作出推断性意见，供委托人判断使用。

承包人仅以发包人口头指令完成了某项零星工作或工程，要求费用支付，而发包人又不认可，且无物证的，鉴定人应以法律证据缺失为由，作出否定性鉴定。

8. 合同解除争议的鉴定

工程合同解除后，当事人就价款结算发生争议，如送鉴的证据满足鉴定要求的，按送鉴的证据进行鉴定；不能满足鉴定要求的，鉴定人应提请委托人组织现场勘验或核对，会同当事人采取以下措施进行鉴定：①清点已完工程部位、测量工程量；②清点施工现场人、材、机数量；③核对签证、索赔所涉及的有关资料；④将清点结果汇总造册，请当事人签认，当事人不签认的，及时报告委托人，但不影响鉴定工作的进行；⑤分别计算价款。

当事人对已完工程数量不能达成一致意见，鉴定人现场核对也无法确认的，应提请委托人委托第三方专业机构进行现场勘验，鉴定人应按勘验结果进行鉴定。

委托人认定发包人违约导致合同解除的，应包括以下费用：①已完成永久工程的价款；②已付款的材料设备等物品的金额（付款后归发包人所有）；③临时设施的摊销费用；④签证、索赔以及其他应支付的费用；⑤撤离现场及遣散人员的费用；⑥发包人违约给承包人造成的实际损失（其违约责任的分担按委托人的决定执行）；⑦其他应由发包人承担的费用。

委托人认定承包人违约导致合同解除的，应包括以下费用：①已完成永久工程的价款；②已付款的材料设备等物品的金额（付款后归发包人所有）；③临时设施的摊销费用；④签证、索赔以及其他应支付的费用；⑤承包人违约给发包人造成的实际损失（其违约责任的分担按委托人的决定执行）；⑥其他应由承包人承担的费用。

委托人认定因不可抗力导致合同解除的，鉴定人应按合同约定进行鉴定；合同没有约定或约定不明的，鉴定人应提请委托人认定不可抗力导致合同解除后适用的归责原则，可建议按现行国家标准计价规范的相关规定进行鉴定，由委托人判断，鉴定人按委托人的决定进行鉴定。

单价合同解除后的争议，按以下规定进行鉴定，供委托人判断使用：①合同中有约定的，按合同约定进行鉴定；②委托人认定承包人违约导致合同解除的，单价项目按已完工程量乘以约定的单价计算（其中，单价措施项目应考虑工程的形象进度），总价措施项目按与单价项目的关联度比例计算；③委托人认定发包人违约导致合同解除的，单价项目按已完工程量乘以约定的单价计算，其中剩余工程量超过 15% 的单价项目可适当增加企业管理费计算。总价措施项目已全部实施的，全额计算；未实施完的，按与单价项目的关联度比例计算。未完工程量与约定的单价计算后按工程所在地统计部门发布的建筑企业统计年报的利润率计算利润。

总价合同解除后的争议，按以下规定进行鉴定，供委托人判断使用：①合同中有约定的，按合同约定进行鉴定；②委托人认定承包人违约导致合同解除的，鉴定人可参照工程所在地同时期适用的计价依据计算出未完工程价款，再用合同约定的总价款减去未完工程价款计算；③委托人认定发包人违约导致合同解除的，承包人请求按照工程所在地同时期适用的计价依据计算已完工程价款，鉴定人可采用这一方式鉴定，供委托人判断使用。

（四）鉴定意见书

1. 鉴定意见书制作

1）鉴定意见书的制作应标准、规范，语言表述应符合要求。

2）鉴定意见书不得载有对案件性质和当事人责任进行认定的内容。

3）鉴定意见书一般由封面、声明、基本情况、案情摘要、鉴定过程、鉴定意见、附注、附件目录、落款、附件等部分组成。

2. 补充鉴定意见书

补充鉴定意见书在鉴定意见书格式的基础上，应说明以下事项：①补充鉴定说明：阐明补充鉴定理由和新的委托鉴定事由；②补充资料摘要：在补充资料摘要的基础上，注明原鉴定意见的基本内容；③补充鉴定过程：在补充鉴定、勘验的基础上，注明原鉴定过程的基本内容；④补充鉴定意见：在原鉴定意见的基础上，提出补充鉴定意见。

3. 鉴定意见书送达

1）鉴定意见书制作完成后，应及时送达委托人。

2）鉴定意见书送达时，应由委托人在《送达回证》上签收。

第二章　工程总承包

第一节　工程总承包概述

一、工程总承包概念

工程总承包（Engineering Procurement Construction（EPC）Contracting/Design-build Contracting）是指承包单位按照与建设单位签订的合同，对工程设计、采购、施工、试运行等阶段实行全过程或若干阶级的承包，并对工程的质量、安全、工期和造价等全面负责的工程建设组织实施方式。

工程总承包是国际上工程交易的主要模式，包括设计-施工（DB）总承包模式、设计-采购-施工（EPC）总承包模式及相关衍生模式。不同的国际组织、学会和专家学者对工程项目管理模式有不同的分类，工程总承包的定义也随着社会的进步而不断更新和扩展。虽然国内外不同机构以及专家学者作出的解释有一定的出入，但是都强调了设计与施工的一体化。国际上公认的一些机构给出的定义，如国际咨询工程师联合会（International Federation of Consulting Engineers，FIDIC）认为工程总承包是由工程总承包商执行工程的设计、采购、施工（Engineer，Procure，Construct）任务，并负责整个工程的设计、施工和运行；美国总承包联合会（Design-Build Institute of American，DBIA）认为设计-施工（DB）总承包模式是由一个兼具设计、施工能力的承包商完成设计和施工任务的承包方式，体现了工程总承包模式设计施工一体化的本质。

近年来，政府大力推广工程总承包模式的应用。国务院发布了《国务院办公厅关于促进建筑业持续健康发展的意见》（国办发【2017】19 号），住建部在此背景下，先后发布了《关于进一步推进工程总承包发展的若干意见》和《建设项目工程总承包管理规范》，并在2020 年由住建部和国家发改委联合颁布实施《房屋建筑和市政基础设施项目工程总承包管理办法》（建市规【2019】12 号），对工程总承包的招标活动进行了进一步规范。

二、工程总承包的类型

工程总承包模式按融资运营方式可分为 BOT 模式和 BT 模式，按过程内容可以分为 DB 模式、EPC 模式以及 EPCM 模式等。下文介绍在建设工程中应用较为广泛的几种模式。

1. BOT 模式

BOT（Build-Operate-Transfer 的缩写）即建设-经营-移交，指一国政府或其授权的政府部门经过一定程序并签订特许协议将专属国家的特定的基础设施、公用事业或工业项目的筹资、投资、建设、营运、管理和使用的权利在一定时期内赋予本国或（和）外国民营企业，政府保留该项目、设施以及其相关的自然资源永久所有权；由民营企业建立项目公司并按照政府与项目公司签订的特许协议投资、开发、建设、营运和管理特许项目，以营运所得清偿项目债务、收回投资、获得利润，在特许权期限届满时将该项目、设施无偿移交给政府。BOT模式是一种集投资、建造和运营于一体的模式。在该模式中，政府与私人组织达成协议，允许私人组织在一定时期内可通过筹集资金的方式建设特定的基础设施，并管理和运营基础设施及其相应的产品和服务。

20世纪80年代，BOT模式迅速崛起。BOT模式作为一种政府干预和市场机制相结合的混合经济模式，能够维持市场机制的正常运行。BOT模式下的大多数项目都是由政府通过招标来确定项目公司的。另一方面，BOT模式也为政府干预提供了更有效的途径。在BOT模式中，项目公司负责执行其所有协议，而政府则有权持续控制项目。此外，在合同执行阶段，政府还拥有监督检查和限制项目运营价格等一系列权力。

BOT模式可以有效减轻政府的财政负担，有利于政府规避风险的成功率和项目的运作效率的提高。其组织模式相对简单且政府部门和民营企业之间的协调也较为容易，政府和民营企业之间几乎没有利益冲突。但BOT模式也会使公共部门和民营企业往往要经历长期的研究和谈判过程，这使得投标对投资者和贷款人来说既昂贵又有风险。项目参与方的利益存在一定冲突，导致融资困难。这种僵化的机制降低了民营企业引进先进技术和管理经验的积极性。

随着社会经济的发展，BOT模式可以向着众多的衍生模式演化，如BOO（Build-Own-Operate）即建设-拥有-经营模式，项目一旦建成，项目公司对其拥有所有权，当地政府只是购买项目服务；BOOT（Build-Own-Operate-Transfer）即建设-拥有-经营-转让模式，项目公司对所建项目设施拥有所有权并负责经营，经过一定期限后，再将该项目移交给政府；BLT（Build-Lease-Transfer）即建设-租赁-转让模式，项目完工后一定期限内出租给第三者，以租赁分期付款方式收回工程投资和运营收益，以后再行将所有权转让给政府；BTO（Build-Transfer-Operate）即建设-转让-经营模式，项目的公共性很强，不宜让私营企业在运营期间享有所有权，须在项目完工后转让所有权，其后再由项目公司进行维护经营；ROT（Rehabilitate-Operate-Transfer）即修复-经营-转让模式，项目在使用后，发现损毁，项目设施的所有人进行修复恢复整顿-经营-转让；DBFO（Design-Build-Finance-Operate）即设计-建设-融资-经营模式；BT（Build-Transfer）即建设-转让模式；BOOST（Build-Own-Operate-Subsidy-Transfer）即建设-拥有-经营-补贴-转让模式；ROMT（Rehabilitate-Operate-Maintain-Transfer）即修复-经营-维修-转让模式；ROO（Rehabilitate-Own-Operate）即修复-拥有-经营模式。

2. DB模式

DB模式是设计-施工总承包模式。DB模式是指总承包商在合同约定的范围内完成工程的设计和施工，并对工程的质量、工期和成本负责。DB模式主要是总价合同，设计施工总承包商控制着整个工程的成本。首先需要选择一家设计公司负责项目的设计工作，然后通过招标的方式选择工程分包商，这样既避免了设计与施工之间的矛盾，又大大降低了工程造价，缩短了工期。然而，业主方主要关心的是项目能否在合同规定的时间内完成并交付，这对承包商如何实施这一方面影响不大，而设计方案的质量是选择承包商的主要标准。

DB模式适用于以土木建筑工程为主的项目，例如通用型的工业工程项目及房屋市政项目等。DB模式有利于控制项目的周期和进度，责任主体单一。在这种模式下，设计施工总承包方与业主的合作包括了工程开工到竣工验收的全过程，节省了大量的时间和协调费用。在工程设计的前期阶段，承包商可以通过考虑施工方法、材料和材料价格等因素，有效地控制成本。建设项目的合同关系仅包括业主和设计施工总承包方，设计施工总承包方对项目的整个施工过程负责。然而，DB模型也有以下缺点：业主控制最终设计和细节的能力较低；设计施工总承包方的设计是影响工程经济性的重要因素之一；总承包管理水平对工程质量和设计影响较大；没有专门的法律法规；对于业主来说项目前期的工作量较大且对项目的控制力减弱。

3. EPC模式

EPC模式也被称为设计、采购和施工的综合模式，从设计阶段起，业主通过招标方式将建设项目的设计、采购和施工任务承包给总承包商，由工程公司负责项目的工期、成本、质量和安全，并对其进行管理和控制，并按工程合同完成项目建设，以达到业主满意。

EPC模式除了适合于土木工程类项目外，也适用于以某种工艺装置或工程设备为核心技术的项目，例如电力、化工项目等。EPC模式的优点包括：总承包商全面管控建设工程项目；工作效率高，协调工作量少；减少设计变更和缩短施工周期；减少工资增长和额外的项目成本；工程的最终价格和工期要求具有较高的确定性。在EPC模式下，总承包商处于核心地位，负责与材料、设备供应商以及所有分包商的组织与协调工作，EPC模式的缺点是业主不能控制工程的全过程，总承包商要对整个工程的工期、质量和成本负责，增加了总承包商的风险。

4. EPCM模式

EPCM模式，（即设计、采购与施工管理总承包）是EPC模式的衍生模式，也是国际建筑市场较为通行的项目交付与管理模式之一。EPCM承包商是通过业主委托或招标而确定的，承包商与业主直接签订合同，对工程的设计、材料设备供应、施工管理全面负责。根据业主提出的投资意图和要求，通过招标为业主选择、推荐最合适的分包商来完成设计、采购、施工任务。设计、采购分包商对EPCM承包商负责，而施工分包商则不与EPCM承包商签订合同，但其接受EPCM承包商的管理，施工分包商直接与业主具有合同关系。因此，EPCM承包商无须承担施工合同风险和经济风险。当EPCM总承包模式实施一次性总报价方式交付时，EPCM承包商的经济风险被控制在一定的范围内，承包商承担的经济风险相对较小，获利较为稳定。

EPCM模式节省了项目管理的成本，可以防止EPC模式下的不良承包商使用劣质材料。然而，在这种模式下，设计和采购是相互作用的，这很容易导致工期的问题，也不容易区分责任方。业主、政府行政部门和建筑承包商之间的沟通更为频繁，该模式对参与人员要求较高，容易出现工作效率低的问题，并可能延长工程建设周期。在EPCM模式下，承包商只负责管理，所有接口以及所有合同和订单都由业主签署，其中的所有风险也由业主承担。其次，当需要在设计现场解决问题时，EPCM模式下必须交付给设计人员，这增加了解决问题的时间。

将四种模式的优缺点进行总结，见表 2-1。

表 2-1　工程总承包四种模式的优缺点比较

模式类型	优　点	缺　点
BOT 模式	①提高政府规避风险的成功率； ②提高项目运行效率； ③易于协调政府部门和民营企业间的关系	①增加投标人和贷款方的成本和风险； ②易造成融资困难的局面； ③降低民营企业引进先进技术和管理经验的积极性
DB 模式	①责任主体单一； ②有利于控制项目进度； ③节省业主方与总承包单位的协调时间和费用； ④有利于设计施工一体化； ⑤合同关系简单	①项目总承包单位承担的风险较大； ②弱化业主对项目的管控能力； ③缺乏专门的法律法规
EPC 模式	①工作效率高、协调工作量减少； ②减少设计变更和缩短施工周期； ③易于确定项目最终成本和工期	①增加了项目总承包人的风险； ②弱化了业主对项目的管控能力
EPCM 模式	①节省项目管理的成本； ②防止 EPC 模式下不良承包商使用劣质材料	①易导致工期问题且不易确定责任方； ②对项目参与方的能力要求较高，易降低工作效率； ③业主承担的风险较大； ④设计问题处理流程较不合理

三、工程总承包的优点和特征

工程总承包模式将设计和建造两大环节进行融合，解决了设计与建造在协调、采购和施工之间存在的问题，有利于建设单位节省投资和控制费用，有利于工程总承包单位对工期、质量、安全等方面进行全面控制。

（一）工程总承包的优点

工程总承包的优点主要表现在以下几个方面：

1）简化招标流程，缩短招标时间。

2）减少协调和管理工作，降低管理成本，优化承发双方的资源配置。

3）充分发挥设计的主导作用，避免设计、施工和采购相互脱节。

4）通过限额设计、风险合理分配等机制，有效控制项目总投资。

5）通过总承包方的整合和协调设计建造总体安排，缩短工期，提高工作效率。

6）对施工工程质量的主体责任更加明确，有利于工程质量控制。

工程总承包模式完善了传统工程交易模式的弊端，将设计与施工统筹安排，做到有机结合，简化合同关系，减少协调工作量，但同时也存在缺陷，如责任和风险承担的问题。

（二）工程总承包的特征

判断某种模式是否属于工程总承包，主要基于以下几点特征：

1）设计施工一体化。将设计与施工阶段由同一单位进行安排，使得工程总承包单位更好地进行整体协调和资源分配。同时，实现设计方案的初始理念将得到体现，从而优化节省空间。总承包项目对整个项目进行统一的组织和规划，对专业人员素质提出更高的要求。

2）合同管理简单化。在工程总承包模式中，业主将整个项目发包给工程总承包单位，总承包单位将负责项目全寿命周期中的所有工作，并向业主提供符合合同要求和标准的工程、项目与服务。业主在原则和诚信的基础上对项目进行管理和控制，有效缩减合同界面，有利于避免项目参与方因合同问题而产生的纠纷，从而实现合同的完全覆盖。在传统模式下，建设单位需要和设计、施工、采购、专业分包等多个单位签订合同，从项目决策到最终建筑使用这一过程中，建设单位需要投入大量的人力、物力和财力。而在工程总承包模式下，建设单位只与工程总承包单位之间存在合同关系，只需处理与总承包商之间的问题，不需要对项目各参与方之间产生的问题进行协调，降低了建设单位管理的难度。

3）责任风险明晰化。从工程总承包单位视角，在工程总承包模式下，工程总承包单位扮演着重要的角色，需对项目在其全寿命周期内进行管理和控制并承担相应责任，其存在的风险也最大。总承包单位可以根据项目全寿命周期价值链进行分析，外包非核心环节或无优势业务，整合更独立或更有利的外部环节，从而有效地规避风险，获得更高的利润。从业主视角，虽然降低了项目参与和控制的程度，但也可以避免一些风险，将风险管理转移到项目总承包单位。工程总承包各方明确各自责任，合理分担风险，是工程总承包项目成功的前提。

四、工程总承包的发展历程

1. 国际工程总承包的发展历程

工程总承包模式起源于 20 世纪 60 年代，并在世界范围内逐步普及。在发达国家工程建设市场上，工程总承包是主要的工程建设组织模式。国际工程总承包模式经历了从传统的项目管理模式向着设计-采购-施工-运营管理模式的深入探索，其发展历程可概括如下。

1）DBB 模式。国际上较为通用的项目管理模式是 DBB 模式（传统的项目管理模式），也称为"设计-招标-建造"模式。在 DBB 模式下，工程师受业主委托进行一系列工作，例如在初始阶段进行项目可行性研究，然后进行设计、编制招标文件，并协助业主选择合适的承包商。业主和承包商签订工程施工合同后，承包商与分包商、供货商分别订立分包和采购合同并组织落实，业主指定业主代表负责监管工作。

2）DB 模式。在 DB 模式下，承包商承担的责任和风险最大。DB 模式适用于大中型民用、电气、机械和住宅建设项目。业主应首先聘请专业咨询公司提供拟建项目的基本要求，并在招标文件中明确工程范围，然后由业主通过招标方式选择承包商进行工程总承包，双方通常以总价合同的形式签订合同，但如果允许调整，有些项目也可使用单价合同。

3）EPC 模式：EPC 模式与 DB 模式有些相似，主要区别在于承包商承担的风险不同，承包商在 EPC 模式下的风险更大。EPC 模式主要应用于以工艺设备或大型设备为核心技术的工业建设领域，包括需大量非标准设备的大型冶金、化工等项目。由于承包商向业主提供包括设计、施工、采购、安装、试运行直至竣工移交的服务，业主代表对项目进行直接比较宏观的管理。EPC 模式通常签订总价合同，除合同规定的情况外，一般不进行调价，承包商承担工程项目的主要风险，因而总承包项目报价较高。

4）DBO 模式。DBO 模式是一种新的项目管理模式（即设计-建造-运营模式）。在 DBO 模式下，业主对项目进行融资和招标，支付运营和管理费用，并提供运营所需的原材料，承包商（或者联营体）负责项目的设计、施工以及一定时期的运营和维护工作，这将鼓励承包商在进行设计时考虑到项目的运营成本，并从整个项目全寿命周期的角度管理项目成本，以便实现较低的项目全寿命周期成本。

根据 FIDIC（国际咨询工程师联合会）的建议，工程总承包模式主要有两类：《生产设备和设计施工合同条件》（黄皮书，简称"DB"）和《设计采购施工/交钥匙工程合同条件》（银皮书，简称"EPC"）。

2. 我国工程总承包的发展历程

我国的工程总承包发展经历了起步阶段（1982—2003 年），探索阶段（2003—2014 年），现已进入加速发展阶段（2014 年—今）。

我国在 20 世纪 80 年代，原化工部就提出在化工工程建设中推行工程总承包模式，之后在工业工程建设领域工程总承包得到了较多应用。1984 年国务院颁布的《国务院关于改革建筑业和基本建设管理体制若干问题的暂行规定》中首次提出推行工程总承包模式。进入 20 世纪 90 年代，建设部、国家计委和财政部等国务院有关部门颁发一系列的指导性文件、规章和办法，推动我国勘察和大型施工单位在工程建设领域开始开展工程总承包项目管理工作。我国工程总承包市场在 20 世纪 90 年代已初具规模，涉及石化、冶金、化工等行业，工程总承包收入和规模不断扩大。

2005 年，建设部等 6 部委发布了《建设项目工程总承包管理规范》和《关于加快建筑业改革与发展的若干意见》，从而结束了我国推行工程总承包管理没有依据的状况，标志着我国工程总承包进入规范化时期。2008 年 7 月，国务院出台《对外承包工程管理条例》，该条例为对外工程承包的科学发展提供法律支撑，为进一步加强和规范管理提供了法律依据。2011 年 10 月 27 至 28 日，住建部建筑市场监管司组织召开了"《建设项目工程总承包合同示范文本（试行）》宣贯会"，这对明确总承包合同双方的权利和义务，维护市场公平，进一步规范总承包市场行为，保证工程总承包项目的安全和质量具有十分重要的意义。

2014 年 7 月，住建部印发《关于推进建筑业发展和改革的若干意见》（建市【2014】92 号），要求加大工程总承包推行力度。倡导工程建设项目采用工程总承包模式，鼓励有实力的工程设计和施工企业开展工程总承包业务。2016 年 5 月，住建部印发《关于进一步推进工程总承包发展的若干意见》（建市【2016】93 号）开展工程总承包试点。93 号文中主要明确了联合体投标、资质准入、工程总承包商承担的责任等问题。随着 93 号文的出台，工程总承包政策迎来数量高峰期。2017 年 2 月，国务院办公厅印发《关于促进建筑业持续健康发展的意见》（建市【2017】19 号），明确提出要"加快推行工程总承包"；19 号文主要指出我们国家建筑行业发展组织方式落后，提出采用推行工程总承包和培育全过程咨询的方式来解决上述问题。2017 年 4 月，住建部印发《建筑业发展"十三五"规划》，提出"十三五"时期，要发展行业的工程总承包管理能力，培育一批具有先进管理技术和国际竞争力的总承包企业。2017 年，住建部发布国家标准《建设项目工程总承包管理规范》（GB/T 50358—2017），对总承包相关的承发包管理、合同和结算、参建单位的责任和义务等方面作出了具体规定，随后又相继出台了针对总承包施工许可、工程造价等方面的政策法规。2017 年 12 月，住建部印发《关于征求房屋建筑和市政基础设施工程总承包管理办法（征求意见稿）意见的函》（建市设函【2017】65 号），进一步为工程总承包的发展提出了具体解决方案。2019 年 12 月，住建部、国家发展改革委联合印发《房屋建筑和市政基础设施项目工程总承包管理办法》，2020 年 3 月 1 日起正式施行。2020 年 5 月，住建部对《建设项目工程总承包合同示范文本（试行）》（GF-2011—0216）进行修订，形成了《建设项目工程总承包合同示范文本》（征求意见稿）。2020 年 7 月，住建部《推动智能建造与建筑工业化协同发展的指导意见》中提出：加快培育具有智能建造系统解决方案能力的工程总承包企业，统筹建造活动全产业链，推动企业以多种形式紧密合作、协同创新，逐步形成以工程总承包企业为核心、相关领先企业深度参与的开放型产业体系。2022 年，住建部印发《"十四五"建筑业发展规划》，要求持续优化工程建设组织模式，广泛推行工程总承包和全过程工程咨询。

为贯彻落实国务院、住建部一系列文件精神，各省市也陆续推出鼓励工程总承包发展的系列政策，拉开了工程总承包全面启动的大幕。安徽、江苏、浙江、四川等地启动了工程总承包试点，相继发布工程总承包的相关政策，重点在房屋建筑和市政建设领域推行工程总承包模式。

五、工程总承包相关规范、管理办法、合同示范文本简介

《建设项目工程总承包管理规范》（GB/T 50358—2017）适用于工程总承包企业和项目组织对建设项目的设计、采购、施工和试运行全过程的管理。该规范指出，工程总承包企业应建立与工程总承包项目相适应的项目管理组织，并行使项目管理职能，实行项目经理负责制。工程总承包企业承担建设项目工程总承包，宜采用矩阵式管理。项目部应由项目经理领导，并接受工程总承包企业职能部门指导、监督、检查和考核。项目部应对项目质量、安全、费用、进度、职业健康和环境保护目标负责。根据工程总承包合同范围和工程总承包企业的有关管理规定，项目部可在项目经理以下设置控制经理、设计经理、采购经理、施工经理、试运行经理、财务经理、质量经理、安全经理、商务经理、行政经理等职能经理和进度控制工程师、质量工程师、安全工程师、合同管理工程师、费用估算师、费用控制工程师、材料控制工程师、信息管理工程师和文件管理控制工程师等管理岗位。

《房屋建筑和市政基础设施项目工程总承包管理办法》（建市规【2019】12 号）适用于从事房屋建筑和市政基础设施项目工程总承包活动以及对房屋建筑和市政基础设施项目工程总承包活动的监督管理活动。该办法规定，建设单位应当根据项目情况和自身管理能力等，合理选择工程建设组织实施方式。建设内容明确、技术方案成熟的项目，适宜采用工程总承包方式。建设单位依法采用招标或者直接发包等方式选择工程总承包单位。工程总承包项目范围内的设计、采购或者施工中，有任一项属于依法必须进行招标的项目范围且达到国家规定规模标准的，应当采用招标的方式选择工程总承包单位。建设单位可以在招标文件中提出对履约担保的要求，依法要求投标文件载明拟分包的内容；对于设有最高投标限价的，应当明确最高投标限价或者最高投标限价的计算方法。推荐使用由住建部会同有关部门制定的工程总承包合同示范文本。

《建设项目工程总承包合同（示范文本）》自 2021 年 1 月 1 日起执行。该示范文本适用于房屋建筑和市政基础设施项目工程总承包承发包活动，为推荐使用的非强制性使用文本，

由合同协议书、通用合同条件和专用合同条件三部分组成。其中，合同协议书共计十一条，主要包括工程概况、合同工期、质量标准、签约合同价与合同价格形式、工程总承包项目经理、合同文件构成、承诺、订立时间、订立地点、合同生效和合同份数，集中约定了合同当事人基本的合同权利义务。通用合同条件是合同当事人根据《中华人民共和国民法典》《中华人民共和国建筑法》等法律法规的规定，就工程总承包项目的实施及相关事项，对合同当事人的权利义务作出的原则性约定。通用合同条件共计二十条，包括一般约定、发包人、承包人、施工、工期和进度等内容。专用合同条件是合同当事人根据不同建设项目的特点及具体情况，通过双方的谈判、协商对通用合同条件原则性约定细化、完善、补充、修改或另行约定的合同条件。

第二节　工程总承包模式下的发承包

本节依据《建设项目工程总承包合同示范文本》《房屋建筑和市政基础设施项目工程总承包管理办法》《建设项目工程总承包管理规范》等进行阐述。

一、工程总承包项目的发包

1. 工程总承包的发包范围

建设单位应当根据工程项目的规模和复杂程度等合理选择建设项目组织实施方式。政府投资项目、国有资金占控股或者主导地位的项目应当优先采用工程总承包方式，采用建筑信息模型技术的项目应当积极采用工程总承包方式，装配式建筑原则上采用工程总承包方式。建设范围、建设规模、建设标准、功能需求不明确等前期条件不充分的项目不宜采用工程总承包方式。

2. 发包人的义务

建设单位应当在发包前做好工程项目前期工作，自行或者委托设计咨询单位对工程项目建设方案深入研究，在可行性研究、方案设计或者初步设计完成后，在项目范围、建设规模、建设标准、功能需求、投资限额、工程质量和进度要求确定后，进行工程总承包项目发包。发包人在履行合同过程中应遵守法律，并承担因发包人违反法律给承包人造成的任何费用和损失。发包人不得以任何理由，要求承包人在工程实施过程中违反法律、行政法规以及建设工程质量、安全、环保标准，任意压缩合理工期或者降低工程质量。

发包人应按专用合同条件约定向承包人移交施工现场，给承包人进入和占用施工现场各部分的权利，并明确与承包人的交接界面。如专用合同条件没有约定移交时间的，则发包人应最迟于计划开始现场施工日期7天前向承包人移交施工现场。

发包人应按专用合同条件约定向承包人提供工作条件、基础资料以及施工许可，包括：

1）将施工用水、电力、通信线路等施工所必需的条件接至施工现场内。

2）保证向承包人提供正常施工所需要的进入施工现场的交通条件。

3）协调处理施工现场周围地下管线和邻近建筑物、构筑物、古树名木、文物、化石及坟墓等的保护工作，并承担相关费用。

4）对工程现场临近发包人正在使用、运行或由发包人用于生产的建筑物、构筑物、生产装置、设施、设备等，设置隔离设施，竖立禁止入内、禁止动火的明显标志，并以书面形式通知承包人须遵守的安全规定和位置范围。

5）按专用合同条件约定应提供的其他设施和条件。

6）按专用合同条件和《发包人要求》中的约定向承包人提供施工现场及工程实施所必需的毗邻区域内的供水、排水、供电、供气、供热、通信、广播电视等地上、地下管线和设施资料，气象和水文观测资料，地质勘查资料，相邻建筑物、构筑物和地下工程等有关基础资料。

7）发包人在履行合同过程中应办理法律规定或合同约定由其办理的许可、批准或备案，包括但不限于建设用地规划许可证、建设工程规划许可证、建设工程施工许可证等许可和批准。对于法律规定或合同约定由承包人负责的有关设计、施工证件、批件或备案，发包人应给予必要的协助。

3. 发包人的管理

发包人应任命发包人代表，并在专用合同条件中明确发包人代表的姓名、职务、联系方式及授权范围等事项。发包人代表应在发包人的授权范围内，负责处理合同履行过程中与发包人有关的具体事宜。发包人代表在授权范围内的行为由发包人承担法律责任。如果发包人代表为法人且在签订本合同时未能确定授权代表的，发包人代表应在本合同签订之日起3天内向双方发出书面通知，告知被任命和授权的自然人以及任何替代人员。发包人更换发包人代表的，应提前14天将更换人的姓名、地址、任务和权利，以及任命的日期书面通知承包人。发包人不得将发包人代表更换为承包人根据本款发出通知提出合理反对意见的人员，不论是法人还是自然人。发包人代表不能按照合同约定履行其职责及义务，并导致合同无法继续正常履行的，承包人可以要求发包人撤换发包人代表。

发包人需对承包人的设计、采购、施工、服务等工作过程或过程节点实施监督管理的，有权委任工程师。工程师的名称、监督管理范围、内容和权限在专用合同条件中写明。根据国家相关法律法规规定，如本合同工程属于强制监理项目的，由工程师履行法定的监理相关职责，但发包人另行授权第三方进行监理的除外。工程师按发包人委托的范围、内容、职权和权限，代表发包人对承包人实施监督管理。若承包人认为工程师行使的职权不在发包人委托的授权范围之内的，则其有权拒绝执行工程师的相关指示，同时应及时通知发包人，发包人书面确认工程师相关指示的，承包人应遵照执行。在发包人和承包人之间提供证明、行使决定权或处理权时，工程师应作为独立专业的第三方，根据自己的专业技能和判断进行工作。但工程师或其人员均无权修改合同，且无权减轻或免除合同当事人的任何责任与义务。通用合同条件中约定由工程师行使的职权如不在发包人对工程师的授权范围内的，则视为没有取得授权，该职权应由发包人或发包人指定的其他人员行使。若承包人认为工程师的职权与发包人（包括其人员）的职权相重叠或不明确时，应及时通知发包人，由发包人予以协调和明确并以书面形式通知承包人。

二、工程总承包项目的承包

1. 承包人的资格要求

建设单位依法采用招标或者直接发包等方式选择工程总承包单位。工程总承包项目范围内的设计、采购或者施工中，有任一项属于依法必须进行招标的项目范围且达到国家规定规模标准的，应当采用招标的方式选择工程总承包单位。

《房屋建筑和市政基础设施项目工程总承包管理办法》中对承包人和项目负责人资格进行明确规定："工程总承包企业应当具备与发包工程规模相适应的工程设计资质（工程设计专项资质和事务所资质除外）或施工总承包资质，且具有相应的组织机构、项目管理体系、项目管理专业人员和工程业绩。工程总承包项目负责人应当具有相应工程建设类注册执业资格（包括注册建筑师、勘察设计注册工程师、注册建造师、注册监理工程师），拥有与工程建设相关的专业技术知识，熟悉工程总承包项目管理知识和相关法律法规，具有工程总承包项目管理经验，并具备较强的组织协调能力和良好的职业道德。"

工程总承包单位应当同时具有与工程规模相适应的工程设计资质和施工资质，或者由具有相应资质的设计单位和施工单位组成联合体。工程总承包单位应当具有相应的项目管理体系和项目管理能力、财务和风险承担能力，以及与发包工程相类似的设计、施工或者工程总承包业绩。设计单位和施工单位组成联合体的，应当根据项目的特点和复杂程度，合理确定牵头单位，并在联合体协议中明确联合体成员单位的责任和权利。联合体各方应当共同与建设单位签订工程总承包合同，就工程总承包项目承担连带责任。

工程总承包单位不得是工程总承包项目的代建单位、项目管理单位、监理单位、造价咨询单位、招标代理单位。政府投资项目的项目建议书、可行性研究报告、初步设计文件编制单位及其评估单位，一般不得成为该项目的工程总承包单位。政府投资项目招标人公开已经完成的项目建议书、可行性研究报告、初步设计文件的，上述单位可以参与该工程总承包项目的投标，经依法评标、定标，成为工程总承包单位。

工程总承包单位在经过建设单位同意的前提下，可在允许范围内进行工程总承包再发包，例如，将不在本单位资质范围内的全部施工或者全部设计业务再发包给具备相应资质条件的承包单位，也可将全部勘察业务再发包给具备相应资质条件的勘察单位。但是，工程总承包单位禁止将工程总承包项目进行转包，不得将工程总承包项目中设计和施工全部业务一并或者分别再发包给其他单位。工程总承包单位自行实施设计的，不得将工程总承包项目工程主体部分的设计业务分包给其他单位。工程总承包单位自行实施施工的，不得将工程总承包项目工程主体结构的施工业务分包给其他单位。

2. 承包人的义务

除专用合同条件另有约定外，承包人在履行合同过程中应遵守法律和工程建设标准规范，并履行以下义务：

1）办理法律规定和合同约定由承包人办理的许可和批准，将办理结果书面报送发包人留存，并承担因承包人违反法律或合同约定给发包人造成的任何费用和损失。

2）按合同约定完成全部工作并在缺陷责任期和保修期内承担缺陷保证责任和保修义务，对工作中的任何缺陷进行整改、完善和修补，使其满足合同约定的目的。

3）提供合同约定的工程设备和承包人文件，以及为完成合同工作所需的劳务、材料、施工设备和其他物品，并按合同约定负责临时设施的设计、施工、运行、维护、管理和拆除。

4）按合同约定的工作内容和进度要求，编制设计、施工的组织和实施计划，保证项目进度计划的实现，并对所有设计、施工作业和施工方法，以及全部工程的完备性和安全可靠性负责。

5）按法律规定和合同约定采取安全文明施工、职业健康和环境保护措施，办理员工工伤保险等相关保险，确保工程及人员、材料、设备和设施的安全，防止因工程实施造成的人身伤害和财产损失。

6）将发包人按合同约定支付的各项价款专用于合同工程，且应及时支付其雇用人员（包括建筑工人）工资，并及时向分包人支付合同价款。

7）在进行合同约定的各项工作时，不得侵害发包人与他人使用公用道路、水源、市政管网等公共设施的权利，避免对邻近的公共设施产生干扰。

8）经发包人同意，以联合体方式承包工程的，联合体各方应共同与发包人订立合同协议书。联合体各方应为履行合同向发包人承担连带责任。承包人应在专用合同条件中明确联合体各成员的分工、费用收取、发票开具等事项。联合体各成员分工承担的工作内容必须与适用法律规定的该成员的资质资格相适应，并应具有相应的项目管理体系和项目管理能力，且不应根据其就承包工作的分工而减免对发包人的任何合同责任。

在履行合同过程中，未经发包人同意，不得变更联合体成员和其负责的工作范围，或者修改联合体协议中与本合同履行相关的内容。

3. 工程总承包项目经理

工程总承包项目经理应为合同当事人所确认的人选，并在专用合同条件中明确工程总承包项目经理的姓名、注册执业资格或职称、联系方式及授权范围等事项。工程总承包项目经理应具备履行其职责所需的资格、经验和能力，并为承包人正式聘用的员工，承包人应向发包人提交工程总承包项目经理与承包人之间的劳动合同，以及承包人为工程总承包项目经理缴纳社会保险的有效证明。承包人不提交上述文件的，工程总承包项目经理无权履行职责，发包人有权要求更换工程总承包项目经理，由此增加的费用和（或）延误的工期由承包人承担。同时，发包人有权根据专用合同条件约定要求承包人承担违约责任。

承包人应按合同协议书的约定指派工程总承包项目经理，并在约定的期限内到职。工程总承包项目经理不得同时担任其他工程项目的工程总承包项目经理或施工工程总承包项目经理（含施工总承包工程、专业承包工程）。

承包人应根据本合同的约定授予工程总承包项目经理代表承包人履行合同所需的权利，工程总承包项目经理权限以专用合同条件中约定的权限为准。经承包人授权后，工程总承包项目经理代表承包人负责组织合同的实施。在紧急情况下，且无法与发包人和工程师取得联系时，工程总承包项目经理有权采取必要的措施保证人身、工程和财产的安全，但须在事后48 小时内向工程师送交书面报告。

承包人需要更换工程总承包项目经理的，应提前14 天书面通知发包人并抄送工程师，征得发包人书面同意。未经发包人书面同意，承包人不得擅自更换工程总承包项目经理。

发包人有权书面通知承包人要求更换其认为不称职的工程总承包项目经理，通知中应当载明要求更换的理由。承包人应在接到更换通知后14 天内向发包人提出书面的改进报告。如承包人没有提出改进报告，应在收到更换通知后28 天内更换项目经理。发包人收到改进报告后仍要求更换的，承包人应在接到第二次更换通知的28 天内进行更换，并将新任命的工程总承包项目经理的注册执业资格、管理经验等资料书面通知发包人。

工程总承包项目经理应具备下列条件：

1）取得工程建设类注册执业资格或高级专业技术职称。

2）具备决策、组织、领导和沟通能力，能正确处理和协调与项目发包人、项目相关方之间及企业内部各专业、各部门之间的关系。

3）具有工程总承包项目管理及相关的经济、法律法规和标准化知识。

4）具有类似项目的管理经验。

5）具有良好的信誉。

三、工程总承包项目的分包

承包人不得将其承包的全部工程转包给第三人，或将其承包的全部工程肢解后以分包的名义转包给第三人。承包人不得将法律或专用合同条件中禁止分包的工作事项分包给第三人，不得以劳务分包的名义转包或违法分包工程。

承包人应按照专用合同条件约定对工作事项进行分包，确定分包人。专用合同条件未列出的分包事项，承包人可在工程实施阶段分批分期就分包事项向发包人提交申请，发包人在接到分包事项申请后的14天内，予以批准或提出意见。未经发包人同意，承包人不得将提出的拟分包事项对外分包。发包人未能在14天内批准也未提出意见的，承包人有权将提出的拟分包事项对外分包，但应在分包人确定后通知发包人。

分包人应符合国家法律规定的资质等级，否则不能作为分包人。承包人有义务对分包人的资质进行审查。

承包人应当对分包人的工作进行必要的协调与管理，确保分包人严格执行国家有关分包事项的管理规定。承包人应向工程师提交分包人的主要管理人员表，并对分包人的工作人员进行实名制管理，包括但不限于进出场管理、登记造册以及各种证照的办理。

分包合同价款由承包人与分包人结算，未经承包人同意，发包人不得向分包人支付分包合同价款；生效法律文书要求发包人向分包人支付分包合同价款的，发包人有权从应付承包人工程款中扣除该部分款项，将扣款直接支付给分包人，并书面通知承包人。

承包人对分包人的行为向发包人负责，承包人和分包人就分包工作向发包人承担连带责任。

对在工程总承包项目中承担分包工作，且已与工程总承包单位签订分包合同的设计单位或施工单位，各级住房城乡建设主管部门不得要求其与建设单位签订设计合同或施工合同，也不得将上述要求作为申请领取施工许可证的前置条件。

第三节　工程总承包的招标、投标及合同管理

一、工程总承包项目的招标

（一）招标条件

建设单位可以在建设项目的可行性研究批准立项后，或方案设计批准后，或初步设计批准后采用工程总承包的方式发包。

建设单位可根据建设项目工程总承包的发包内容确定费用项目及其范围，编制最高投标限价，依法必须招标的项目，应采用招标的方式，择优选择总承包单位。

采用工程总承包方式招标的，应具备下列条件：

1）按照国家及本市有关规定，已完成项目审批、核准或者备案手续。

2）建设资金来源已经落实。

3）有招标所需的基础资料。

4）满足法律、法规及本市其他相关规定。

（二）招标文件内容

建设单位应当根据招标项目的特点和需要编制工程总承包项目招标文件，主要包括以下内容：

1）投标人须知。

2）投标文件的格式。

3）发包前完成的水文、地勘、地形等勘察和地质资料，工程可行性研究报告、方案设计文件或者初步设计文件等基础资料。

4）招标的内容及范围，主要包括设计、采购和施工的内容及范围、规模、标准、功能、质量、安全、工期、验收等量化指标。

5）招标人与中标人的责任和权利，主要包括工作范围、风险划分、项目目标、价格形式及调整、计量支付、变更程序及变更价款的确定、索赔程序、违约责任、工程保险、不可抗力处理条款等。

6）要求投标文件中明确分包的内容。

7）采用建筑信息模型或者装配式技术的，招标文件中应当有明确要求。

8）最高投标限价或者最高投标限价的计算方法。

9）评标办法和标准。

10）拟签订合同的主要条款。

11）要求提供的履约保证金或者其他形式履约担保。

建设单位可以在招标文件中提出对履约担保的要求，依法要求投标文件载明拟分包的内容；对于设有最高投标限价的，应当明确最高投标限价或者最高投标限价的计算方法。

（三）工程总承包模式与传统模式的招标差异

在传统模式下，一般采用公开招标的方式来确定工程的施工承包商。在招标的过程中由于业主前期已经做了大量的工作会把项目的详细的资料提供给施工承包商。因此，在传统模式下的项目施工招标过程中会有大量的施工企业参与项目施工的招标，加大了招标投标的竞争激烈程度，节省了施工的成本。与此相反，在工程总承包模式下，在项目的招标阶段，业主只是提供给承包商一个大致的意向和目标，一些技术上和现场无法预料的情况是需要承包商来考虑的，这些风险均需要由承包商自己承担，一般工程总承包项目不仅技术复杂，而且施工周期，承包商的自身利益很难保证。因此，如果承包商没有十足把握中标，一般不会参与工程总承包模式的投标。所以在工程总承包模式下，业主一般都会采用邀请招标的方式来对工程项目进行招标，这样一来很多工程实施阶段的问题就只能靠双方的谈判来进行解决，而这样做的结果就是承包商之间的竞争激烈程度会大大降低，业主的工程造价会加大。

工程总承包模式的招标流程与传统模式并无太大差别，一般可分为招标准备阶段、招标与投标阶段、开标与评标阶段以及签订合同四个阶段，项目招标流程如图2-1所示。但是，工程总承包模式的招标范围和招标条件都与传统模式不同，两种模式的差异见表2-2。

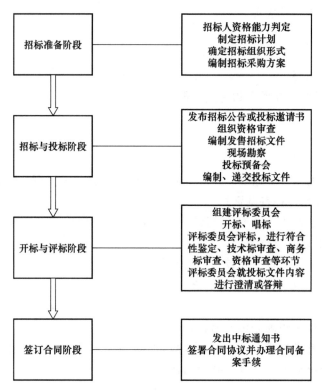

图 2-1 项目招标流程

表 2-2 传统模式和工程总承包模式的招标差异

差异因素	传统模式	工程总承包模式
招标方式	有具体的施工图,一般采用工程量清单方法招标	没有具体的施工图,缺乏控制依据,一般采用费率招标
招标范围	施工图设计完成后进行招标,其范围仅为施工阶段	施工图设计前进行设计施工一体化招标
招标目的	项目成本重要性一般高于工期,质量管控负责方是建设单位和总承包单位	合理低价和工期,总承包单位的责任和风险较大,注重投标单位设计施工一体化的综合能力
招标评标办法	对技术标和商务标分别评价,技术标合格则商务标最低者中标	对技术标和商务标进行综合评价
招标风险	建设单位承担设计和招标工程量清单缺少或有误的风险,承包单位承担综合单价方面的风险	由于缺乏控制依据,建设单位承担工程价格的风险,而设计、采购和施工都由总承包单位负责,因此承担该方面的相应风险

二、工程总承包项目的投标

工程总承包单位应当具有与工程规模相适应的工程设计资质（仅具有建筑工程设计事务所资质除外）或者施工总承包资质，相应的财务、风险承担能力，同时具有相应的组织机构、项目管理体系、项目管理专业人员，以及与发包工程相类似的工程业绩。

工程总承包单位不得是工程总承包项目的代建单位、项目管理单位、监理单位、造价咨询单位、招标代理单位，也不得是与上述单位有利害关系的关联单位。

招标人公开发包前完成的可行性研究报告、勘察设计文件的，发包前的可行性研究报告编制单位、勘察设计文件编制单位可以参与工程总承包项目的投标。

工程总承包项目的投标流程与传统模式基本相同，可分为投标前期准备阶段、投标文件编制阶段、完善和递交投标文件阶段，项目投标流程如图 2-2 所示。

在投标准备阶段，投标人需对业主提供的招标文件进行研究分析，其中较为重要的部分有投标人须知、合同条件以及业主要求等。投标人在分析招标文件后，应组织专业人员制定相关的采购计划、项目实施方案、项目设计方案和统筹规划资源配置等。

在项目正式投标之前，投标人与业主可在标前会议和现场勘察环节中进行交流。

在标前会议中，投标人可对招标文件中存在的遗漏或疑问部分进行提问，在会议交谈中把握对己方有利的信息。进行现场勘察时，招标人应明确工程现场的气候条件、工作条件和限制条件，对项目所在地的相关规定、材料市场供应和运输等情况进行了解，收集相关资料，做到提前了解并熟悉。

投标人应对现场和工程实施条件进行查勘，并充分了解工程所在地的气象条件、交通条件、风俗习惯以及其他与完成合同工作有关的其他资料。投标人

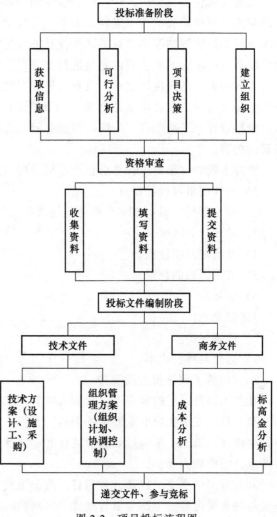

图 2-2 项目投标流程图

提交投标文件，视为已对施工现场及周围环境进行了踏勘，并已充分了解评估施工现场及周围环境对工程可能产生的影响，自愿承担相应风险与责任，但属于不可预见的困难约定的情形除外。

投标文件是投标过程中最重要的文件，其编制的好坏直接影响到投标的成功与否。投标人在获取招标文件之后，首先要成立专业的小组对招标文件进行分析与研究，明确项目基本情况、合同条件和业主需求等关键信息，制定设计方案、施工方案、采购方案和项目管理方案，提前进行成本分析、风险分析、投标报价分析，做好项目总承包管理的统筹协调计划。投标文件的编制质量可以直接反映出投标单位的技术水平、工作经验、经济实力和人才发展等状况，因此，投标人应对投标文件的编制工作给予重视。

根据招标文件的要求，一般情况下，投标文件可以分为技术文件和商务文件两部分，其

中技术文件包括设计方案、采购计划、施工方案和管理计划等其他证明文件，商务文件包括公司承诺、投标保证金、代表法人资格证明文件和授权委托书等。

工程总承包项目采用设计、施工、采购一体化模式，设计方案制定过程中不仅要满足业主的需求，提供必要的技术资料和方案，还要给出投标报价时使用的工程量估算清单。通过成本分析和风险评估等要素对不同的设计方案进行比较，选择其中的最佳方案，并不断进行优化设计。施工方案的主要内容是进行施工组织设计工作，包括采用的施工工艺、现场平面布置、各种资源的进度计划等，投标人还需对完成的施工方案进行可行性分析，确保方案在技术上是可行的，在经济上是合理的。采购计划主要包括工程使用材料和机械设备的质量要求、价格统计、采购途径、采购计划说明等。在确定技术方案的同时还要关注有关业主评标因素的内容。

国际上较为常用的工程总承包技术标评标因素的规定如下：

1）设计图纸和设计特点。
2）技术替代方案：技术革新与环境适应性的内容。
3）功效与灵活度。
4）材质与系统设置。
5）有用区域的数量。
6）进场。
7）安全。
8）能源保护。
9）运营与维护成本。
10）价值工程评价进度安排。

在技术方案可行的前提下，投标人的管理水平是决定项目能否根据已制定的技术方案高效、高质量、安全完成的重要影响因素。投标人的管理水平可从多方面得到体现，例如技术方案中设计、施工、采购计划的合理性和经济性，管理计划中组织协调以及应对各种突发事件的应急措施能力等。

商务方案的主要组成部分是项目的投标报价和有关的价格分解。其中标高金分析也是商务文件的重要内容，标高金由管理费、利润和风险费组成，它是总承包商投标报价时考虑到预期利益和根据约定应承担的风险而计算的成本费用以外的金额。投标人应提前了解评标标准，根据评标标准决定投标文件的制定条件。目前，国际上常用的两种评标标准分别是最佳价值标和经调整后的最低报价。最佳价值标是将技术标和商务标的打分结果通过加权得到评标总分，取得分最高者为中标人。经调整后的最低报价是将技术标进行打分后，按照反比关系（即打分越高调整的价格越低）将原有的商务标报价进行调整后取报价最低的投标人为中标人。

三、工程总承包项目的合同管理

在工程总承包管理模式下，可以有效地控制项目进度和成本，总承包合同是项目实施全过程的重要依据和保证。工程总承包合同可以明确项目各方的责任，避免出现问题后难以及时找到责任人，从而明确责任和权利。承包人对工程总承包项目进行合同管理时，应首先接受合同文本并检查、确认其完整性和有效性。熟悉合同文本，了解和明确项目发包人的要求。在研究合同文本的前提下，确定项目合同控制目标，制定实施计划和保证措施。项目实施过程中，要对合同履行情况进行跟踪并检查。对发生的合同变更、合同争议和合同索赔等事宜及时进行处理。对所有合同文件进行管理，在项目结束后期进行合同收尾工作。

（一）合同的组成

合同是指根据法律规定和合同当事人约定具有约束力的文件，构成合同的文件包括合同协议书、中标通知书（如果有）、投标函及其附录（如果有）、专用合同条件及其附件、通用合同条件、《发包人要求》、承包人建议书、价格清单以及双方约定的其他合同文件。

组成合同的各项文件应互相解释，互为说明。除专用合同条件另有约定外，解释合同文件的优先顺序如下：

1）合同协议书。

2）中标通知书（如果有）。

3）投标函及投标函附录（如果有）。

4）专用合同条件及其附件、《发包人要求》。

5）通用合同条件。

6）承包人建议书。

7）价格清单。

8）双方约定的其他合同文件。

上述各项合同文件包括合同当事人就该项合同文件所作出的补充和修改，属于同一类内容的文件，应以最新签署的为准。在合同订立及履行过程中形成的与合同有关的文件均构成合同文件组成部分，并根据其性质确定优先解释顺序。

（二）变更与调整

1. 发包人变更权

变更指示应经发包人同意，并由工程师发出经发包人签认的变更指示。变更不应包括准备将任何工作删减并交由他人或发包人自行实施的情况。承包人收到变更指示后，方可实施变更。未经许可，承包人不得擅自对工程的任何部分进行变更。发包人与承包人对某项指示或批准是否构成变更产生争议的，按争议解决条款处理。

发包人需要对工程进行变更的，承包人不得拒绝，并由发包人承担承包人由此增加的费用，以及引起的工期延误。承包人需要进行变更的，应事先报请工程师批准，由此增加的费用和（或）工期延误由承包人承担。

承包人应按照变更指示执行，除非承包人及时向工程师发出通知，说明该项变更指示将降低工程的安全性、稳定性或适用性；涉及的工作内容和范围不可预见；所涉设备难以采购；导致承包人无法执行现场劳动用工、安全文明施工、职业健康或环境保护内容；将造成工期延误；与承包人的一般义务相冲突等无法执行的理由。工程师接到承包人的通知后，应作出经发包人签认的取消、确认或改变原指示的书面回复。

2. 承包人的合理化建议

承包人提出合理化建议的，应向工程师提交合理化建议说明，说明建议的内容、理由以及实施该建议对合同价格和工期的影响。发包人有权要求承包人根据承包人的合理化建议的约定提交变更建议，采取措施尽量避免或最小化上述情形的发生或影响。

除专用合同条件另有约定外，工程师应在收到承包人提交的合理化建议后7天内审查完毕并报送发包人，发现其中存在技术上的缺陷，应通知承包人修改。发包人应在收到工程师报送的合理化建议后 7 天内审批完毕。合理化建议经发包人批准的，工程师应及时发出变更指示，由此引起的合同价格调整按变更估价约定执行。发包人不同意变更的，工程师应书面通知承包人。

合理化建议降低了合同价格、缩短了工期或者提高了工程经济效益的，双方可以按照专用合同条件的约定进行利益分享。

3. 变更程序

发包人提出变更的，应通过工程师向承包人发出书面形式的变更指示，变更指示应说明计划变更的工程范围和变更的内容。

承包人收到工程师下达的变更指示后，认为不能执行，应在合理期限内提出不能执行该变更指示的理由。承包人认为可以执行变更的，应当书面说明实施该变更指示需要采取的具体措施及对合同价格和工期的影响，且合同当事人应当按照变更估价约定确定变更估价。

除专用合同条件另有约定外，变更估价按照以下约定处理：

1）合同中未包含价格清单，合同价格应按照所执行的变更工程的成本加利润调整。

2）合同中包含价格清单，合同价格按照如下规则调整：

① 价格清单中有适用于变更工程项目的，应采用该项目的费率和价格。

② 价格清单中没有适用但有类似于变更工程项目的，可在合理范围内参照类似项目的费率或价格。

③ 价格清单中没有适用也没有类似于变更工程项目的，该工程项目应按成本加利润原则调整适用新的费率或价格。

承包人应在收到变更指示后 14 天内，向工程师提交变更估价申请。工程师应在收到承包人提交的变更估价申请后 7 天内审查完毕并报送发包人，工程师对变更估价申请有异议，通知承包人修改后重新提交。发包人应在承包人提交变更估价申请后 14 天内审批完毕。发包人逾期未完成审批或未提出异议的，视为认可承包人提交的变更估价申请。

因变更引起的价格调整应计入最近一期的进度款中支付。

因变更引起工期变化的，合同当事人均可要求调整合同工期，由合同当事人商定或确定并参考工程所在地的工期定额标准确定增减工期天数。

施工中遇到恶劣异常天气时，承包人应采取克服异常恶劣的气候条件的合理措施继续施工，并及时通知工程师。工程师应当及时发出指示，指示构成变更的，按变更与调整的约定办理。承包人因采取合理措施而延误的工期由发包人承担。

由发包人暂停工作持续超过 56 天的，承包人可向发包人发出要求复工的通知。如果发包人没有在收到书面通知后 28 天内准许已暂停工作的全部或部分继续工作，承包人有权根据变更与调整的约定，要求以变更方式调减受暂停影响的部分工程。

（三）合同索赔

合同索赔处理应符合以下规定：应执行合同约定的索赔程序和规定；应在规定时限内向对方发出索赔通知，并提出书面索赔报告和证据；应对索赔费用和工期的真实性、合理性及准确性进行核定；应按最终商定或裁定的索赔结果进行处理。索赔金额可以作为合同总价的增补款或扣减款。

1. 索赔的提出

根据合同约定，任意一方认为有权得到追加（减少）付款、延长缺陷责任期和（或）

延长工期的，应按以下程序向对方提出索赔：

1）索赔方应在知道或应当知道索赔事件发生后 28 天内，向对方递交索赔意向通知书，并说明发生索赔事件的事由；索赔方未在前述 28 天内发出索赔意向通知书的，丧失要求追加（减少）付款、延长缺陷责任期和（或）延长工期的权利。

2）索赔方应在发出索赔意向通知书后 28 天内，向对方正式递交索赔报告；索赔报告应详细说明索赔理由以及要求追加的付款金额、延长缺陷责任期和（或）延长的工期，并附必要的记录和证明材料。

3）索赔事件具有持续影响的，索赔方应每月递交延续索赔通知，说明持续影响的实际情况和记录，列出累计的追加付款金额、延长缺陷责任期和（或）工期延长天数。

4）在索赔事件影响结束后 28 天内，索赔方应向对方递交最终索赔报告，说明最终要求索赔的追加付款金额、延长缺陷责任期和（或）延长的工期，并附证明材料。

5）承包人作为索赔方时，其索赔意向通知书、索赔报告及相关索赔文件应向工程师提出；发包人作为索赔方时，其索赔意向通知书、索赔报告及相关索赔文件可自行向承包人提出或由工程师向承包人提出。

2. 承包人索赔的处理程序

1）工程师收到承包人提交的索赔报告后，应及时审查索赔报告的内容、查验承包人的记录和证明材料，必要时工程师可要求承包人提交全部原始记录副本。

2）工程师应按商定或确定追加的付款和（或）延长的工期，并在收到上述索赔报告或有关索赔的进一步证明材料后及时书面告知发包人，并在 42 天内，将发包人书面认可的索赔处理结果答复承包人。工程师在收到索赔报告或有关索赔的进一步证明材料后的 42 天内不予答复的，视为认可索赔。

3）承包人接受索赔处理结果的，发包人应在作出索赔处理结果答复后 28 天内完成支付。承包人不接受索赔处理结果的，按照争议解决约定处理。

3. 发包人索赔的处理程序

1）承包人收到发包人提交的索赔报告后，应及时审查索赔报告的内容、查验发包人证明材料。

2）承包人应在收到上述索赔报告或有关索赔的进一步证明材料后 42 天内，将索赔处理结果答复发包人。承包人在收到索赔通知书或有关索赔的进一步证明材料后的 42 天内不予答复的，视为认可索赔。

3）发包人接受索赔处理结果的，发包人可从应支付给承包人的合同价款中扣除赔付的金额或延长缺陷责任期；发包人不接受索赔处理结果的，按照争议解决约定处理。

4. 提出索赔的期限

1）承包人按竣工结算约定接收竣工付款证书后，应被认为已无权再提出在合同工程接收证书颁发前所发生的任何索赔。

2）承包人按最终结清提交的最终结清申请单中，只限于提出工程接收证书颁发后发生的索赔。提出索赔的期限均自接受最终结清证书时终止。

（四）合同争议

处理合同争议时，应首先准备并提供合同争议事件的证据和详细报告，通过和解或调解达成协议，解决争议。当和解或调解无效时，按合同约定提交仲裁或诉讼处理。合同当事人也可以在专用合同条件中约定采取争议评审方式及评审规则解决争议。

1. 和解

合同当事人可以就争议自行和解，自行和解达成协议的经双方签字并盖章后作为合同补充文件，双方均应遵照执行。

2. 调解

合同当事人可以就争议请求建设行政主管部门、行业协会或其他第三方进行调解，调解达成协议的，经双方签字盖章后作为合同补充文件，双方均应遵照执行。

3. 争议评审

合同当事人在专用合同条件中约定采取争议评审方式及评审规则解决争议的，按下列约定执行：

（1）争议评审小组的确定　合同当事人可以共同选择一名或三名争议评审员，组成争议评审小组。如专用合同条件未对成员人数进行约定，则应由三名成员组成。除专用合同条件另有约定外，合同当事人应当自合同订立后28天内，或者争议发生后14天内，选定争议评审员。

选择一名争议评审员的，由合同当事人共同确定；选择三名争议评审员的，各自选定一名，第三名成员由合同当事人共同确定或由合同当事人委托已选定的争议评审员共同确定，为首席争议评审员。争议评审员为一人且合同当事人未能达成一致的，或争议评审员为三人且合同当事人就首席争议评审员未能达成一致的，由专用合同条件约定的评审机构指定。

除专用合同条件另有约定外，争议评审员报酬由发包人和承包人各承担一半。

（2）争议的避免　合同当事人协商一致，可以共同书面请求争议评审小组，就合同履行过程中可能出现争议的情况提供协助或进行非正式讨论，争议评审小组应给出公正的意见或建议。

此类协助或非正式讨论可在任何会议、施工现场视察或其他场合进行，并且除专用合同条件另有约定外，发包人和承包人均应出席。

争议评审小组在此类非正式讨论上给出的任何意见或建议，无论是口头还是书面的，对发包人和承包人不具有约束力，争议评审小组在之后的争议评审程序或决定中也不受此类意见或建议的约束。

（3）争议评审小组的决定　合同当事人可在任何时间将与合同有关的任何争议共同提请争议评审小组进行评审。争议评审小组应秉持客观、公正原则，充分听取合同当事人的意见，依据相关法律、规范、标准、案例经验及商业惯例等，自收到争议评审申请报告后14天或争议评审小组建议并经双方同意的其他期限内作出书面决定，并说明理由。合同当事人可以在专用合同条件中对本项事项另行约定。

（4）争议评审小组决定的效力　争议评审小组作出的书面决定经合同当事人签字确认后，对双方具有约束力，双方应遵照执行。

任何一方当事人不接受争议评审小组决定或不履行争议评审小组决定的，双方可选择采用其他争议解决方式。

任何一方当事人不接受争议评审小组的决定，并不影响暂时执行争议评审小组的决定，直到在后续的采用其他争议解决方式中对争议评审小组的决定进行了改变。

4. 仲裁或诉讼

因合同及合同有关事项产生的争议，合同当事人可以在专用合同条件中约定以下一种方式解决争议：

1）向约定的仲裁委员会申请仲裁。

2）向有管辖权的人民法院起诉。

5. 争议解决条款效力

合同有关争议解决的条款独立存在，合同的不生效、无效、被撤销或者终止的，不影响合同中有关争议解决条款的效力。

（五）项目合同文件管理

项目合同文件管理应明确合同管理人员在合同文件管理中的职责，并依据合同约定的程序和规定进行合同文件管理；合同管理人员应对合同文件定义范围内的信息、记录、函件、证据、报告、合同变更、协议、会议纪要、签证单据、图纸资料、标准规范及相关法规等进行收集、整理和归档。

（六）履约担保

发包人需要承包人提供履约担保的，由合同当事人在专用合同条件中约定履约担保的方式、金额及提交的时间等，并应符合支付合同价款的规定。履约担保可以采用银行保函或担保公司担保等形式，承包人为联合体的，其履约担保由联合体各方或者联合体中牵头人的名义代表联合体提交，具体由合同当事人在专用合同条件中约定。

承包人应保证其履约担保在发包人竣工验收前一直有效，发包人应在竣工验收合格后7天内将履约担保款项退还给承包人或者解除履约担保。

因承包人原因导致工期延长的，继续提供履约担保所增加的费用由承包人承担；非因承包人原因导致工期延长的，继续提供履约担保所增加的费用由发包人承担。

（七）合同收尾工作

合同收尾工作应依据合同约定的程序、方法和要求进行，由合同管理人员建立合同文件索引目录。合同管理人员确认合同约定的保修期或缺陷责任期已满并完成了缺陷修补工作时，应向项目发包人发出书面通知，要求项目发包人组织核定工程最终结算及签发合同项目履约证书或验收证书，关闭合同；项目竣工后，项目部应对合同履行情况进行总结和评价。

（八）合同管理的具体措施

1. 合同交底，分解合同责任，实行目标管理

在工程总承包合同签订后，从项目经理、项目班子成员、项目中层到项目各部门管理人员，都应当认真学习合同内的相关条款规定并严格按照合同要求规范管理和工作。项目经理、主管经理要向项目各部门负责人进行"合同交底"，对合同的主要内容及存在的风险作出解释和说明，项目各部门负责人要向本部门管理人员进行较详细的"合同交底"，实行目标管理。使大家熟悉合同中的主要内容、各种规定及要求、管理程序，了解作为总承包商的合同责任、工程范围以及法律责任。

2. 建立合同管理的工作程序

为使合同执行过程的工作程序化、标准化和高效化，管理人员应对合同中存在的常规化事物建立相应的工作程序，不仅可以使操作人员有章可循，确保操作过程的规范性，还可以避免过多的指导和解释，提高工程的建设效率，节省非必要的时间。

3. 建立文档系统

项目需设立专门的合同管理人员对合同相关资料以及项目记录等各种过程文档进行整理、分类和保存。这项工作往往任务量较大，需要管理人员花费大量的时间和精力，但是对于这些文档的建立和保存对后期工程索赔和反索赔具有重要的意义。

4. 建立报告和行文制度

总承包商和业主、监理工程师、分包商之间的沟通都应该以书面形式进行，或以书面形式为最终依据。这既是合同的要求，也是经济法律的要求，更是工程管理的需要。这些报告的内容主要包括定期的工程实施报告、对特殊事件的情况说明和处理等，这些都必须有监理工程师及总承包方的签署和认可。对在工程中合同双方的任何协商、意见、请示、指示都应落实在纸上，使工程活动有依有据。

5. 加强合同实施过程控制

在实际工程中存在很多不可确定的因素，导致工程实施情况与合同预期的情况有所偏离，因此，需要对工程实施过程进行管理与控制，对合同实施状况进行动态跟踪。一旦发现与实际有所偏离，就应当及时采取应对措施，确保项目最大程度上完成合同要求。随着现代化建筑项目规模的不断扩大，对于项目的管理难度也随之增加，工程信息量的增加使得信息的交流频度和速度也在不断增加。信息化管理为工程项目管理提供了一种先进的管理手段。

第四节 工程总承包造价管理

一、工程总承包合同费用项目组成

建设项目工程总承包费用项目由建筑安装工程费、设备购置费、总承包其他费、暂列费用构成。建设项目工程总承包应采用总价合同，除合同另有约定外，合同价款不予调整。

1. 建筑安装工程费

建筑安装工程费指为完成建设项目发生的建筑工程和安装工程所需的费用，不包括应列入设备购置费的被安装设备本身的价值。该费用由建设单位按照合同约定支付给总承包单位。

2. 设备购置费

设备购置费是指为工程建设项目购置或自制的达到固定资产标准的设备、工具、器具的费用，包括设备原价和设备运杂费。

3. 总承包其他费

总承包其他费指建设单位应当分摊计入工程总承包相关项目的各项费用和税金支出，并按照合同约定支付给总承包单位的费用。主要包括：

1）勘察费、设计费、研究试验费。

2）土地租用及补偿费。指建设单位按照合同约定支付给总承包单位在建设期间因需要而用于租用土地使用权而发生的费用以及用于土地复垦、植被恢复等的费用。

3）税费。指建设单位按照合同约定支付给总承包单位的应由其缴纳的各种税费（如印花税、应纳增值税及其在此基础上计算的附加税等）。

4）总承包项目建设管理费。指建设单位按照合同约定支付给总承包单位用于项目建设期间发生的管理性质的费用。包括：工作人员工资及相关费用、办公费、办公场地租用费、差旅交通费、劳动保护费、工具用具使用费、固定资产使用费、招募生产工人费、技术图书资料费（含软件费）、业务招待费、施工现场津贴、竣工验收费和其他管理性质的费用。

5）临时设施费。指建设单位按照合同约定支付给总承包单位用于未列入建筑安装工程费的临时水、电、路、信、气等工程和临时仓库、生活设施等建（构）筑物的建造、维修、拆除的摊销或租赁费用，以及铁路、码头租赁等费用。

6）招标投标费。指建设单位按照合同约定支付给总承包单位用于材料、设备采购以及工程设计、施工分包等招标和总承包投标的费用。

7）咨询和审计费。指建设单位按照合同约定支付给总承包单位用于社会中介机构的工程咨询、工程审计等的费用。

8）检验检测费。指建设单位按照合同约定支付给总承包单位用于未列入建筑安装工程费的工程检测、设备检验、负荷联合试车费、联合试运转费及其他检验检测的费用。

9）系统集成费。指建设单位按照合同约定支付给总承包单位用于系统集成等信息工程的费用（如网络租赁、BIM、系统运行维护等）。

10）其他专项费用。指建设单位按照合同约定支付给总承包单位使用的费用（如财务费、专利及专有技术使用费、工程保险费、法律费等）。财务费是指在建设期内提供履约担保、预付款担保、工程款支付担保以及可能需要的筹集资金等所发生的费用。

专利及专有技术使用费是指在建设期内取得专利、专有技术、商标以及特许经营使用权发生的费用。

工程保险费是指在建设期内对建筑工程、安装工程、机械设备和人身安全进行投保而发生的费用。包括建筑安装工程一切险、工程质量保险、人身意外伤害险等，不包括已列入建筑安装工程费中的施工企业的财产、车辆保险费。

法律费是指在建设期内聘请法律顾问、可能用于仲裁或诉讼以及律师代理等费用。

4. 暂列费用

暂列费用指建设单位为工程总承包项目预备的用于建设期内不可预见的费用，包括基本预备费、价差预备费。

1）基本预备费是指在建设期内超过工程总承包发包范围增加的工程费用，以及一般自然灾害处理、地下障碍物处理、超规超限设备运输等，发生时按照合同约定支付给总承包单位的费用。

2）价差预备费是指在建设期内超出合同约定风险范围外的利率、汇率或价格等因素变化而可能增加的，发生时按照合同约定支付给总承包单位的费用。

二、工程总承包合同费用计算方法

建设单位可根据建设项目工程总承包的发包内容确定费用项目及其范围，编制最高投标限价，做好投资控制。总承包单位应根据本企业专业技术能力和经营管理水平，自主决定报价，参与竞争，但其报价不得低于成本。

1. 建筑安装工程费

建设单位应根据建设项目工程发包在可行性研究或方案设计、初步设计后的不同要求和工作范围，分别按照现行的投资估算、设计概算或其他计价方法编制计算。

2．设备购置费

建设单位应按照批准的设备选型，根据市场价格计算。批准采用进口设备的，包括相关进口、翻译等费用。

$$设备购置费=设备价格+设备运杂费+备品备件费$$

3．总承包其他费

建设单位应根据建设项目工程发包在可行性研究或方案设计或初步设计后的不同要求和工作范围计算。

1）勘察费、设计费以及研究试验费：应根据不同阶段的发包内容，参照同类或类似项目的勘察费计算。

2）土地租用及补偿费：土地租用费应参照工程所在地有权部门的规定计列；土地复垦费应按照《土地复垦条例》《土地复垦条例实施办法》和工程所在地政府相关规定计列；植被恢复费应参照工程所在地有权部门的规定计列。

3）总承包项目建设管理费：建设单位应按财政部（财建【2016】504号）文件规定的项目建设管理费计算，按照不同阶段的发包内容计列。

4）税费：印花税按国家规定的印花税标准计列；增值税及附加税参照同类或类似项目的增值税及附加税计列。

5）临时设施费：应根据建设项目特点，参照同类或类似工程的临时设施计列，不包括已列入建筑安装工程费用中的施工企业临时设施费。

6）招标投标费：参照同类或类似工程的此类费用计列。

7）咨询和审计费：参照同类或类似工程的此类费用计列。

8）检验检测费：参照同类或类似工程的此类费用计列。

9）系统集成费：参照同类或类似工程的此类费用计列。

10）其他专项费用：

① 财务费用：参照同类或类似工程的此类费用计列。

② 专利及专有技术使用费：按专利使用许可或专有技术使用合同规定计列，专有技术的界定以省、部级鉴定批准为依据。

③ 工程保险费：应按选择的投保品种，依据保险费率计算。

④ 法律费：参照同类或类似工程的此类费用计列。

4．暂列费用

根据工程总承包不同的发包阶段，分别参照现行估算或概算方法编制计列。

对利率、汇率和价格等因素的变化，可按照风险合理分担的原则确定范围在合同中约定，约定范围内的不予调整。

三、工程总承包的计价风险

承包人复核发包人的要求，发现错误的，应及时书面通知发包人。发包人作相应修改的，按照变更调整；发包人不作修改的，应承担由此导致承包人增加的费用和（或）延误的工期以及合理利润。

承包人未发现发包人要求中存在错误的，承包人自行承担由此增加的费用和（或）延误的工期，合同另有约定的除外。无论承包人发现与否，在任何情况下，发包人要求中的下列错误导致承包人增加的费用和（或）延误的工期，由发包人承担，并向承包人支付合理利润。

1）发包人要求中不可变的数据和资料。

2）对工程或其他任何部分的功能要求。

3）试验和检验标准。

4）除合同另有约定外，承包人无法核实的数据和资料。

承包人文件中出现的错误、遗漏、含糊、不一致、不适当或其他缺陷，即使发包人作出了同意或批准，承包人仍应进行整改，并承担相应费用。

除合同另有约定外，合同价款包括承包人完成全部义务所发生的费用（包括根据暂列金额所承担的义务，如果有），以及为工程设计、实施和修补任何缺陷所需的全部费用。除合同另有约定外，承包人应视为承担任何风险意外所产生的费用。

四、工程总承包项目清单编制

工程总承包项目清单应由具有编制能力的招标人或受其委托、具有相应资质的工程造价咨询人编制。投标人应在项目清单上自主报价，形成价格清单。

清单分为可行性研究或方案设计后清单、初步设计后清单。

除另有规定和说明者外，价格清单应视为已经包括完成该项目所列（或未列）的全部工程内容。项目清单和价格清单列出的数量，不视为要求承包人实施工程的实际或准确的工程量。价格清单中列出的工程量和价格应仅作为合同约定的变更和支付的参考，不能用于其他目的。

1. 勘察设计费清单（表2-3）

表 2-3　勘察设计费清单

编码	项目名称	金额/元	备注
0001	勘察费		
0002	设计费		
000201	方案设计费		
000202	初步设计费		
000203	施工图设计费		
000204	竣工图编制费		
	其他：		

招标人应根据工程总承包的范围按照表2-3规定的内容选列。

2. 总承包其他费、暂列金额清单（表2-4）

表 2-4　总承包其他费、暂列金额清单

编码	项目名称	金额/元	备注
0003	总承包其他费		
000301	研究试验费		
000302	土地租用、占道及补偿费		
000303	总承包管理费		

（续）

编码	项目名称	金额/元	备注
000304	临时设施费		
000305	招标投标费		
000306	咨询和审计费		
000307	检验检测费		
000308	系统集成费		
000309	财务费		
000310	专利及专用技术使用费		
000311	工程保险费		
000312	法律服务费		
	其他：		
0005	暂列金额		

3. 设备购置清单（表2-5）

表2-5　设备购置清单

编码	项目名称	金额/元	备注
0004			
000401			
000402			

4. 建筑安装工程项目清单（表2-6）

建筑安装工程项目清单应按照规定的项目编码、项目名称、单位、计算规则进行编制。

表2-6　建筑安装工程项目清单

项目编码	项目名称以及特征	单位	数量	单价	合价

招标人在初步设计后编制项目清单，对于土石方工程、地基处理等无法计算工程量的项目，可以只列项目、不列工程量。但投标人应在投标报价时列出工程量。

五、工程总承包价款的确定和调整

1. 一般规定

1）基准日期后，因国家的法律、法规、规章、政策和标准、规范发生变化引起工程造价变化的，应调整合同价款。

2）因发包人变更建设规模、建设标准、功能要求和发包人要求的，应按照下列规定调整合同价款：

①价格清单中有适用于变更工程项目的，应采用该项目的单价。

②价格清单中没有适用但有类似于变更工程项目的，可在合理范围内参照类似项目的单价。

③ 价格清单中没有适用也没有类似于变更工程项目的，应由承包人根据变更工程资料、计量规则，通过市场调查等取得有合法依据的市场价格提出变更工程项目的单价，并报发包人确认后调整。

3）采用计日工计价的任何一项变更工作，在实施过程中，承包人应按合同约定提交下列报表和有关凭证送发包人复核：

① 工作名称、内容和数量。

② 投入该工作所有人员的姓名、工种、级别和耗用工时。

③ 投入该工作的材料名称、类别和数量。

④ 投入该工作的施工设备型号、台数和耗用台时。

⑤ 发包人要求提交的其他资料和凭证。

任一计日工项目持续进行时，承包人应在该项工作实施结束后的 24 小时内向发包人提交有计日工记录汇总的签证报告一式三份。发包人在收到承包人提交签证报告后的 2 天内予以确认并将其中一份返还给承包人，作为计日工计价和支付的依据。调整合同价款，列入进度款支付。发包人逾期未确认也未提出修改意见的，应视为承包人提交的签证报告已被发包人认可。

4）因人工、主要材料价格波动超出合同约定的范围，影响合同价格时，根据合同中约定的价格指数和权重表，按调价公式或者价格指数法计算差额并调整合同价款。

2. 合同计价模式

合同价款条款的约定与合同所采用的计价模式相关。我国中央和地方出台的各项政策文件及合同范本中有明确工程总承包项目宜采用总价合同的形式。住建部、国家发展改革委于2019 年颁布的《房屋建筑和市政基础设施项目工程总承包管理办法》以及交通运输部于2015 年颁布的《公路工程设计施工总承包管理办法》中明确规定，工程总承包项目宜采用总价合同。2020 年 12 月 9 日住房和城乡建设部正式发布的《建设项目工程总承包合同（示范文本）》（GF-2020—2016）以及九部委颁布的 2012 年起实施的《中华人民共和国标准设计施工总承包招标文件》，其中对于合同价格形式约定均为总价合同。国际上通用的 FIDIC合同条件中适用于工程总承包项目的"黄皮书"（适用于 DB 项目）以及"银皮书"（适用于 EPC 项目）均建议使用总价合同。但因工程项目特殊、条件复杂等因素难以确定项目总价的，也可采用单价合同或成本加酬金的其他价格合同形式。

（1）单价合同 单价合同中的工程量通常具有合同约束力，并在工程款结算时按照实际工程量进行调整。单价合同通常用于在业主和承包商之间分担范围风险。使用单价合同的总承包项目通常是由于已知未来可能发生的不确定变化或其他难以量化的付款项目，使得项目在招标之前无法确定准确且适合的总价，因此使用单价合同。

当单价合同应用于工程总承包模式时，对设计施工一体化会产生如下影响：

① 业主协调工作量大。由于业主在招标文件中提供的工程量清单中的数字仅供参考，并不能保证其与实际工程发生量完全吻合，项目结束后的工程款是根据实际完成的工程量和承包商报价的单价进行计算得到的，因此，业主需要在前期花大量时间和精力对招标文件中的工程量和信息进行编制，在过程中和后期也需持续对项目进行监控，以确定实际工程量作为付款的依据。

② 不利于提高承包商设计优化的积极性。在单价合同的情况下，总承包商通常会朝着

最终成本对其最有利的方向进行设计。由于这种模式对承包商的成本控制更为严格，与总价合同相比，其为承包商提供了较少的优化设计空间，因此，承包商在如何最大化自身利益上花费了更多的精力，但对优化设计缺乏热情。

（2）总价合同　一般来说，总价合同确定的价格不能进行调整。对于部分可进行调整的情况应由发包人和承包人在合同中进行说明，例如材料的市场价格上涨等。合同签订后，已经进行标价的工程量清单中的工程量不受合同约束。总价合同中的工程量清单可由招标人提供也可由投标人提供，投标报价的风险由承包人承担。对于有明确生产要求的化工项目，一般可以确定总价。然而，在住宅建设项目中，业主在施工初期很难明确生产要求，同时每个子项目下又存在很多分项目，固定总价不利于施工过程中的质量控制，因此，以发包人的要求作为控制的基础，对于项目施工质量的管控起着至关重要的作用，且应根据每个子项目的工程特性进行约定。

固定总价合同应将总价的范围表述清楚，最好能有项目清单。总价合同中需明确暂估价工程及暂列金额工程的具体内容和金额。因市场价格波动而调整工程价格的，应当在合同中约定。一是承包人承担市场价格波动的一切风险，合同价格不因市场价格波动而调整，此情况一般只适用于工期较短的小型项目；另一种常见的情况是允许根据市场价格波动对工程价款进行调整，当价格波动（根据工程造价管理部门公布的价格指数）超过一定比例时，则对合同价格进行调整。合同中应规定具体调整的计算方法和调整程序。

当总价合同应用于工程总承包模式时，对设计施工一体化会产生如下影响：

① 缺乏控制依据。工程总承包项目的发包阶段通常在可行性研究、方案设计或者初步设计完成后，此时发包人要求只能涵盖施工范围、施工规模、施工标准、功能要求等，该阶段没有完整的图纸与工程量清单，发包人的要求是主要的项目控制依据，很难审查承包商完成和优化设计的程度。

② 质量与价格之间的平衡点难以确定。平行发包中的设计图纸由业主单位提供，以具体的图纸对工程质量进行控制，然后确定价格，这种模式下业主对于项目质量和成本等方面的管理较为容易。在工程总承包模式下，由于前期缺乏具体的图纸，对于项目质量的管控主要通过确定设计标准来实现，然后将价格与设计标准进行匹配，并将其反映在招标文件中与业主需求相匹配。在质量与价格之间的平衡点不能确定的情况下，有经验的施工单位会在没有违反合同和规范且满足功能需求的前提下以"设计优化"的名义赚取超额利润，这种行为严重违背了设计施工一体化的初衷，严重影响了工程的进展以及工程总承包模式的推行。

（3）定额下浮率合同　定额下浮率合同实质上是固定单价合同的一种形式。可理解为"取费基础"是"工程量"，而"费率"是"单价（固定）"。通常以某套定额计价原则为基础，规定一个固定的下浮费率来进行工程结算。在招标阶段，将投标竞争而来的下浮率确定为合同结算下浮依据。采用费率招标的工程总承包项目存在一定的弊端，例如项目工期较紧、技术相对复杂，需要项目快速推进等。虽然这种计价方式可以在前期招标阶段节省时间，较快确定中标人，但往往因为缺少项目的具体管控依据而导致发包人与承包商之间形成僵局。因此，在后期实施时会暴露出许多设计施工一体化困难的问题，在实践中需谨慎采用。

当定额下浮率合同应用于工程总承包模式时，对设计施工一体化会产生如下影响：

① 质量控制困难。采取定额下浮可缩短前期招标时间、加快施工进度，但会出现项目

成果与发包人期望相差较大。下浮率越高对业主越有利，但如果协议不明确或计划不统一，承包商随意降低质量等级，既不能保证每个投标人的竞争水平，也无法保证最终成果。

② 承包商缺乏优化的主动性。施工单位制定施工组织方案时应充分考虑工程所在地的气候地质条件等对工期和成本的影响，但此种模式下承包商无法获取准确的控制目标，在比选经济合理的设计方案以及施工组织方案优化设计方面缺乏主动性。

（4）成本加酬金合同　成本加酬金合同的形式是根据项目实际实施后的项目成本加上约定的报酬计算方法，最终形成总合同价格。成本加酬金合同一般用于项目内容和技术经济指标尚未完全确定但急于开工的项目，或项目工程量难以准确计算的项目和施工风险较大的项目。对业主而言，成本加酬金合同的特点是支持设计与施工同时进行，缩短了工期；对承包商而言，其特点是具有较为保证的酬金。然而，成本加酬金合同使业主承担了更大的风险，增加了工程造价控制的难度。对于承包商来说，有可能降低最高利润水平，增加项目管理成本。与固定总价合同相比，成本加酬金合同形式对承包商优化成本的激励作用较小，承包的风险相对较小。

当成本加酬金合同应用于工程总承包模式时，对设计施工一体化会产生如下影响：

① 难以确定造价控制依据。当约定为定额计价方式确定工程造价时，应当明确使用何种定额；当约定定额列项不全、不能满足项目需要时，或由于新工艺新材料而导致定额中的缺少项目时，应采取什么方法解决。这种合同形式下对工程造价的确认是事后的，而对于承包人而言，其更希望在实施前确定成本，尤其对于工期较紧的项目，如果没有明确的成本，在实施过程中会缺乏明确的控制依据，影响承包人进行优化的动力和项目执行效率。

② 目标成本不易确定。成本加酬金还有一种最高限价方式，超出此限价，对总承包商要有罚责；低于此限价，可以约定利润提成。这种方式激励承包商进行项目设计优化以节约成本，但难以确定目标成本的依据和合理性，同时引发对于设计优化结余如何分享的难题。

（5）混合式计价方式　在工程实践中会出现混合定价机制，即在一个项目合同中，不同的工程分项采用不同的计价方式。工程总承包合同中不仅可以选择单价形式或总价形式，还可以单价合同中有部分总价分项；总价合同中可能有部分按照单价计价的分项。如设计工作采用总价；设备采购采用固定总价；施工采用单价方式；一些发包人要求不确定、带有研究性工作，技术新颖、资料很少的工程分项采用成本加酬金方式。

六、工程总承包价款的支付和结算

工程总承包合同支付条款要保证支付方式清晰明了，具有可操作性，应明确支付的时间、支付的节点、支付的认定以及支付的比例。

由于工程总承包合同价款中的几类费用分别对应不同的工作内容也对应于不同的税率，建议分别设置支付条款。工程设计费一般按里程碑节点付款，设计费一般在方案设计深化成果、初设评审通过、施工图审查合格、竣工验收备案里程碑节点付款；建安工程费和设备购置费的支付方式可以分两种，一种是按月工程进度申请付款，另一种是按形象进度或者里程碑节点支付。一般投资规模大，工期长的项目适用按月工程进度申请付款。而投资不大，周期相对较短的项目，适用形象进度支付。属于工程总承包其他费的工程总承包管理费一般按里程碑节点付款，可在施工图审查合格、施工许可证办理完成、主体结顶、竣工验收合格、项目交付等设置支付节点。

固定总价合同的结算价格由固定合同价格及按合同约定进行的调整、变更合同价款、索赔，以及违约责任相关的扣款组成。

固定单价和费率合同的结算价格，应在合同的专用条款中约定详细的结算方式。例如费率合同可约定工程费根据经审定后的施工图纸，工程量按实结算，价格按照定额等当地的计价依据、约定的费率水平，有价材料按信息价（按照一定工期区间的信息价算术平均值计入）、无价材料按市场签证价计算。合同对于设计费和工程总承包管理费的结算方式也应约定清晰。

为进一步完善建设工程价款结算有关办法，维护建设市场秩序，减轻建筑企业负担，保障农民工权益，2022年，财政部和住房和城乡建设部发布了《关于完善建设工程价款结算有关办法的通知》（财建【2022】183号），其中规定：

"一、提高建设工程进度款支付比例。政府机关、事业单位、国有企业建设工程进度款支付应不低于已完成工程价款的80%；同时，在确保不超出工程总概（预）算以及工程决（结）算工作顺利开展的前提下，除按合同约定保留不超过工程价款总额3%的质量保证金外，进度款支付比例可由发承包双方根据项目实际情况自行确定。在结算过程中，若发生进度款支付超出实际已完成工程价款的情况，承包单位应按规定在结算后30日内向发包单位返还多收到的工程进度款。

二、当年开工、当年不能竣工的新开工项目可以推行过程结算。发承包双方通过合同约定，将施工过程按时间或进度节点划分施工周期，对周期内已完成且无争议的工程量（含变更、签证、索赔等）进行价款计算、确认和支付，支付金额不得超出已完工部分对应的批复概（预）算。经双方确认的过程结算文件作为竣工结算文件的组成部分，竣工后原则上不再重复审核。"

七、工程总承包造价管理风险防范

（一）风险与管理特征

当前，工程总承包风险与管理的特征主要由以下几个方面构成：

1. 不确定性

工程总承包项目风险管理的不确定性主要体现在：在单位时间内，风险发生时间、地点、主客观因素及后果等方面的不确定性。一般来说，风险发生的概率与单位时间成正比。目前，项目总承包模式正在房地产开发和市政基础设施建设中应用，工程量大，综合管理难度不小，经验仍在探索中。从项目的角度来看，即使在项目的初始阶段制定了详细的组织计划和应急预案，但在实际运行中，很难准确预测风险何时发生，风险后果也很难预测。为了发挥风险管理的有效性，除了精心设计、科学组织、认真研究和判断外，还需要实时监测和动态评估等方法来预测和预防。

2. 传递性

在工程总承包中，项目的组织、管理、设计、施工、采购、质量、生产、安全、监理等过程必须密切配合，如果某一环节出现问题，就会发生风险的相互转移，导致整个工程衔接脱轨，降低工程效率，甚至出现返工停工的现象，造成工期和成本的总体变化。

3. 复杂性

相较于一般工程，工程总承包的特点决定了对总承包单位的高水平管理要求。因工程总承包项目组织结构较为系统，设计、采购、施工一体化的工作面宽，参建的专业和人员构成也比较复杂。同时，工程总承包项目对工业化加工整体协调性要求较高，既要确保工期的顺利，成本也要求尽量低，而市场的动态变化，可能随时影响着生产和效率，甚至是产品质量。因此，无论是设计链、施工链、采购链还是生产链，工程总承包风险都是相互交织、相互作用的，整体呈现出一种复杂性。

（二）风险管理

1. 风险识别

项目部应在项目策划的基础上，依据合同约定对设计、采购、施工和运行阶段的风险进行识别，形成项目风险识别清单，输出项目风险识别结果。项目风险识别过程宜包括识别项目风险、对项目风险进行分类以及输出项目风险识别结果三部分。

2. 风险评估

项目部应在项目风险识别的基础上进行项目风险评估，并应输出评估结果。对项目风险背景信息进行收集，确定项目风险评估的标准，研究分析项目风险发生的概率和原因，推测其产生的后果。评估过程要采用适用的风险评价方法确定项目整体风险水平，采用适用的风险评价工具分析项目各风险之间的相互关系，确定项目重大风险。分析得出项目风险后进行对比和排序，输出项目风险的评价结果。

3. 风险控制

项目部应根据项目风险识别和评估结果，制定项目风险应对措施或专项方案。对项目重大风险应制定应急预案。进行风险控制之前，首先确定项目风险控制指标并选择适用的风险控制方法和工具对风险进行动态监测，并更新风险防范级别。在动态监控中识别和评估新的风险，提出应对措施和方法。当风险级别达到一定程度时，要及时进行风险预警，组织实施应对措施、专项方案或应急预案并对风险产生的损失进行评估和分析。

（三）造价管理

1. 决策阶段

决策阶段是建设工程的萌芽阶段，同时也是造价合理控制的初始阶段，关系到项目的场地选址、建筑规模以及总体资金投入等关键内容。因此，对项目前期决策阶段进行评估和研究具有重大意义。项目决策阶段的工作内容主要包括投资机会研究、项目可行性研究、项目评估和决策等方面，通过分析不同方案的经济指标和技术能力择优选择。决策工作的质量是后续建设项目能否取得成功的关键影响因素之一。参与项目决策的人员需要结合工程项目的实际情况，从项目工期、质量、成本和安全等方面细化研究，全面调控，优化决策方案，从项目的各个环节中实现成本的有效管理。

2. 设计阶段

在传统的工程模式中，设计单位总是将业主的需求放在第一位，设计方与施工方沟通较少，设计与实际施工产生偏差，导致工程造价变高。工程总承包采用设计施工统一单位的形式，改善了传统模式中存在的弊端，有利于总承包单位统筹协调，更好地进行资源合理分配。在设计工作开始前，应当对项目场地进行勘察和调研，结合项目实际情况进行图纸和施工方案的设计。设计过程中，各参与方要有效进行协同工作，不断对设计方案和图纸进行调整和优化。

3. 招标投标阶段

目前国家正在大力推行建设工程量清单计价模式，依照《建设工程工程量清单计价规范》的规定，要求全部使用国有资金投资或国有资金投资为主的大中型建设工程推行工程量清单招标。由建设单位提供工程量清单，施工单位对应清单进行自主报价，体现出市场形成价格，竞争公平公正。可以说工程量清单在招标文件中是占据着核心地位的，但在很多工程中，工程量清单的编制并未得到业主充分的重视，有时为了赶时间，使得清单编制时间过短，又或者是造价编制人员技术水平有限，都会使清单内容存在严重不足，如具体必要子项的遗漏、清单特征和描述不全面不能准确表达其价值、工程量统计有误、暂定金额和项目过多，这些都会严重影响投标报价质量，可能在后期的施工及竣工中存在多处变更，实际结算价会远超合同价的现象。

4. 施工阶段

施工阶段可以堪称是将设计图纸转换为实物的重要阶段，本过程也是耗时最长、管理最复杂的、在一定程度上影响到工程造价的一个重要环节。施工过程造价控制的主要关键点就在于成本的控制，严格把关，不突破预算价格。首先，总承包单位应当重视对图纸的会审工作，及时对图纸中存在的疑问以及问题进行反馈和交流，保证后续施工工作准确无误地实施。其次，造价管理人员应严格遵守设计图纸和方案要求，借助现代化信息技术，对施工现场情况进行三维立体建模，做到对施工场地和施工环节实时监控和管理，确保施工质量，降低施工成本。

5. 竣工阶段

竣工阶段的重点是对工程变更、工程索赔等进行核验，确保项目成本的准确性。竣工验收工作结束后，应将所有文档、过程资料进行整理并妥善保管。

第三章 全过程工程咨询

2017年2月21日，国务院办公厅印发《关于促进建筑业持续健康发展的意见》（国办发【2017】19号），要求完善工程建设组织模式，培育全过程工程咨询。其目的是要求建筑业适应发展社会主义市场经济和建设项目市场国际化需要，提高工程建设管理和咨询服务水平，促进工程质量和投资效益的提高。这对于工程咨询业来说，既是挑战，又是机会。挑战在于工程咨询业的市场化进一步放开，投资主体及政府对咨询服务要求提高，需要工程咨询机构转变思路，顺应变化；机会是随着项目投资决策风险与责任加大，要求工程咨询机构多方面、多角度的参与，并积极创新与发展。

第一节 全过程工程咨询概述

一、全过程工程咨询的概念

全过程工程咨询是受客户委托，在规定时间内，充分利用准确、适用的信息，集中专家的群体智慧和经验，运用现代科学理论及工程技术、工程管理等方面的专业知识，对工程建设项目前期研究、决策以及工程项目实施和运行（或称运营）的全生命周期提供包含设计、规划在内的，涉及组织、管理、经济和技术等各有关方面的工程咨询服务。其采用多种服务方式组合，为项目决策、实施和运营持续提供局部或整体解决方案以及管理服务。

全过程工程咨询是一种创新咨询服务组织实施方式，大力发展以市场需求为导向，满足委托方多样化需求的全过程工程咨询服务模式。

全过程工程咨询与传统的建设模式咨询的区别：全过程工程咨询涉及建设工程全生命周期内的策划咨询、前期可行性研究、工程设计、招标代理、工程造价咨询、工程监理、施工前期准备、施工过程管理、竣工验收以及运营保修等各个阶段的管理服务。而传统的建设模式咨询是采取分阶段或分项进行专业咨询的。相比于传统建设模式咨询，全过程工程咨询有利于增强建设工程内在联系，强化全产业链整体把控，减少管理成本，让投资人得到完整的建筑产品和服务。

二、全过程工程咨询的原则

1. 集约发展

集约化是指在充分利用一切资源的基础上，更集中合理地运用现代管理与技术，充分发挥人力资源的积极效应，以提高工作效益和效率的一种形式。将集约的思想融入全过程工程咨询中，充分有效地发挥全过程工程咨询的作用，才能真正提高建设项目的质量和效率，也才能使建设项目资源的运用更加科学、合理、节约。

集约发展是全过程工程咨询发展的过程，是动态的，也是一种循序渐进、不断创新的过程。

2. 价值创新

全过程工程咨询的目的就是要价值创新，不仅通过创新有效的咨询建议或方案，优化建设项目，提高建设项目产品的技术竞争力，更要在有限的经济条件下提升建设项目服务能力，为顾客创造更多价值。

3. 绿色优先

全过程工程咨询过程中应将绿色置于优先位置。首先考虑如何营造绿色生态自然环境和社会环境，创建优质建设项目和咨询产品。绿色应为全过程工程咨询的前提，起着导向和引领作用。

绿色要求全过程工程咨询充分利用现代科学技术；在建设项目中加强环境保护，推广绿色建筑产品；提倡清洁施工生产，不断改善和优化生态环境，使人与自然和谐发展；做到优质服务，通过有效咨询，努力协调各方意见，尊重各方差异，促进各方相互理解，减少矛盾冲突，营造和谐融合、求同存异的工作环境，维护健康向上、正当竞争的社会秩序。

三、全过程工程咨询的特点

（1）全过程　全过程工程咨询贯穿项目全生命周期，持续提供工程咨询服务。

（2）集成化　全过程工程咨询融合投资咨询、勘察、设计、招标代理、造价、监理、项目管理等业务资源，充分发挥各自专业能力，实现项目组织、管理、技术、经济等全方位一体化。

（3）多方案　全过程工程咨询采用多种组织模式，为项目提供局部或整体多种解决方案。

四、全过程工程咨询业务范围

根据国务院办公厅《关于促进建筑业持续健康发展的意见》（国办发【2017】19号）的文件精神，同时结合《工程咨询行业管理办法》（国家发展改革委员会2017年第9号令）和《建设项目全过程造价咨询规程》（CECA/GC 4—2017）的规定，全过程工程咨询业务范围分为建设项目决策阶段、实施阶段和运营阶段开展，而本书以建设项目为载体，将这三个阶段细分为六个阶段，以便更好地将咨询产品和建设项目有机联系起来，使建设项目全过程工程咨询流程和建设项目的工作流程相呼应，以方便读者清楚了解全过程工程咨询产品是为实现优质建设项目产品服务的。

全过程工程咨询的六个阶段为建设项目决策阶段、设计阶段、发承包阶段、实施阶段、竣工阶段、运营阶段。各个阶段咨询服务内容和咨询成果如下：

（1）决策阶段　通过了解研究项目利益相关方的需求，确定优质建设项目的目标，汇集优质建设项目的评判标准。通过项目建议书、可行性研究报告、评估报告等形成建设项目的咨询成果，为设计阶段提供基础。

（2）设计阶段　通过方案设计、初步设计、技术设计、扩充设计，对决策阶段形成的研究成果进行深化和修正，将项目利益相关方的需求以及优质建设项目目标，转化成设计图、概预算报告以及 BIM 应用等咨询成果，为发承包阶段选择承包人提供条件。

（3）发承包阶段　结合决策阶段、设计阶段的咨询成果，通过招标策划、招标代理服务等咨询工作，对优质建设项目选择承包人的条件、资质、能力等指标进行策划，形成建设项目的招标文件、合同条款、工程量清单、招标控制价等咨询成果，为实施阶段的开展提供依据。

（4）实施阶段　依据发承包阶段形成的合同文件，进行成本、质量、进度的控制，通过工程监理、跟踪服务、项目管理等咨询工作，最终完成优质建设项目实体。实施阶段应当及时整理工程资料，为竣工阶段的验收、移交做好准备。

（5）竣工阶段　通过验收检验是否按照合同约定履约完成，同时做好竣工结算、竣工决算、编制竣工图和整理档案资料等。最后将验收合格的建设项目以及相关资料移交给运营人，为运营阶段提供保障。

（6）运营阶段　对建设项目进行评价，评价其是否为优质建设项目。通过运营实现优质建设项目的价值，实现决策阶段的设定目标，并对运营情况进行总结，以便为其他建设项目决策提供参考。

建设项目全过程工程咨询业务范围及成果如图 3-1 所示。

传统的工程咨询大多为单一的项目策划、工程设计、招标代理、造价咨询、工程监理、项目管理等咨询服务，或为它们的业务组合。而全过程工程咨询是由一个具有目标明确的各类专业人员组成的集合体，通过统一规划、分工实施、协调管理，提供综合性工程咨询服务。

五、建设项目相关主体的关系

1. 建设项目各参与方的关系

基于目前的全过程工程咨询概念和业务范围，我国现阶段全过程工程咨询服务是指采用多种组织方式，为项目决策、实施和运营持续提供局部或整体解决方案。无论何种方式，提供全过程工程咨询服务的机构均为企业单位，且受委托人委托，在委托人授权范围内对建设项目实行全过程专业化管理咨询服务。

全过程工程咨询单位是指具有相关资质和能力，提供全过程工程咨询的机构，可以是独立咨询机构，也可以是联合体。建设项目各参与方的关系如图 3-2（传统模式）和图 3-3（EPC 承包模式）所示。

2. 总咨询师与各参与方的关系

全过程工程咨询一般采用总咨询师负责制。总咨询师是指全过程工程咨询单位委派或投资人指定，具有相关资质和能力为建设项目提供全过程工程咨询的项目总负责人。

建设项目全过程工程咨询由总咨询师负责统筹项目可行性研究、勘察设计、招标、施工、竣工验收、运营、拆除全生命周期管理工作，负责确定并管控估算、概算、招标控制价、合同价款、结算和决算等。专业咨询工程师是指在全过程工程咨询项目的总咨询师领导下，开展全过程工程咨询的专业咨询人员，由具备相应资质和能力的专业人员担任相应的咨询工作，主要包括但不限于以下专业咨询工程师：注册建筑师、注册监理工程师、注册造价工程师、注册建造师、勘察设计注册工程师等。

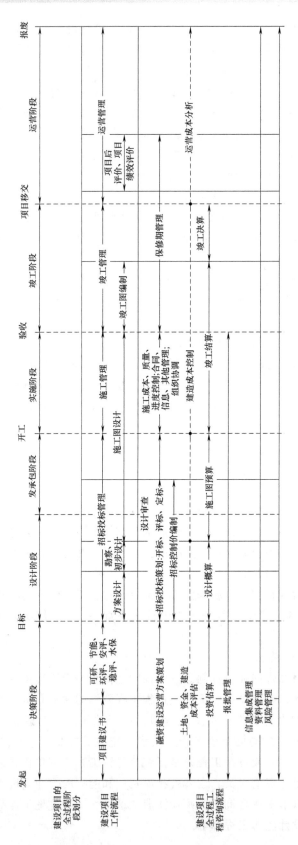

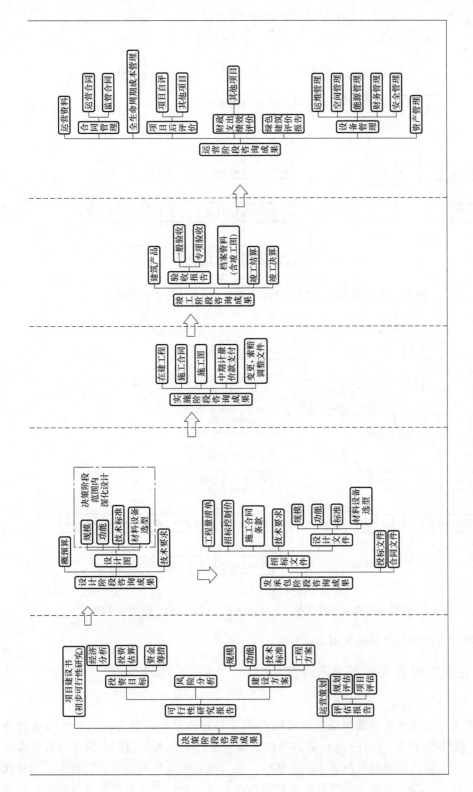

图 3-1 建设项目全过程工程咨询业务范围及成果

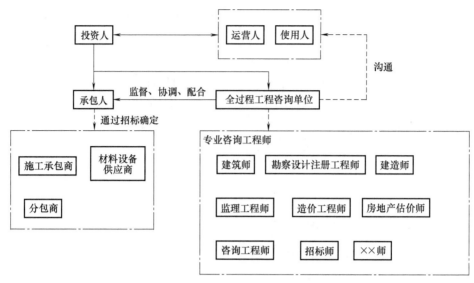

图 3-2 传统模式下全过程工程咨询单位、承包人组织关系图

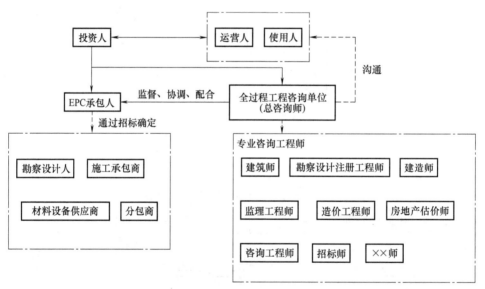

图 3-3 EPC 承包模式下全过程工程咨询单位、EPC 承包人组织关系图

总咨询师与各参与方的关系如图 3-4 所示。

六、全过程工程咨询服务费用计算

1. 全过程工程咨询服务收费规定

国家发改委、住房城乡建设部联合印发的《关于推进全过程工程咨询服务发展的指导意见》（发改投资规【2019】515 号）第五条第 2 款规定，全过程工程咨询服务酬金可在项目投资中列支，也可根据所包含的具体服务事项，通过项目投资中列支的投资咨询、招标代理、勘察、设计、监理、造价、项目管理等费用进行支付。全过程工程咨询服务酬金可按各专项服务酬金叠加后再增加相应统筹管理费用计取，也可按照人工成本加酬金方式计取。鼓

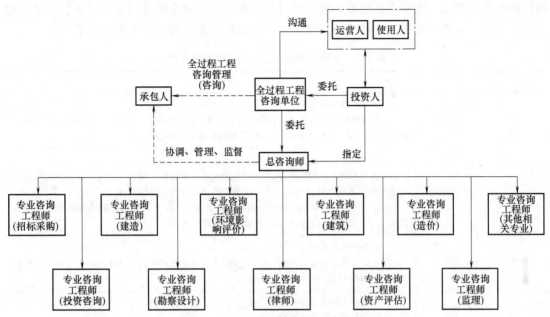

图 3-4　总咨询师与各参与方的关系图

励投资者或建设单位根据咨询服务节约的投资额对咨询服务单位予以奖励。

2. 全过程工程咨询服务的要点

全过程工程咨询模式是"1+N+X"，1 代表项目管理，N 代表自行实施的专项服务，X 代表不自行实施但应协调管理的专项服务。

1）标准的全过程工程咨询应包括项目管理和至少一项自行实施的专项服务，其他专项服务应协调或控制，即：1=项目管理，N≥1，X≥1。

2）标准的代建应包括项目管理，不自行实施任何专项服务，协调或控制其他所有专项服务，即：1=项目管理，N=0，X≥5。

3）标准的项目管理仅做项目管理，不自行实施任何专项服务，也不协调和控制其他所有专项服务，相当于建设单位的建设项目管理职责，即：1=项目管理，N=0，X=0。

4）如果设计院做全过程工程咨询，N=勘察+设计+…，这里的勘察设计就是绘出勘察、设计文件。如果造价咨询单位做全过程工程咨询，则 X=勘察+设计+…，这里的勘察设计就是造价咨询单位协调的内容。

5）全过程工程咨询的费用应包括独立的项目管理费、叠加收取的自行实施的专项服务费，再加 1%的不自行实施协调管理的专项服务的统筹管理费用。

3. 不同地区全过程工程咨询服务收费标准

目前全国尚无统一的全过程工程咨询服务收费标准，各地区（不同省、市）收费标准不一，见表 3-1。

七、全过程工程报批管理

在全过程工程管理中，建设项目行政审批贯穿于六个阶段，全过程工程咨询单位应当协助投资人开展行政报批工作。在不同的项目建设时期，全过程工程咨询单位需向不同的相关部门进行行政报批,内容主要包括:建设项目选址意见书、建设用地规划许可证、建设工程规划许可证、建设工程施工许可证等。建设项目行政审批各参与方工作职责见表3-2。

表3-1　不同地区全过程工程咨询收费标准

序号	地区	计费方式
1	江苏省	(1)分项计算后叠加 (2)建设单位对项目管理咨询企业提出并落实的合理化建议,应当按照相应节省投资额或产生的效益的一定比例给予奖励,奖励比例在合同中约定
2	浙江省	(1)各项专业服务费用可分别列支 (2)以基本酬金加奖励的方式,鼓励建设单位对全过程工程咨询企业提出并落实的合理化建议按照节约投资额的一定比例给予奖励,奖励比例由双方在合同中约定 (3)全过程工程咨询服务费的计取应尽可能避免采用可能将全过程工程咨询企业的经济利益与工程总承包企业的经济利益一致化的计费方式
3	福建省	(1)分项计算后叠加 (2)可探索基本酬金加奖励的方式,鼓励建设单位按照节约投资额的一定比例对全过程工程咨询企业提出的合理建议给予奖励
4	广东省	(1)根据委托的内容分项叠加计算 (2)可探索基本酬金加奖励
5	四川省	(1)分项计算后叠加,或采用人工计时单价取费 (2)对咨询企业提出并落实的合理化建议,建设单位应当按照相应节省投资额或产生的经济效益的一定比例给予奖励

表3-2　建设项目行政审批各参与方工作职责

阶段	序号	工作内容及成果	编制	审核	确认	申报	核准/审批/备案
决策阶段	1	项目建议书	专业咨询工程师	总咨询师	投资人	投资人/全过程工程咨询单位	投资主管部门
	2	建设项目选址意见书	专业咨询工程师	总咨询师	投资人	投资人/全过程工程咨询单位	城市规划行政主管部门
	3	环境影响评价报告	专业咨询工程师	总咨询师	投资人	投资人/全过程工程咨询单位	环境保护行政主管部门
	4	节能评估报告	专业咨询工程师	总咨询师	投资人	投资人/全过程工程咨询单位	管理节能工作的部门
	5	可行性研究报告	专业咨询工程师	总咨询师	投资人	投资人/全过程工程咨询单位	投资主管部门
	6	建设用地规划许可证	专业咨询工程师	总咨询师	投资人	投资人/全过程工程咨询单位	城市规划行政主管部门
设计阶段	7	初步设计	专业咨询工程师	总咨询师	投资人	投资人/全过程工程咨询单位	建设行政主管部门
	8	工程概算	专业咨询工程师	总咨询师	投资人	投资人/全过程工程咨询单位	投资主管部门/财政部门
	9	施工图设计	专业咨询工程师	总咨询师	投资人	投资人/全过程工程咨询单位	建设行政主管部门
	10	建设工程规划许可证	专业咨询工程师	总咨询师	投资人	投资人/全过程工程咨询单位	城市规划行政主管部门

（续）

阶段	序号	工作内容及成果	编制	审核	确认	申报	核准/审批/备案
发承包阶段	11	政府投资工程建设项目招标	专业咨询工程师	总咨询师	投资人	投资人/全过程工程咨询单位	建设行政主管部门
	12	政府投资工程建设项目招标方案	专业咨询工程师	总咨询师	投资人	投资人/全过程工程咨询单位	投资主管部门
实施阶段	13	建设工程施工许可证	专业咨询工程师	总咨询师	投资人	投资人/全过程工程咨询单位	建设行政主管部门
	14	建设工程施工合同	专业咨询工程师	总咨询师	投资人	投资人/全过程工程咨询单位	建设行政主管部门
	15	建设工程质量监督文件	专业咨询工程师	总咨询师	投资人	投资人/全过程工程咨询单位	建设行政主管部门
	16	建设工程安全监督文件	专业咨询工程师	总咨询师	投资人	投资人/全过程工程咨询单位	建设行政主管部门
竣工阶段	17	建设工程竣工验收报告	专业咨询工程师	总咨询师	投资人	投资人/全过程工程咨询单位	建设行政主管部门
运营阶段	18	项目后评价报告	专业咨询工程师	总咨询师	投资人	投资人/全过程工程咨询单位	投资主管部门
	19	项目绩效评价报告	专业咨询工程师	总咨询师	投资人	投资人/全过程工程咨询单位	财政部门

第二节 决策阶段工程咨询

一、决策阶段工程咨询内容

建设项目决策阶段需要确定建设项目宏观目标和具体目标，宏观目标是项目建设对国家、地区、部门或行业要求达到的整体发展目标所产生的积极影响和作用；具体目标就是项目建设要达到的直接效果。此阶段工程咨询内容主要包括项目建议书、可行性研究和投资估算。

决策阶段参与主体主要包括投资人、运营人、全过程工程咨询单位、政府相关行政审批部门等。决策成果文件由全过程工程咨询单位专业咨询工程师编制，总咨询师审核，由投资人确认后向政府相关行政审批部门报批，最后由政府相关行政审批部门审批或备案。

二、项目建议书

项目建议书（或称为初步可行性研究报告）是期望建设某一具体项目的建议文件，是基本建设程序中最初阶段的工作，是投资决策前对拟建项目的轮廓设想，其主要作用是论述一个拟建项目建设的必要性、条件的可行性和获得的可能性，供投资人或建设管理部门选择并确定是否进行下一步工作。

1. 项目建议书的内容

项目建议书一般应包含以下内容：

1）总论：包括项目提出的背景和概论，以及问题与建议。

2）市场预测：包括预测产品在国内、国际市场的市场容量及供需情况，初步选定目标市场，价格走势初步预测，识别有无市场风险。

3）资源条件评价：包括资源可利用量；资源品质情况；资源赋存条件；资源开发价值。

4）建设规模与产品方案：包括初步确定建设规模及理由和主要产品方案。

5）场址选择：包括场址所在地区选择（规划选址）、场址初步比选、绘制场址地理位置示意图。

6）技术设备工程方案：包括技术方案、主要设备初步方案和主要建筑物、构筑物初步方案。

7）原材料、燃料供应方案。

8）总图运输与公用辅助工程：包括列出项目构成、绘制总平面布置图和主要的公用工程方案。

9）环境影响评价：包括环境条件调查、影响环境因素分析、环境保护初步方案。

10）组织机构与人力资源配置：主要包括估算项目所需人员数量。

11）项目实施进度：主要包括初步确定建设工期。

12）投资估算：主要包括初步估算项目建设投资和流动资金。

13）融资方案：包括资本金和债务资金的需要数额及来源设想。

14）财务评价：包括营利能力分析、偿债能力分析和非营利项目财务评价。

15）国民经济评价与社会评价：包括初步计算国民经济效益和费用、经济内部收益率和以定性描述为主的社会评价。

16）风险分析：包括初步识别主要风险因素和初步分析风险影响程度。

17）研究结论与建议：包括概括提出项目建设的必要性，在哪建、建什么、建多大、何时建、谁来运营、有何风险、有何收益等，提出是否可以进行下一步工作的明确意见和建议，并针对需要进一步研究解决的问题，提出措施和建议。

18）附图、附表、附件。

2．项目建议书的编制程序

由全过程工程咨询单位专业咨询工程师收集资料、勘查现场后，编制项目建议书，总咨询师负责审核，投资人确认，然后由投资人或全过程工程咨询单位向投资主管部门申报项目建议书。

3．注意事项

1）要充分了解国家、地方的相关法规、政策，结合行业实际，使项目建设目标符合国家、地区、行业的规划要求。

2）要通过广泛的考察、调研，资料数据一定要准确、可靠，依据行业标准，结合项目特点及相关规定进行编制。

三、项目可行性研究

项目可行性研究一般是在项目建议书的基础上，详细地对在哪建、建什么、建多大、何时建、如何实施、如何规避风险、谁来运营、产生什么社会效益和经济效益等问题进行分析研究。它是建设项目决策分析和评价阶段的重要工作，也是投资决策的依据。

1. 项目可行性研究的内容

项目可行性研究的内容主要包括可行性研究报告（包括确定投资目标、风险分析、建设方案等），评估报告（包括环境影响评价、项目安全评价、社会稳定风险评价、节能评估、地质灾害危险性评估、交通影响评价、水土保持方案等）。

2. 项目可行性研究的编制程序

可行性研究报告或评估报告，均由全过程工程咨询单位专业咨询工程师根据相关规定，收集资料、踏勘现场，填写相关表格，编制项目可靠性研究报告或评估报告，由总咨询师负责审核，投资人予以确认，再由投资人或全过程工程咨询单位向投资主管部门申报，在投资主管部门审批或备案后，方可实施。

3. 编制的具体内容及注意事项

（1）可行性研究报告　可行性研究报告包括以下具体内容：

1）总论：包括项目提出的背景与概况、可行性研究报告编制的依据、项目建设条件、问题与建议。

2）市场预测：包括市场现状调查、产品供需预测、价格预测、竞争力与营销策略、市场风险分析。

3）资源条件评价：包括资源可利用量、资源品质情况、资源赋存条件、资源开发价值。

4）建设规模与产品方案：主要包括建设规模与产品方案构成、建设规模与产品方案的比选、推荐的建设规模与产品方案、技术改造项目推荐方案与原企业设施利用的合理性。

5）场址选择：包括场址现状及建设条件描述、场址方案比选、推荐的场址方案、技术改造项目现有场址的利用情况。

6）技术设备工程方案：包括技术方案选择、主要设备方案选择、工程方案选择、技术改造项目技术设备方案与改造前比较。

7）原材料、燃料供应：包括主要原材料供应方案选择和燃料供应方案选择。

8）总图运输与公用辅助工程：主要包括总图布置方案、场内外运输方案、公用工程与辅助工程方案、技术改造项目与原企业设施的协作配套。

9）节能措施：包括节能设施和能耗指标分析。

10）节水措施：包括节水设施和水耗指标分析。

11）环境影响评价：包括环境条件调查、影响环境因素分析、环境保护措施、技术改造项目与原企业环境状况比较。

12）劳动安全卫生与消防：包括危险因素和危害程度分析、安全防范措施、卫生保健措施、消防措施。

13）组织机构与人力资源配置：包括组织机构设置及其适应性分析、人力资源配置、员工培训。

14）项目实施进度：包括建设工期、实施进度安排、技术改造项目的建设与生产的衔接。

15）投资估算：包括投资估算范围与依据、建设投资估算、流动资金估算等。

16）融资方案：包括融资组织形式选择、资本金来源选择与筹措、债务资金筹措、融资方案分析。

17）财务评价：包括财务评价基础数据与参数选取、销售收入与成本费用估算、财务评价报表、盈利能力分析、偿债能力分析、不确定性分析、财务评价结论。

18）国民经济评价和社会评价：包括国民经济效益和费用计算、国民经济评价指标和社会评价。

19）风险分析：包括风险因素识别、风险评估方法和风险防范对象。

20）研究结论与建议：包括推荐方案总体描述、推荐方案的优缺点描述、主要对比方案、结论与建议。

21）附图、附表、附件。

注意事项：

1）可行性研究报告的深度应达到要求：内容齐全、数据准确、论据充分、结论明确，以满足决策者定方案、定项目的需要；报告中选用的主要设备规格、参数应能满足预订货的要求；重大技术、财务方案应有两个以上方案的比选；对投资和成本费用的估算应采用分项详细估算；应附有供评估、决策审批所必需的合同、协议和城市规划、土地使用、资源利用、节约能源、环境保护、水土保持等相关主管部门的意见、出具相应行政许可文件。

2）不同行业的可行性研究报告侧重点：不同行业的项目性质、建设目的及其作用对社会的各种影响差异甚大，研究分析方法、技术、各种经济技术指标也不同，并且即使同一行业的项目仍然会存在不同层次的差异性。

（2）环境影响评价　建设项目环境影响评价的作用是通过评价查清项目拟建地区的环境质量现状，针对项目的工程特点和污染特征，预测项目建成后对当地环境可能造成的不良影响及其范围和程度，从而制定避免污染、减少污染和防止生态环境恶化的对策，为项目选址、空间布局、方案制定和优化提供科学依据。

根据《中华人民共和国环境影响评价法》的规定，除重大项目外，环境影响评价虽不作为建设项目立项的前置审批条件，但建设项目的环境影响评价文件未依法经审批部门审查或审查未予批准的，建设单位不得开工建设。

1）环境影响评价的内容：根据《建设项目环境影响评价分类管理名录》的相关规定，同时结合项目的性质、规模以及可能对环境造成的影响，由专业咨询工程师编制建设项目的环境影响报告书、环境影响报告表或者环境影响登记表等环境影响评价文件。

① 建设项目的环境影响报告书的内容：包括建设项目概况，建设项目周围环境现状，建设项目对环境可能造成影响的分析、预测和评估，建设项目环境保护措施及其技术、经济论证，建设项目对环境影响的经济损益分析，对建设项目实施环境监测的建议，环境影响评价的结论。

② 建设项目的环境影响报告表（登记表）的内容：包括建设项目基本情况，建设项目所在地自然环境、社会环境简况，环境质量现状，评价适用标准，建设项目工程分析，项目主要污染物产生及预计排放情况，环境影响分析，建设项目拟采取的防治措施及预期治理效果，结论与建议。

2）注意事项：

① 严格按照生态环境部《建设项目环境影响评价技术导则　总纲》（HJ2.1—2016）规定的建设项目环境影响报告书编制要求进行编制。

② 环境影响报告表应采用规定格式。

③ 环境影响报告书（表）内容涉及国家秘密的，按国家涉密管理有关规定处理。

（3）项目安全评价 建设项目安全评价是指建设项目从安全角度是否符合当地规划，选址与周边的安全距离是否符合要求，采用的建筑结构、工艺设备，以及采取的安全应对措施是否符合要求，安全监管部门是否批准项目的建设。

建设项目安全评价按照实施阶段的不同分为安全预评价、安全验收评价和安全现状评价，在决策阶段主要进行安全预评价。

安全预评价是指根据相关资料，辨识与分析建设项目、工业园区、生产经营活动潜在的危险、有害因素，确定其与安全生产法律法规、标准、规范的符合性，预测发生事故的可能性及其严重程度，提出科学、合理、可行的安全对策措施建议，做出安全评价结论的活动。

1）安全预评价报告的内容：主要包括安全预评价报告的目的，列出有关的法律法规、标准、规范和评价对象被批准设立的相关文件等安全预评价的依据，评价对象的选址、总图及平面布置、水文情况、地质条件、生产规模、工艺流程、功能分布、主要设施、设备、主要原材料、产品、技术指标、人流、物流等概况，列出辨识与分析危险、有害因素的依据，阐述辨识与分析危害、有害因素的过程以及划分评价单元的原则、分析过程等，列出选定的评价方法、安全对策措施建议的依据、原则、内容，做出评价结论。

2）注意事项：

① 安全预评价报告的文字应简洁、准确，可采用图表，便于评价过程和结论清楚明了。

② 评价报告内容应全面，条理应清楚，数据应完整，提出建议应可行，评价结论应客观公正。

③ 评价报告内容应包括评价对象的基本情况、评价范围和评价重点、安全评价结果及安全管理水平、安全对策意见和建议等。

（4）项目社会稳定风险评价 项目社会稳定风险评价应当作为项目可行性研究报告的重要内容并设独立篇章。

1）项目社会稳定风险评价的主要内容：包括风险调查、风险识别、风险估计、风险防范与化解措施制定、风险等级判断。

① 风险调查：社会稳定风险调查应围绕拟建项目建设实施的合法性、合理性、可行性、可控性等方面展开，调查范围应覆盖所涉及地区的利益相关者，充分听取、全面收集群众和各利益相关者的意见，包括合理和不合理、现实和潜在的诉求等。

② 风险识别：在风险调查的基础上，针对利益相关者不理解、不认同、不满意、不支持的方面，或在建成后可能引发不稳定事件的情形，全面、全程查找并分析可能引发社会稳定风险的各种风险因素。

③ 风险估计：根据各项风险因素的成因、影响表现、风险分布、影响程度、发生可能性，找出主要风险因素，剖析引发风险的直接和间接原因，采用定性和定量相结合的方法估计出主要风险因素的风险程度。预测和估计可能引发的风险事件及其发生的概率。

④ 风险防范与化解措施制定：按照我国社会稳定风险分析（评估）的要求，在识别出社会风险并进行风险评估后，要针对主要风险因素，阐述采用的风险防范、化解措施策略，明确风险防范、化解的目标，提出落实措施的责任主体，协助单位、防范责任和具体工作内容，明确风险控制的节点和时间，真正把项目社会稳定风险化解在萌芽状态，最大限度减少

不和谐因素。

⑤ 风险等级判断：对研究提出的风险防范、化解措施的合法性、可行性、有效性和可控性进行分析，根据分析结果预测各主要风险因素可能变化的趋势和结果，结合预期可能引发的风险事件和造成负面影响的程度等，综合判断项目落实风险防范、化解措施后的风险等级。一般风险等级为高、中、低三级。

2）注意事项：

① 项目社会稳定风险评估报告评估要点：拟建项目建设实施的合法性、合理性、可行性、可控性；风险因素变化的合理性；风险调查的全面性；风险因素识别的全面性和准确性；风险调查结果的真实性和可信性；风险防范、化解措施的合法性、系统性、完整性、全面性、合理性、有效性；主要风险因素的完整性；责任主体的明确性；风险等级评判的方法、评估标准的选择的合适性。

② 项目社会稳定风险评估报告是否完整，依据是否充分，结论是否实事求是和具有可行性。

（5）节能评估　节能评估是指根据国家有关节能法规、标准，对投资项目的能源利用是否科学合理进行分析评估。根据 2016 年国家发展和改革委员会《固定资产投资项目节能审查办法》（国家发展和改革委员会令第 44 号）的相关规定，固定资产投资项目节能审查意见是项目开工建设、竣工验收和运营管理的重要依据。政府投资项目，建设单位在报送项目可行性研究报告前，需取得节能审查机关出具的节能审查意见。企业投资项目，建设单位需在开工建设前取得节能审查机关出具的节能审查意见。未按规定进行节能审查，或节能审查未通过的项目，建设单位不得开工建设，已经建成的不得投入生产、使用。

1）节能评估的主要内容：

① 评估依据：主要包括相关法律、法规、规划、行业准入条件、产业政策，相关标准及规范，节能技术、产品推荐目录，国家明令淘汰的用能产品、设备、生产工艺等目录，以及相关工程资料和技术合同等。

② 项目概况：建设单位基本情况、项目基本情况、项目用能情况。

③ 项目建设方案的节能评估：项目选址、总平面布置对能源消费的影响；项目工艺流程、技术方案对能源消费的影响；主要用能工艺和工序，及其能耗指标和能效水平；主要耗能设备，及其能耗指标和能效水平；辅助生产和附属生产设施及其能耗指标和能效水平。

④ 分析和比选：包括总平面布置、生产工艺、用能工艺、用能设备和能源计量器具等方面。

⑤ 选取节能效果好、技术经济可行的节能技术和管理措施。

⑥ 项目能源消费量、能源消费结构、能源效率等方面的分析。

⑦ 对所在地完成能源消耗总量和强度目标、煤炭消费减量替代目标的影响等方面的分析评价。

2）注意事项：

① 固定资产投资项目节能审查由地方节能审查机关负责。

a. 国家发展和改革委员会核报国务院审批以及国家发展和改革委员会审批的政府投资项目，建设单位在报送项目可行性研究报告前，需取得省级节能审查机关出具的节能审查意见。国家发展和改革委员会核报国务院核准以及国家发展和改革委员会核准的企业投资项目，建设单位需在开工建设前取得省级节能审查机关出具的节能审查意见。

b. 年综合能源消费量5000吨标准煤以上（改扩建项目按照建成投产后年综合能源消费增量计算，电力折算系数按当量值）的固定资产投资项目，其节能审查由省级节能审查机关负责。其他固定资产投资项目，其节能审查管理权限由省级节能审查机关依据实际情况自行决定。

c. 年综合能源消费量不满1000吨标准煤，且年电力消费量不满500万kW·h的固定资产投资项目，以及用能工艺简单、节能潜力小的行业（具体行业目录由国家发展和改革委员会制定并公布）的固定资产投资项目应按照相关节能标准、规范建设，不再单独进行节能审查。

② 项目节能审查条件：节能评估依据的法律法规、标准规范、政策等准确适用；项目用能分析客观准确、方法科学、结论准确；节能措施合理可行；项目的能源消费量和能效水平能够满足本地区能源消耗总量和强度"双控"管理要求等。

（6）地质灾害危险性评估　地质灾害危险性评估是指在查明各种致灾地质作用的性质、规模和承灾对象社会经济属性的基础上，从致灾体稳定性和致灾体与承灾对象遭遇的概率分析上入手，对其潜在的危险性进行客观评价，开展包括现状评估、预测评估、综合评估、建设用地适宜性评价及地质灾害防治措施建议等。

根据《地质灾害防治条例》（国务院令第394号）和《关于加强地质灾害危险性评估工作的通知》（国土资发【2004】69号）的相关规定，在地质灾害易发区内进行项目建设应当在可行性研究阶段进行地质灾害危险性评估，并将评估结果作为可行性研究报告的组成部分；可行性研究报告未包含地质灾害危险性评估结果的，不得批准其可行性研究报告。地质灾害危险性评估应按照有关规定组织专家审查，并按规定备案，其成果方可提交立项、用地审批使用。

1）地质灾害危险性评估的主要内容：

① 收集气象水文、地形地貌、水文地质、工程地质、环境地质、区域地质、地震等资料及工程建设初步设计图或规划图，确定评估范围与等级。对地质环境条件复杂，已有资料不能满足地质灾害危险性评估要求时，应根据具体情况进行必要的钻探和物探工作。

② 在收集和分析资料的基础上，通过踏勘和地质环境与地质灾害调查，了解评估区的气象水文、地形地貌、地层岩石、地质构造、水文地质、岩土性质和地质灾害发育现状及对拟建工程的影响，判定地质环境的复杂程度，进行地质灾害现状评估。

③ 综合分析研究工程项目特征和评估区地质环境条件，研究工程建设与地质环境的相互影响，对工程建设可能引发或加剧和工程建设本身可能遭受的地质灾害进行预测评估。

④ 依据现状评估和预测评估结果，分区段划分出危险性等级，进行地质灾害危险性综合分区评估，评估建设场地用地适宜性，提出地质灾害防治措施和建议。

2）注意事项：

① 评估范围：地质灾害危险性评估范围，不应局限于建设用地和规划用地范围内，应根据拟建项目的特点、地质环境条件和地质灾害的影响范围予以确定。

② 评估等级：根据《地质灾害危险性评估规范》（GB/T 40112—2021）的规定，按照地质环境条件复杂程度与建设项目重要性划分为一级、二级、三级。

③ 提交危险性评估报告书：地质灾害危险性一级、二级评估提交危险性评估报告书，

三级评估提交危险性评估说明书。

④ 地质灾害危险性评估报告书包括的内容有：征地地点及范围，项目类型及平面布置图，评价工作级别的确定，地质环境条件，地质灾害类型及特征，工程建设诱发、加剧地质灾害的可能性，工程建设本身可能遭受地质灾害的危险性，综合评估与防治措施，结论与建议。

（7）交通影响评价　建设项目交通影响评价是通过分析拟建项目对周边交通系统运行的影响，对项目选址、规模、规划设计方案在交通方面的合理性进行分析和评价，并提出改善措施，帮助规划、建设、交通管理等相关部门在土地开发管理审批程序的最后阶段进行交通与土地利用协调的决策。

1）交通影响评价的主要内容：

① 建设项目概况：包括建设项目主要规划设计条件、主要技术经济指标和业态、建设方案等。

② 评价范围与年限。

③ 评价范围现状与规划情况。

④ 现状交通分析：包括交通调查方案的说明，现状交通运行状况的评价。

⑤ 交通需求预测：对各评价年限、各评价时段的背景交通和项目新生成交通进行预测，分析评价范围内交通系统的交通量分布和运行特征。

⑥ 交通影响程度评价：评价范围内主要交通问题分析、根据交通系统供需分析和交通影响程度评价，提出评价范围内交通系统存在的主要交通问题；评价建设项目新生成交通需求对评价范围内交通系统运行的影响程度。评价对象应包括范围内各种交通系统，包括机动车、公共交通、停车、自行车和行人等。

⑦ 交通系统改善措施与评价。

⑧ 结论及建议。

⑨ 图纸、图表、附件。

2）注意事项：

① 交通影响评价的原则：一是建立合理的土地开发与交通系统之间的匹配关系，落实"以人为本"的交通发展策略。二是在交通设施布局与交通运行组织上，坚持公共交通优点，突出交通的集约与节约，落实国家关于优先发展公共交通的政策，形成与公共交通发展密切配合的土地开发模式。三是坚持以人为本的设计思想，统筹考虑建设项目交通生成中的机动车交通与公共交通、自行车、行人等多种方式的出行需求，避免完全以机动车交通为核心，而忽略对公交和慢行交通的评价。

② 交通影响评价应根据用地类型、建筑物使用性质和交通出行特征，对建设项目进行分类。一般分为大、中、小三类。对于城市和镇通过分类调查确定不同类别建设项目的出行率等出行参数，再根据本地交通系统状况以及建设项目分类、区位和规模，确定本地建设项目交通影响评价启动阈值。建设项目规模或指标达到或超过规定的交通影响评价启动阈值时，应进行交通影响评价。

③ 交通影响评价应与建设项目方案设计同步或提前进行。

④ 在确定交通影响分析的研究范围时，一是在预测项目开发后产生的交通量时，需要考虑新的交通增长源的分布范围；二是新增交通量对周边道路交通设施的影响范围。

（8）水土保持方案 水土保持方案是指建设项目对自然因素和人为活动造成水土流失，所采取的预防和治理措施。建设项目在动工前，建设单位应向行政主管部门及其水土保持监督管理机构提交防止因建设活动造成水土流失的方案。

根据《生产建设项目水土保持技术标准》（GB 50433—2018）的规定，开发建设项目在项目建议书阶段应有有关水土保持内容的章节；在可行性研究阶段（或项目核准前）必须编报水土保持方案，且达到可行性研究深度，在可行性研究报告中应有有关水土保持内容的章节；在初步设计阶段应根据批准的水土保持方案和有关技术标准，进行水土保持初步设计，工程的初步设计应有水土保持的内容；在施工图设计阶段应进行水土保持施工图设计。

水土保持方案分为水土保持方案报告书和水土保持方案报告表。凡征占地面积在 1hm^2 以上或者挖填土石方总量在 1 万 m^3 以上的开发建设项目，应当编报水土保持方案报告书；其他开发建设项目应当编报水土保持方案报告表。

1）水土保持方案报告书的主要内容：

① 综合说明：综合说明的内容包括主体工程的概况、方案设计深度及方案设计水平年，项目所在地的水土流失重点防治区划分情况、防治标准执行等级，主体工程水土保持分析评价结论，水土流失防治责任范围及面积，水土流失预测结果，水土保持措施总体布局、主要工程量。水土保持投资估算及效益分析，结论与建议，水土保持方案特性表。

② 水土保持方案编制总则：方案编制的目的与意义、编制依据、水土流失防治的执行标准、指导思想、编制原则、设计深度和方案设计水平率。

③ 项目概况：项目基本情况、项目组成及总体布置、施工组织、工程征占地、土石方量、工程投资、进度安排、拆迁安置等情况。

④ 建设项目区情况：项目所在区域自然条件、社会经济、土地利用情况、水土流失现状及防治情况。

⑤ 主体工程水土保持分析与评价：包括工程选址的制约性因素分析与评价，主体工程方案比选与评价，主体工程占地类型、面积和占地性质的分析和评价，主体工程土石方平衡、弃土（石、渣）场、取料场的布置、施工方法与工艺等评价，主体工程设计的水土保持分析与评价，工程建设与生产对水土流失的影响因素分析，结论性意见、要求与建议。

⑥ 防治责任范围及防治分区。

⑦ 水土流失预测。

⑧ 防治目标及防治措施布设。

⑨ 水土保持监测。

⑩ 投资估算及效益分析。

⑪ 实施保障措施。

⑫ 结论及建议。

⑬ 附图、附表、附件。

2）水土保持方案报告表的内容：主要包括项目简述、项目区概述、产生水土流失的环节分析，防治责任范围，措施设计及图纸，工程量及进度、投资，实施意见等。

3）注意事项：

① 水土保持方案应符合有关法律、法规和规范性文件的规定。

② 水土流失防治责任范围须明确。

③ 水土流失防治措施合理、有效，与周边环境相协调，并达到主体工程设计深度。

④ 水土保持监测的内容和方法得当。

四、项目决策阶段投资估算

投资估算是指在项目决策阶段，依据现有的资料和特定的方法对建设项目的投资数额进行的估计。它是项目建设前期编制项目建议书和可行性研究报告的重要组成部分，是项目决策的重要依据之一。投资估算的准确与否不仅影响到可行性研究工作的质量和经济评价结果，也直接关系到下一阶段的设计概算和施工图预算的编制，对建设项目资金筹措方案有直接的影响。

1. 投资估算编制依据

1)《建设项目经济评价方法与参数》（第 3 版）。

2)《投资项目可行性研究指南 （试行版)》。

3) 有关主管部门发布的建设工程造价费用构成、估算指标、计算方法，以及其他有关工程造价的文件。

4) 拟建项目的建设方案确定的各项工程建设内容及工程量。

5) 拟建项目所需的设备、材料的市场价格。

6) 类似工程的投资估算等。

2. 投资估算的内容

建设项目总投资包括建设投资、土地使用费和流动资金，如图 3-5 所示。

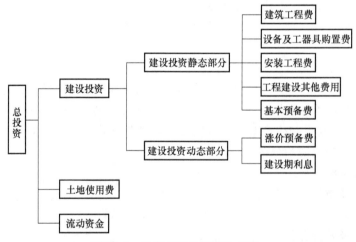

图 3-5　建设项目总投资构成图

建设投资分为静态部分和动态部分。静态部分由建筑工程费、设备及工器具购置费、安装工程费、工程建设其他费用和基本预备费构成。动态部分由涨价预备费和建设期利息构成。

建筑工程费是指为建造永久性建筑物和构筑物所需要的费用。

设备及工器具购置费，包括设备的购置费、现场制作非标准设备费、生产家具用具购置费。

安装工程费，包括各种机电设备装配和安装工程费用。

工程建设其他费用包括建设单位管理费、勘察设计费、建设单位临时设施费、工程监理费、研究试验费、引进技术和进口设备其他费用、联合试运转费、专利及专有技术费、生产职工培训费、办公及生活家具购置费等。工程建设其他费用所包括的科目，可能因项目不同而有所不同，其费用的确定一般按各项费用科目的费率或者取费标准估算。

基本预备费是指在项目实施中可能发生难以预料的支出，需要事先预留的费用，又称不可预见费。

涨价预备费是指在项目建设期内可能发生材料、设备、人工等价格上涨引起投资增加的费用。

建设期利息是指项目借款在建设期内发生并计入固定资产的利息。

流动资金是指生产经营性项目投产后，为进行正常生产运营，用于购买原材料、燃料，支付工资及其他经营费用等所需的周转资金。

3. 投资估算的编制

（1）估算单项工程费用　单项工程费用包括建筑工程费、设备及工器具购置费、安装工程费。

1）建筑工程费的估算可采用单位建筑工程投资估算法、单位实体工程量投资估算法和概算指标投资估算法中的任一种方法进行估算。

2）设备及工器具购置费估算应根据项目主要设备及价格、费用资料编制。

3）安装工程费估算一般采取概算法或类似工程投资系数法进行估算。

（2）估算工程建设其他费用及基本预备费

1）工程建设其他费用按各项费用科目的费率或取费标准估算。

2）基本预备费是以建筑工程费、设备及工器具购置费、安装工程费及工程建设其他费用之和为计算基数，乘以基本预备费率来进行估算。

（3）估算涨价预备费、建设期利息和流动资金

1）涨价预备费同基本预备费的估算方法。

2）建设期利息估算，通常假定贷款均在每年的年中支出，贷款第一年按半年计息，其余各年按全年计息。

3）流动资金估算应依据项目特点和行业实际进行估算。

4. 注意事项

（1）投资估算精度要求

1）工程内容和费用构成完整、计算合理，不重复，不漏项，不提高或降低估算标准。

2）选用指标与具体工程之间存在标准或者条件差异时，应进行必要的换算或者调整。

3）投资估算精度应能满足控制初步设计概算的要求。

（2）投资估算的目标

在总目标确定的情况下，要结合全生命周期成本最优原则、可实施性原则，利用价值工程合理分解各分目标，从而达到限额设计之目的。

第三节　设计阶段工程咨询

建设项目设计阶段工程咨询，是在决策阶段形成的咨询成果（包括项目建议书、可行

性研究报告、投资估算）和投资人进一步要求的基础上，对拟建项目进行分析、论证，项目勘察、设计文件和提供相关的业务咨询。其内容主要包括项目勘察、项目设计及设计阶段造价管控咨询。

一、项目勘察

项目勘察主要为工程勘察，它是根据建设工程法律法规的要求，查明、分析、评价拟建项目建设场地的地质地理环境特征和岩土工程条件，编制建设工程勘察文件的活动。工程勘察工作内容包括制订勘察任务书和组织勘察咨询服务，如工程测量、岩土工程勘察、设计、治理、监测，水文地质勘察，环境地质勘察等；出具的工程勘察文件主要指岩土工程勘察报告及相关的专题报告。

1. 勘察任务书的编制

（1）勘察任务书的内容

1）勘察任务书的拟定，应把地基、基础与上部结构作为互相影响的整体，并在调查研究场地工程地质资料的基础上，下达勘察任务书。

2）勘察任务书应说明工程的意图、设计阶段、要求提交勘察文件的内容、现场及室内的测试项目以及勘察技术要求等，同时应提供勘察工作所需要的各种图表资料。

3）为配合初步设计阶段进行的勘察，在勘察任务书中应说明工程的类别、规模、建筑面积及建筑物的特殊要求、主要建筑物的名称、最大荷载、最大高度、基础最大深度和重要设备的有关资料等，并向专业咨询工程师提供附有坐标的，比例为 1∶1000～1∶2000 的地形图，图上应画出勘察范围。

4）为配合施工图设计阶段进行的勘察，在勘察任务书中应说明需要勘察的各建筑物具体情况。如建筑物上部结构特点、层数、高度、跨度及地下设施情况，地面平整标高，采取的基础形式、尺寸和埋深、单位荷重或总荷重以及有特殊要求的地基基础设计和施工方案等。

（2）注意事项　勘察任务书是大中型工程项目、限额以上技术改造项目进行投资决策和转入实施阶段的法定文件，要求在编写可行性研究报告之后编制。

2. 勘察作业和文件编审

工程勘察文件是建筑地基基础设计和施工的重要依据，必须保证野外作业和试验资料的准确可靠，同时文字报告和有关图表应按合理的程序编制。勘察文件的编制要重视现场编录、原位测试和试验资料的检查校核，使之相互吻合、相互印证。

（1）勘察作业和文件编审内容

1）勘察方案内容：勘察方案由全过程工程咨询单位勘察专业咨询工程师编制，设计专业工程师审查，其内容如下：

① 钻孔位置与数量、间距是否满足初步设计或施工图设计的要求。

② 钻孔深度应根据上部荷载与地质情况确定。

③ 钻孔类别比例的控制，主要是控制性钻孔的比例和技术性钻孔的比例。

④ 勘探与取样，包括采用的勘探技术手段方法、取样方法及措施等。

⑤ 原位测试，主要包括标贯试验、重探试验、静力触探、波速测试、平板载荷试验等。在勘察方案中应明确此类测试的目的、方法、试验要求、试验数量。

⑥ 土工试验：试验的项目应满足工程设计与施工所需要的参数。

⑦ 项目组织，包括人员组织和机械设备。

⑧ 方案的经济合理性。

2）勘察作业实施：勘察专业咨询工程师按规范精心开展勘察作业，包括野外作业和室内试验，依据《岩土工程勘察规范（2009 年版）》（GB 50021—2001）的规定进行。

3）勘察文件编审内容如下：

① 勘察文件是否满足勘察任务书委托要求及合同约定。

② 勘察文件是否满足勘察文件编制深度的要求。

③ 对勘察文件进行认真复审，确保勘察文件的真实性、准确性，将问题及时反馈至勘察专业咨询工程师，并督促整改落实。

④ 检查勘察文件资料是否齐全，表述是否清晰，内容有无遗漏，是否满足设计的要求。

（2）勘察咨询服务注意事项

1）凡在国家建设工程设计资质分级标准规定范围内的建设工程项目，均应当委托勘察业务。

2）开展勘察业务须具备相应的工程勘察资质，且与其证书规定的业务范围相符，全过程工程咨询单位如没有相应资质的，应发包给具有相应资质的工程勘察单位实施。

3）勘察方案必须经报审合格后，方可实施。

二、项目设计

项目设计一般分为方案设计、初步设计和施工图设计三个阶段。

1. 方案设计

项目方案设计阶段是设计实质性的开始阶段。建筑设计方案应满足投资人的需求和编制初步设计文件的需求，同时需向当地规划部门报审。

（1）方案设计的内容

1）方案设计文件编制：根据住房城乡建设部《建筑工程设计文件编制深度规定（2016年版）》（建质函【2016】247 号）要求，在项目方案设计阶段，全过程工程咨询单位编制和交付的主要设计成果文件有设计说明书、初步设计图和其他成果，如图 3-6 所示。

2）方案设计文件审查与优化：全过程工程咨询单位应组织专家对方案设计文件进行审查和优化，其要点内容如下：

① 是否符合国家标准、规范和技术规程的要求。

② 是否响应招标要求。

③ 是否符合美观、实用及便于实施的原则。

④ 总平面图的布置是否合理，包括平面图的、立面图的、剖面图的设计情况。

⑤ 结构设计是否合理和可实施。

⑥ 公建配套设施是否合理、齐全；景观设计是否合理。

⑦ 新材料、新技术的运用情况。

⑧ 设计成果提交的承诺。

3）方案设计报审：全过程工程咨询单位应将内部审查并调整完毕的方案向当地规划部门报审。完成建筑方案报审后，方可进入初步设计阶段。

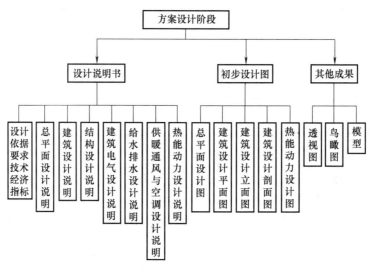

图 3-6 项目方案设计主要成果文件

（2）注意事项

1）方案设计要以满足最终投资人的需求为重点，结合使用人的需求对建筑的整体方案进行设计、评选和优选。

2）全过程工程咨询单位若无能力自行完成方案设计，可通过招标确定设计单位。

3）全过程工程咨询单位还应高度重视方案设计阶段的报批管理。

2. 初步设计

（1）初步设计的内容

1）初步设计文件编制：在项目初步设计阶段，其设计成果在深度上应符合已审定的方案设计内容，能据此确定土地征用范围、准备主要设备及材料，可以进行施工图设计和施工准备，并作为审批确定项目投资的依据。在此阶段编制和交付的主要设计成果文件有设计说明书、主要设备或材料表、有关专业设计图、工程概算书、有关专业计算书。

① 设计说明书：包括设计总说明、总平面图设计说明书、建筑设计说明书、结构设计说明书、建筑电气设计说明书、给水排水设计说明书、供暖通风与空气调节设计说明书、热能动力设计说明书、概算编制说明。

② 主要设备或材料表：包括总平面图室外工程主要材料表、建筑材料表、主要结构材料表、主要电气设备表、给水排水设备及主要材料表、供暖通风与空气调节设备表、热能动力设备表、概算编制说明。

③ 有关专业设计图：包括总平面图，以及建筑、结构、建筑电气、给水排水、供暖通风与空气调节、热能动力设计图。

④ 工程概算书：包括编制说明、建设项目总概算表、工程建设其他费用表、单项工程综合概算表、单位工程概算书。

⑤ 有关专业计算书：包括结构初步设计计算书、建筑电气初步设计计算书、给水排水初步设计计算书、供暖通风与空气调节初步设计计算书、热能动力初步设计计算书。

对于涉及建筑节能、环保、绿色建筑、人防、装配式建筑等的专业，其设计说明应有相应的专项内容。

2）初步设计文件审查与优化：在初步设计图出来后，应组织专家审查，重点审查选材是否经济，做法是否合理，节点是否详细，图纸有无错、缺、漏等，并将其意见与投资人、设计专业咨询工程师沟通协商，进行图纸修改并报当地建设主管部门审查。初步设计阶段审查的主要内容如下：

① 是否按照方案设计的审查意见进行了修改，初步设计深度是否满足编制施工图设计文件的需要。

② 是否满足消防规范的要求。

③ 初步设计文件采用的新技术、新材料是否适用、可靠。有关专业重大技术方案是否进行了技术经济分析比较，是否安全、可靠。

④ 建筑专业：建筑面积等指标是否相比可行性研究报告有大的变化；建筑功能分隔是否得到深化，总平面、楼层平面、立面设计是否深入；主要装修标准是否明确；各楼层平面是否分隔合理，有较高的平面使用系数。

⑤ 结构专业：结构体系选择是否恰当，基础形式是否合理；各楼层布置是否合理。

⑥ 设备专业：系统设计是否合理；主要设备造型是否得当、明确。

⑦ 设计概算是否控制在可行性研究批复的范围内。

（2）注意事项

1）初步设计的建设规模、建设功能、建设标准不能与可行性研究报告偏离，投资额度应控制在可行性研究报告确定的目标之内。

2）初步设计的深度是否符合要求，内容是否齐全，设计文件的份数是否满足合同的约定。

3. 施工图设计

施工图设计阶段主要是通过施工图把设计者的意图和全部设计结果表达出来，使整个设计方案得以实施。

（1）施工图设计的内容

1）施工图设计文件的编制，根据批准的初步设计、《实施工程建设强制性标准监督规定》（建设部令第 81 号）（2021 年修改）、《房屋建筑和市政基础设施工程施工图设计文件审查管理办法》（住房和城乡建设部令第 13 号）等规定，全过程工程咨询单位编制和交付工程设计成果文件包括各专业设计图、各专业计算书、工程预算书。

其中专业设计图包括总平面、建筑、结构、建筑电气、给水排水、供暖通风与空气调节、热能动力等施工图。

① 总平面施工图：包括图纸目录、设计说明、总平面图、竖向布置图、土石方图、管道综合图、绿化及建筑小品布置图、详图。

② 建筑施工图：包括图纸目录，设计说明，平面、立面、剖面图，详图等，以及明确人员出入口、逃生口的设置等。

③ 结构施工图：包括图纸目录，结构设计总说明，基础平面图、基础详图，结构平面图、钢筋混凝土构件详图，钢筋混凝土结构节点构造详图，其他图纸等。

④ 建筑电气施工图：包括图纸目录，设计说明，图例符号，电气总平面图，变、配电站设计图，配电、照明设计图，建筑设备控制原理图，防雷、接地及安全设计图、电气消防设计，智能化各系统设计，主要电气设备表。

⑤ 给水排水施工图：包括图纸目录，设计总说明，室外给水排水总平面图，室外排水管道高程表或纵断面图，水泵房平面、剖面图，水塔/箱、水池配管及详图，循环水构筑物的平面、剖面及系统图，污水处理设计，设备及主要材料表。

⑥ 供暖通风与空气调节施工图：包括图纸目录，设计总说明和施工说明，设备表，平面图，通风、空调、制冷机房平面、剖面图，系统图、立管或竖风管道图，室外管网设计深度要求。

⑦ 热能动力施工图：包括图纸目录，设计说明和施工说明以及运行控制说明，锅炉房图，其他动力站房图，室内管道图，室外管网图，设备及主要材料表。

2) 施工图设计文件审查：施工图设计文件审查分为全过程工程咨询单位自行组织的技术性及符合性审查，建设主管部门认定的施工图审查机构实施的工程建设强制性标准及其他规定内容的审查，完成审查的施工图设计文件应按建设主管部门要求进行备案。

① 全过程工程咨询单位对施工图设计文件审查内容：

a. 建筑专业：建筑面积是否符合主管部门批准意见和设计任务书的要求，总平面设计是否充分考虑了交通组织、园林景观，竖向设计是否合理；立面图、剖面图、详图是否表达清楚，门窗表是否与平面图相对应，其统计数量有无差错；建筑装饰用料标准是否合理、先进、经济、美观；消防设计是否符合规范，防水处理及楼地面做法是否合理。

b. 结构专业：主体结构布置选型是否符合初步设计，楼层结构平面梁、板、墙、柱的标注是否全面，配筋是否合理；结构设计总说明内容是否全面、准确，是否满足施工要求；基础设计是否符合初步设计确定的技术方案；基坑开挖及基坑围护方案的推荐是否合理；钢筋含量、节点处理等是否合理；结构构造要求是否交代清楚。

c. 设备专业：系统设计是否符合初步设计要求；与建筑结构专业是否有矛盾；给水管供水量及管道走向、管径是否满足最不利点供水压力需要，是否美观；排水管的走向及布置是否合理；水、电、煤、消防等设备、管线安装位置设计是否合理、美观；室内电器布置是否合理；用电设计容量和供电方式是否符合供电要求。

② 施工图审查机构对施工图审查的内容：

a. 是否符合工程建设强制性标准。

b. 地基基础和主体结构的安全性。

c. 是否符合民用建筑节能强制性标准，对执行绿色建筑标准的项目，还要审查是否符合绿色建筑标准。

d. 法律法规及有关规定必须审查的内容。

（2）注意事项

1) 施工图审查机构须具备相应资质，超限高层建筑施工图设计文件审查应当由经国务院建设行政主管部门认定的具有相应资质的审查机构承担。

2) 未经超限高层建筑工程抗震设防专项审查，建设主管部门和其他有关部门不得对超限高层建筑施工图设计文件进行审查。

3) 同一项目的工程勘察文件与施工图设计文件原则上应委托同一审查机构审查。

三、设计阶段造价管控咨询

建设项目设计阶段是决定建筑产品价值形成的关键阶段，它对建设项目的工期、工程造价、工程质量以及建成后能否产生较好的经济效益和使用效益，起到决定性的作用，因此对设计阶段进行造价管控是非常重要的。此阶段通过设计概算、限额设计和设计方案经济优化以及施工图预算实现造价管控。

1. 设计概算的编制与审核

（1）编制与审核的依据

1）国家和地方政府有关工程建设和造价管理的法律、法规和方针政策。

2）当地建设行政主管部门颁发的概算定额、指标（或综合预算定额）、估价表、工程费用定额、工期定额和相关规定等。

3）当地现行的建设工程材料价格信息。

4）国家设计规范、标准和项目的勘察文件、初步设计文件。

5）政府有关主管部门对拟建项目的批文、可行性研究报告、立项书、方案文件等；规划、用地、环保、卫生、绿化、消防、人防、抗震等要求和依据资料。

6）有关文件、合同、协议，以及有关概算编制的其他资料。

（2）设计概算编制与审核的内容

1）编制主要内容：

① 建设项目总概算及单项工程综合概算。

② 工程建设其他费用、预备费、专项费用概算。

③ 单位工程概算。

④ 在设计概算批准后，又需要调整的，须经原概算批准部门同意，编制调整概算（简称"调概"）。

2）审核的主要内容：

① 设计概算文件是否齐全，编制深度是否符合要求。

② 设计概算编制依据是否正确，建设规模、标准、投资有无超出，设备规格、数量和配置是否合理。

③ 建筑安装工程费是否多算、重算、漏算，其他费用计算是否正确。

④ 各项计价指标是否正常。

⑤ 确定的工期是否符合规定。

（3）注意事项

1）设计概算是编制建设项目投资计划、确定和控制建设项目投资、控制施工图设计和施工图预算的依据。全过程工程咨询单位对设计概算编制采取送审值与审批值差额比率的方法进行考核，明确设计总概算、单项综合概算、单位工程概算审核差额比率。

2）专业咨询工程师（造价）在编制设计概算时要充分了解设计意图，必要时到工程现场察看。

2. 限额设计

限额设计是指按照批准的可行性研究报告中的投资限额进行初步设计，按照批准的初步设计概算进行施工图设计，按照施工图预算造价（在超概算造价时）对施工图设计中相关专业设计文件进行修改调整。限额设计的目的就是在投资额度不变的条件下，实现建设项目使用功能和建设规模的最大化。

（1）限额设计的依据

1）相关法律法规、政策文件、标准规范等。

2）项目可行性研究报告、投资人需求书、勘察设计文件、决策阶段和设计阶段造价文件等。

3）投资人对工程造价、质量、工期的期望和资金充裕程度等。

（2）限额设计的内容

1）合理确定项目投资限额。

2）科学分配初步设计的投资限额。

3）按照投资限额进行初步设计。

4）合理分配施工图设计的造价限额。

（3）注意事项

1）坚持投资限额的严肃性，投资限额目标一旦确定，就不能随意变动，确需调整的必须先进行分析论证。

2）科学合理分解投资目标，确定投资限额。各设计阶段投资总限额一般以满足投资人投资目标，兼顾使用人需求进行方案设计，确定投资估算；用设计方案和投资估算指导初步设计；再用初步设计文件控制施工图设计。特别在初步设计阶段，总咨询师组织各专业咨询工程师，分析各专业和所选用不同材料设备对使用功能的影响程度，分析不同材料设备对造价影响的敏感度，根据分析结果，共同对投资总额进行合理分解，并将分解后的投资目标作为初步设计的目标。完成初步设计后，再进一步调整完善投资目标的分解，并且将调整后的投资分解作为施工图设计的限额设计目标。

3）跟踪督促限额设计的执行：各专业咨询工程师负责编制各设计专业投资核算点表，并确定各设计专业投资控制点的计划完成时间。专业咨询工程师（造价）按照投资核算点对各专业设计投资进行跟踪核算，并分析产生偏差的原因，与各专业咨询工程师（设计）互动、沟通，从而真正实现有效的限额设计。

3. 设计方案评价与优化

设计方案评价与优化是通过技术比较、经济分析和效益评价，正确处理技术先进与经济合理之间的关系，力求达到技术先进与经济合理的和谐统一。

（1）设计方案评价与优化的依据

1）国家、省市的经济和社会发展规划。

2）国家相关法律法规、政策文件、标准规范、参数和指标。

3）有关基础数据资料，包括同类项目的技术参数、指标等。

4）项目设计说明书、设计文件、项目建议书（初步可行性研究报告）和咨询合同的具体委托要求。

5）项目的投资估算、设计概算等。

（2）设计方案评价与优化的内容

1）建立评价指标和参数体系：评价指标和参数体系作为设计方案评价与优化的衡量标准，既要符合有关法律法规和标准规范的规定，又要体现拟建项目投资人和利益关系人以及社会的需求，指标和参数体系主要包括以下内容：

① 使用价值指标。

② 劳动消耗量指标。

③ 其他相关指标和参数等。

2）方案评价：

① 备选方案的筛选，剔除不可行的方案。

② 根据评价指标和参数体系，对备选方案进行全面的分析比较，要注意各个方案之间的可比性，要遵循效益与费用计算口径相一致的原则。

3）方案优化：根据设计方案评价的结果，并综合考虑项目工程质量、造价、工期、安全和环保等目标，在保证工程质量安全、保护环境的基础上，寻求全生命周期成本最低的方案。

（3）注意事项

1）设计方案评价与优化的方法有目标规划法、层次分析法、模糊综合评价法、灰色综合评价法、价值工程法和人工神经网络法等，在我国使用较多的是价值工程法。

2）设计方案评价与优化应将技术与经济相结合，结合委托人所确定的合理建设标准，采用统一的技术经济评价指标体系进行全面对比分析。

4．施工图预算的编制与审核

（1）编制与审核的依据

1）国家法律法规和相关造价管理规定等。

2）经审查批准的施工图。

3）国家、省建设行政主管部门颁发的标准、规范、标准图集。

4）现行建筑安装工程预算定额、费用定额、估价表及材料价格信息等。

5）经批准的拟建项目设计概算文件。

6）拟建项目工程地质勘察资料、施工组织设计或施工方案等。

（2）施工图预算编制与审核的内容

1）施工图预算编制的主要内容：施工图预算费用由分部分项工程费和措施项目费组成。分部分项工程费应由各子目的工程量乘以各子目的综合单价汇总而成，其中各子目的工程量应按预算定额的项目划分及其工程量计算规则计算而得，各子目的综合单价应包括人工费、材料费、机械费、管理费、利润、规费和税金。措施项目费由可计量的措施项目费和综合计取的措施项目费组成。

施工图预算成果文件包括施工图预算书封面、编制说明、单位工程施工图预算汇总表、单位工程施工图预算表等。单位工程施工图预算汇总表纵向应按土建和安装两类单位工程进行汇总，也可按照建设项目的各单项工程构成进行汇总。单位工程施工图预算表纵向按照预算定额的定额子目划分，细分到预算定额子目层级；横向可分解到序号、定额编号、工程项目（或定额名称）、单位、数量、综合单价、合价等项目。

施工图预算包括单位工程预算、单项工程预算和建设项目总预算。若干个单项工程预算汇总形成建设项目总预算，若干个单位工程预算汇总形成单项工程预算。关键是单位工程预算的编制准确与否，对建设项目投资影响较大，单位工程预算是根据单位工程施工图设计文件，现行预算定额、费用标准及人工、材料、设备、机械台班等预算价格资料，以一定方法编制而成的。

2）施工图预算审核的主要内容：包括工程列项，工程量计算，定额的使用，人工、材料、设备、机械单价的确定，以及工程相关费用的计取等。

（3）注意事项

1）工程列项是否正确，关系到施工图预算准确与否，依据施工图，结合现行定额，专业咨询工程师（造价）应做到项目编列准确无误，不多项、不重项、不错项、不漏项。

2）工程量的计算是整个预算造价计算的关键所在，全过程工程咨询单位必须严格管控，加强对编审人员的管理与考核。

3）认真做好人工、材料、设备、机械价格的确定工作。

第四节　发承包阶段工程咨询

建设项目发承包阶段即是招标投标阶段，是在前期阶段形成的咨询成果基础上进行招标策划，并通过招标投标活动，选择具有相应能力和资质的承包人，再通过合约进一步确定建设产品功能、规模、标准、投资、完成时间等，明确投资人和承包人的责权利。

一、招标策划

1. 招标策划的内容

招标策划工作的重点内容有：投资人需求分析、标段划分、招标方式选择、合同策划、招标时间安排等。

（1）投资人需求分析　通过实地调查、问卷等方法收集投资人对拟建项目质量、造价、进度、安全环境、风险等方面的需求信息，编制投资人需求分析报告。其内容包括投资人需求信息整理、工程招标范围的确定、招标方式的选择、标段划分、投标报名条件的确定、评标办法的选择。

（2）标段划分　标段划分应遵循的原则是合法合规、责任明确、经济高效、客观务实、便于操作。其考虑的因素：包括投资人内部管控能力，建设项目特点，工期与造价等投资人的要求，潜在承包人专长的发挥，工地管理，建设资金供应等。对于建设目标明确、专业复杂且需要多专业协同化的建设项目，可优先考虑工程总承包方式选择承包人。

（3）招标方式选择　全过程工程咨询单位应分析建设项目的复杂程度，项目所在地的自然条件，潜在承包人情况等，并根据国家法律法规和招标制度的规定、项目规模、发包范围以及投资人的需求，确定是公开招标还是邀请招标。

（4）合同策划　合同策划包括合同种类和合同条件选择。合同种类的基本形式有单价合同、总价合同、成本加酬金合同等。不同种类的合同，其应用条件、权利和责任的分配、支付方式，以及风险分配方式均不相同，应根据建设项目的具体情况选择合同类型。

对于合同条件的选择，投资人应选择标准招标文件中的合同条款，没有标准招标文件的，宜选用合同示范文本的合同条件，结合拟建项目招标投标目标进行适当调整。

合同策划的具体内容见本节"四、合同条款策划"。

（5）招标时间安排　制定招标工作计划既要与设计阶段计划、建设资金计划、征地拆迁计划、工期计划相呼应，还要考虑合理的招标时间间隔，特别是要考虑有关法律法规对招标时限的规定，并且要结合招标项目规模和范围，合理安排招标时间。依法必须招标的工程建设项目招标事项时限规定汇总见表3-3。

表 3-3　依法必须招标的工程建设项目招标事项时限规定汇总

序号	工作内容（事项）	时　　限
1	招标文件(资格预审文件)发售时间	最短不得少于 5 日
2	提交资格预审申请文件的时间	自资格预审文件停止发售之日起不得少于 5 日
3	递交投标文件的时间	自招标文件开始发出之日起至投标文件递交截止之日止最短不少于 20 日。大型公共建筑工程概念性方案设计投标文件编制时间一般不少于 40 日。建筑工程实施性方案设计投标文件编制时间一般不少于 45 日
4	对资格预审文件进行澄清或者修改的时间	澄清或者修改的内容可能影响资格预审申请文件编制的,应当在提交资格预审申请文件截止时间至少 3 日前发出
5	对资格预审文件异议与答复的时间	对资格预审文件有异议的,应当在提交资格预审申请文件截止时间 2 日前提出,招标人应当自收到异议之日起 3 日内做出答复,做出答复前,应当暂停招标投标活动
6	对招标文件进行澄清或者修改的时间	澄清或者修改的内容可能影响投标文件编制的,应当在提交投标文件截止时间至少 15 日前发出
7	对招标文件异议与答复的时间	对招标文件有异议的,应当在提交投标文件截止时间 10 日前提出,招标人应当自收到异议之日起 3 日内做出答复,做出答复前,应当暂停招标投标活动
8	对开标异议与答复的时间	投标人对开标有异议的,应当在开标现场提出,招标人应当当场做出答复
9	评标时间	招标人应当根据项目规模和技术复杂程度等因素合理确定评标时间。超过三分之一的评标委员会成员认为评标时间不够的,招标人应当适当延长
10	开始公示中标候选人时间	自收到评标报告之日起 3 日内
11	中标候选人公示时间	不得少于 3 日
12	对评标结果异议与答复的时间	投标人对评标结果有异议的,应当在中标候选人公示期间提出,招标人应当自收到异议之日起 3 日内做出答复。做出答复前,应当暂停招标投标活动
13	投诉人提交投诉的时间	自知道或者应当知道其权益受到侵害之日起 10 日内向有关行政监督部门投诉。异议为投诉前置条件的,异议答复期间不计算在投诉限制期内
14	对投诉审查决定是否受理的时间	收到投诉书 5 日内
15	对投诉做出处理决定的时间	受理投诉之日起 30 个工作日内;需要检验、检测、鉴定、专家评审,所需时间不计算在内
16	招标人确定中标人时间	最迟应当在投标有效期满 30 日前确定
17	向监督部门提交招标投标情况书面报告备案的时间	自确定中标人之日起 15 日内
18	招标人与中标人签订合同的时间	自中标通知书发出之日起 30 日内
19	退还投标保证金的时间	招标终止并收取投标保证金的,应及时退还;投标人依法撤回投标文件的,自收到撤回通知之日起 5 日内退还;招标人与中标人签订合同后 5 个工作日内退还

2. 注意事项

1) 项目招标策划应与项目审批配套执行, 应充分考虑审批时限对招标时间安排的影响和带来的风险，避免项目因审批尚未通过而导致招标无效，影响整个项目建设。

2）项目招标策划应对社会资源供需进行深入分析，如拟招标项目需要开挖土方和运输，如项目所在地存在土方需求的，则应考虑将开挖土方供应给临近需求者，以降低成本。

3）项目招标策划应充分评估项目建设场地的准备情况，特别需要在招标前完成土地购置和征地拆迁工作，保证现场满足"三通一平"的条件，避免招标结束后承包人无法按时进场施工，导致索赔。

4）全过程工程咨询单位在项目招标策划时，应充分考虑项目功能，未来产权划分对标段的影响。根据投资人的需要，对优先使用的功能，产权明确的项目优先安排招标和实施。

二、招标文件编制

1. 招标文件编制依据

1）国家相关法律法规、政策文件、标准规范等。

2）《标准施工招标文件（2007 年版）》和地方各专业标准施工招标文件示范文本等。

3）《建设工程招标控制价编审规程》（CECA/GC 6—2011）。

4）《建设项目全过程造价咨询规程》（CECA/GC 4—2017）。

5）项目设计图或工程相关资料，包括项目可行性研究报告、投资人需求书、投资人资金使用计划和供应情况、项目工期计划、项目建设场地供应情况和周边基础设施的配套情况等。

6）潜在承包人技术、管理能力、信用情况等。

7）材料设备市场供应能力。

8）合同示范文本。

9）招标策划书等。

2. 招标文件编制的内容

招标文件编制内容包括资格预审文件、招标文件、工程量清单、招标控制价的编制，具体内容如下：

（1）资格预审文件　资格预审文件编制内容：包括资格预审公告、申请人须知、资格审查办法（区分合格制、有限数量制）、资格预审申请文件格式、项目建设概况。

实行资格预审的项目，在发售招标文件之前，必须完成资格预审工作，此项工作包括发布资格预审公告、出售资格预审文件、资格预审文件补遗、接收申请文件、组建评审委员会以及结果公示和发出投标邀请书等。

（2）招标文件　招标文件是由投资人（或其委托的全过程工程咨询单位）编制，也由投资人发布，是投标单位编制投标文件的依据，也是投资人与下一步中标人签订工程承包合同的基础，承包人响应了招标文件的各项要求，将对招标人、承包人以及招标投标工作结束后的发承包双方都有约束力。

各类工程招标文件组成内容大致相同，一般包括：招标公告（或投标邀请书）、投标人须知、评标办法、合同条款及格式、工程量清单、图纸、技术标准和要求、投标文件格式等。其具体内容见《标准施工招标文件》（2007 年版）和《标准设计施工总承包招标文件（2012 年版）》等范本。

实际编制时，可结合工程项目特点和具体情况，也可参考相应专业管理部门颁发的有关示范文本进行编制。

（3）工程量清单 工程量清单是招标文件的组成部分，是作为招标控制价、投标报价、支付工程款、调整合同价、竣工结算和工程索赔的依据之一。

工程量清单主要包括分部分项工程项目清单、措施项目清单、其他项目清单、规费和税金项目清单。其中分部分项工程项目清单主要包括项目编码、项目名称、项目特征、计量单位和工程数量；措施项目清单包括通用措施项目、专业措施项目；其他项目清单包括暂列金额、暂估价、计日工和总承包服务费。

（4）招标控制价 招标控制价是投资人在招标工程量清单的基础上，按照计价依据和计价办法，结合招标文件、市场实际和工程具体情况编制的最高投标限价。招标控制价由分部分项工程项目清单费用、措施项目清单费用、其他项目清单费用、规费和税金项目清单费用组成。

3. 注意事项

（1）资格预审文件

1）资格预审文件不得含有倾向、限制或者排斥潜在投标人的内容。

2）资格预审文件应当根据招标项目的具体特点编制，不得脱离项目实际需要，过高设置资质、人员、业绩等条件。

3）资格审查的内容应具体、清晰、易懂、无争议，不得使用原则的、模糊的或易引起歧义的语句。

4）资格预审文件应详尽列明全部审查因素和标准，未列出的审查因素或标准不得作为资格预审的依据。

（2）招标文件

1）招标文件范本的选择应根据项目的具体特点和实际需要实行具体化。

2）科学选择和设定评标办法与评分标准，以择优竞价为原则。

3）编制拟定合同样本。

4）准确界定标段之间的接口，且标段之间的中标人和招标人的责权利应清晰明确。

（3）工程量清单

1）充分理解招标文件的招标范围，协助投资人完善设计文件。

2）踏勘现场，使得措施项目与施工现场条件相吻合。

3）工程量清单应表达清晰、准确、完整。

（4）招标控制价

1）招标控制价编制要符合国家、省、行业主管部门的规定。

2）招标控制价与招标文件、工程量清单相吻合，且符合工程项目现场实际和项目特点。

三、招标过程管理

全过程工程咨询单位对项目进行招标策划并完成招标文件编制后，需要通过一系列招标活动，完成拟建项目的招标。

1. 招标过程工作内容

（1）发布招标公告

1）在指定媒介发布招标公告（资格预审公告、公开招标公告）或向潜在投标人发出投标邀请书。

2）在规定时间和地点发售招标文件（资格预审文件）。

3）组织现场踏勘或答疑（如有时）。

4）对已发出的招标文件进行必要的澄清或者修改（如发生时，项目所在地规定需备案时应从其规定）。

5）配合有关行政监督部门对招标阶段投诉的调查，并根据处理决定依法整改（如发生时）。

6）准备开标、评标所需的资料。

（2）资格预审　资格预审申请人应在规定的截止时间报送资格预审文件。招标人（或委托全过程工程咨询单位）组织评审小组，包括经济、技术方面的专门人员对资格预审文件进行完整性、有效性及正确性的审查，最终选出合格的申请人。

（3）投标　全过程工程咨询单位在投标过程中主要负责接收投标人提交的投标文件和投标保证金等，如采用电子招标投标，形式发生改变，需遵从统一电子招标投标的规定。

（4）开标

1）开标应当在招标文件确定的提交投标文件截止时间的同一时间公开进行，开标地点应当为招标文件中预先确定的地点。采用电子招标投标的，另从规定。

2）开标时，由投标人或者其推选的代表检查投标文件的密封情况，也可以由投资人委托公证机构检查并公证；经确认无误后，由工作人员当众拆封，宣读投标人名称、投标价格和投标文件的其他主要内容。

（5）清标　针对项目的需要，全过程工程咨询单位专业咨询工程师（招标代理）在开标后、评标前，对投标报价进行分析，编制清标报告成果文件。清标报告包括清标报告编制说明、清标报告正文及相关附件。及时复核清标报告的完整性和准确性，提交总咨询师和招标人确认。

清标报告应当说明清标的内容、范围、方法、结果和存在的问题等。清标的内容一般包括：

1）计算数据的复核与整理，不平衡报价的分析与整理，错项、漏项、多项的核查与整理。

2）综合单价、取费标准合理性分析与整理。

3）投标报价的合理性和全面性分析与整理。

4）投标文件与招标文件是否响应，文字表述是否明确，是否有歧义。

（6）评标

1）全过程工程咨询单位协助招标人组建评标委员会。

2）评标委员会可以要求投标人对投标文件中含义不明确的内容做出必要的澄清或者说明，但是澄清或者说明不得超出投标文件的范围或者改变投标文件的实质性内容。

3）评标委员会应当按照招标文件确定的评标标准和方法，对投标文件进行评审和比较。完成评标，应当向招标人提出书面评标报告，并推荐中标候选人。

（7）公示　全过程工程咨询单位将按规定公示中标候选人。

（8）定标

1）根据评标委员会提出的书面评标报告和推荐的中标候选人，招标人依照招标规定确定中标人。

2）中标人确定后，招标人应当向中标人发出中标通知书，并同时将中标结果通知所有未中标的投标人。

3）中标通知书对招标人和中标人具有法律效力。

（9）签约　自中标通知书发出之日起 30 日内，招标人与中标人订立工程承包书面合同。全过程工程咨询单位应协助招标人进行合同澄清、签订合同等工作。

2．注意事项

招标过程中应注意以下事项：

1）招标文件、资格预审文件的发售、澄清、修改的时限，或者确定提交资格预审申请文件、投标文件的时限均需要符合有关招标投标法律法规的规定，不得擅自改变。

2）不得超过规定的比例收取投标保证金、履约保证金等。

3）招标人应按规定时限与中标人订立施工合同。不得在订立合同时向中标人提出附加条件。

四、合同条款策划

施工合同是保证工程施工建设顺利进行，保证投资、质量、进度、安全等各项目标顺利实现的统领性文件。

1．合同条款策划的内容

合同条款策划主要包括合同条款的拟定和条款要点分析。

（1）合同条款拟定　依据《建设工程施工合同（示范文本）》（GF—2017—0201）全过程工程咨询单位应当科学合理拟定项目合同条款。

1）合同协议书：主要包括工程概况、合同工期、质量标准、签约合同价和合同价格形式、项目经理、合同文件构成、承诺以及补充协议等。

2）通用合同条款：依据相关法律法规的规定，合同当事人就建设工程的实施及相关事项，对双方的权利义务做出原则性约定。

3）专用合同条款：根据不同建设工程的特点及具体情况，对通用合同条款原则性约定进行细化、完善、补充、修改或另行约定的条款。

4）补充合同条款：对于通用合同条款和专用合同条款未有约定的，必要时可在补充合同条款中加以约定。

（2）条款要点分析

1）承包范围以及合同签约双方的责权利需要详尽描述，不应采用高度概括的方法。

2）风险范围及分担办法：合同中必须明确风险的范围，实行合理分担风险，避免把一切风险由某一方承担。

3）进度款的控制支付：进度款的支付条款应明确支付的条件、依据、比例、时间、程序等。

4）工程价款的调整、变更签证的程序及管理：合理设置人工、材料、设备价差的调整方法，明确变更签证价款的结算和支付条件。

2. 注意事项

合同条款策划应注意以下事项：

1）合同条款策划要符合合同的基本原则，体现合法、公正、风险共担，还要有利于双方互利合作，确保高效实现目标。

2）合同条款策划应保证项目实施过程的系统性、协调性和可实施性。

3）合同承包范围应清晰，合同主体和利益相关方权利义务明确。

五、工程总承包模式的发承包咨询

工程总承包模式是由承包人承担工程项目的勘察、设计、采购、施工、试运行等全过程的工作，也是国际上常用的工程项目发承包模式之一。

1. 工程总承包模式发承包介入时点选择和影响要素分析

投资人可以根据项目的特点，在可行性研究、方案设计或者初步设计完成后，按照确定的建设规模、建设标准、投资限额、工程质量和进度要求等进行工程总承包项目发包。工程总承包招标介入时点如图 3-7 所示。选择的要求是以保证发承包双方有充分准备，以及招标流程的顺利实施。

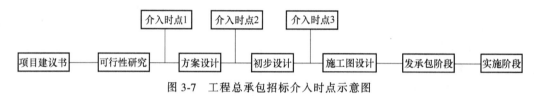

图 3-7　工程总承包招标介入时点示意图

工程总承包项目在招标过程中选择的介入时点不同，对应的项目准备工作就不同。这一方面表现在工程项目的基本建设程序上，另一方面表现在项目自身的要求上。根据各地和各行业的项目实施经验，项目所属行业规范成熟度、项目自身特点、投资人控制能力和承包人管理能力是影响工程总承包模式介入时点的重要因素。

（1）行业规范成熟度对介入时点选择的影响　从各地实施工程总承包相关管理办法来看，主要有时点 1 和时点 2。特别是生产类（工业）项目，行业规范成熟度较高，选择时点 1 和时点 2 的情况较普遍。

对于居住建筑，其建筑结构类似、功能需求明确、技术方法相对成熟，方案设计、初步设计与施工图设计变化不大，因此介入时点选择可相对前移到时点 1。

对于土木工程，包括道路、轨道交通、桥涵、隧道、矿山、架线与管沟等，其建设目标、功能需求十分明确，技术方法相对成熟，行业规范较为成熟，因此介入时点选择可相对前移到时点 2。

对于民用建筑（居住建筑除外），建设功能复杂多样，使用需求千差万别；投资人和产权人角色可能不一致，可能存在在项目建成后才能确定产权人的情况；行业规范成熟度不高，产品标准化程度不高，个性化特征明显，存在风险难以把控，因此介入时点选择时点 3。

（2）项目自身特点对介入时点选择的影响　项目所属行业不同，其属性也不同，导致选择的介入时点不同。

1）项目目标的明确性：投资人对于项目目标的明确程度不同，导致招标会在不同的时点进行。假如投资人在项目决策阶段对于项目目标、规模、标准都很明确，则可以选择时点1招标，否则选择时点2或时点3招标。

2）项目的约束性：项目受工期、成本、质量和空间等条件的约束。这些约束条件是否明确、合理，直接导致介入时点选择的不同。

3）项目的风险性和管理的复杂性：如果拟建项目可参照类似已完工程，能够明确未来可能产生的风险，则会降低未来投资人和承包人进行项目管理的复杂性，因此可以选择介入时点1。如果项目未来不确定性很强且风险不可控，对发承包双方的管理能力要求很高，则需要选择介入时点3。

（3）投资人控制能力对介入时点选择的影响　投资人作为项目建设的重要一方，在项目决策阶段和可行性研究阶段，对项目的功能要求和建筑实体有明确的规划，就可以选择提早进行总承包招标。投资人有熟悉项目建设的经验和对项目管理水平较高，其介入时点选择也可以前移。

（4）承包人管理能力对介入时点选择的影响　承包人是项目建设的重要执行者，其能力和信誉是投资人选择介入时点的重要因素。承包人有着类似业绩、信誉好，管理经验丰富，投资人选择介入时点可提前。

2. 工程总承包模式发承包条件

在我国工程总承包项目的招标可以选择在不同时点介入，但对所有工程项目，必须完成前期准备工作，包括城市规划、项目建议书和可行性研究报告，具备场地进入条件，其他前期准备工作可结合不同招标介入时点才能确定。这也是工程总承包模式发承包的条件。

3. 工程总承包模式发承包咨询

全过程工程咨询单位受投资人委托，开展工程总承包项目发承包咨询工作，重点做好以下工作：

（1）发包方式选择　工程总承包项目可以依法采用招标（公开招标、邀请招标）或者直接发包的方式选择承包人。需要注意的是项目中设计、采购或者施工包括的任何一项属于依法必须招标的，应当采用招标方式选择工程总承包单位。

（2）招标文件编制　工程总承包项目在招标文件编制时应重点关注下列内容：

1）发包前整理好项目的水文、地勘、地形和地质资料，以供投标人参考；备好准确完整的工程可行性研究报告、方案设计文件或者初步设计文件等基础资料。

2）招标的内容及范围，主要包括设计、采购和施工的内容及范围、规模、标准、功能、质量、安全、工期、验收等量化指标。

3）投资人与中标人的责任和权利，包括工作范围、项目目标、价格形式及调整、计量支付、变更程序及价款确定、索赔程序、风险划分、违约责任、不可抗力处理条款、投资人指定分包内容等。

（3）评标办法　工程总承包项目招标一般采用综合评估法，评审因素有工程总承包报价、企业信用、项目管理组织方案、设计方案、设备采购方案、施工组织设计、工程质量安全专项方案、工程业绩、项目经理资格条件等。全过程工程咨询单位应结合拟建项目情况，针对上述主要评审因素认真研究，科学制订评标办法。

（4）合同计价方式　工程总承包项目宜采用固定总价合同。全过程工程咨询单位应为投资人拟定合法、科学的计价方式和条款，并协助投资人与总承包人在合同中约定具体的工程总承包计价方式和计价方法。

（5）风险分担　全过程工程咨询单位应协助投资人加强风险管理，在招标文件、合同中约定风险的合理分担方法。投资人承担的主要风险有：

1）投资人提出的建设规模、标准、建设范围、功能需求、工期或者质量要求的改变。

2）主要工程材料价格与招标时基价相比，波动幅度超过合同约定幅度的部分。

3）因国家法律法规政策变化引起的合同价格的变化。

4）不可预见的地质自然灾害，不可预知的地下溶洞、采空区或者障碍物、有毒气体等重大地质变化，其损失和处置费由投资人承担；因工程总承包单位施工组织、措施不当等造成的上述问题，其损失和处置费由工程总承包人承担。

5）其他不可抗力所造成的工程费用的增加。

第五节　实施阶段工程咨询

项目实施阶段是根据前期设计、发承包阶段所确定的工程设计图、技术要求、招标文件、施工合同的约定等，开始项目建设阶段，也是项目管理周期最长、投入人力物力财力最多，管理难度最大的阶段。此阶段工作内容包括实施阶段勘察设计咨询、质量管控、进度控制、造价管控和安全文明施工与环境保护等。

一、实施阶段勘察设计咨询

建设项目在设计阶段形成设计文件之后，为了更好地将设计转化为实体，需要对设计文件进行现场咨询、专项设计及深化设计咨询、设计交底与图纸会审等相关咨询服务内容。

1. 设计文件的资料咨询

全过程工程咨询单位对设计文件的资料进行管理，可以保证设计及施工有序进行。通过审查及备案的方案设计文件、初步设计文件、施工图均应先交全过程工程咨询单位登记归档，派专人管理。

（1）设计文件的资料咨询内容　设计文件的资料咨询内容主要包括设计文件接收、设计文件分发、图纸资料存档管理等。

（2）注意事项

1）图纸资料的接收和分发一定要保证双方签字认可，避免事后纠纷。

2）图纸深化时一定要附带目录，避免图纸混乱而耽误施工。

3）重要的文件、图纸应备好复印件，不能随意将原件借出。

2. 勘察设计的现场咨询

（1）勘察设计的现场咨询内容　勘察设计的现场咨询是勘察及设计工作的重要组成部分，其内容如下：

1）施工过程中地勘及设计的现场服务。

2）不利物质条件情况的处理。

3）地基与基础工程验收。

4）主体结构工程验收。

（2）注意事项

1）隐蔽工程要会同专业咨询工程师（勘察、设计）进行处理。

2）加强沟通，及时解决施工中存在的问题。

3）做好现场技术服务工作。

3．专项设计咨询

专项设计是针对建设规模相对较大、技术含量较高、各专业关系错综复杂、原设计图已表达但还不能完全满足施工需要的工程项目而进行的后续设计。

（1）专项设计咨询的内容

1）在专项设计之前，首先要熟悉和理解项目合同、原设计图纸、特殊要求等，有些重要部位还要对照原设计和招标文件中的工程与技术规范以及现场实际工作环境，根据自身的工程实践和设计经验进行专项设计。

2）专业咨询工程师（设计）应根据已审批的设备、材料的规格和种类进行专项设计。

3）专项设计完成后，应及时组织召开专门评审会议。

4）总咨询师负责专项设计的技术统筹及进度管理，并负责将各专业的所有专项设计内容综合反映在一个共用模型或图纸系统内，该模型或图纸系统将与所有相关单位共同使用。

（2）注意事项

1）专项设计及深化设计业务务必要委托给具备相应资格的设计专业工程师。

2）专业设计及深化设计一定要满足原设计的总体要求。

4．设计交底与图纸会审咨询

设计交底与图纸会审是保证工程顺利施工的主要步骤，使施工人员充分领会设计意图，熟悉设计内容，做到按图施工。

（1）设计交底与图纸会审咨询的内容

1）在设计交底与图纸会审前，所有相关单位的项目技术人员熟悉图纸，并进行初步审查，于图纸会审前两天将审查意见交于全过程工程咨询单位汇总，然后反馈至专业咨询工程师（设计）。

2）主要专业咨询工程师（设计）应了解熟悉情况的人员出席情况，对所提交的施工图进行有计划、系统的技术交底。

3）专业咨询工程师（造价）应对会审中提出的设计变更所涉及的费用变化提供详尽的咨询报告，对设计变更可能引起的费用变化提出意见，以便投资人决策参考。

4）设计交底与图纸会审需形成会议纪要，各单位到会人员需签字确认。

（2）注意事项

1）涉及会议纪要发生的变更，需要专业咨询工程师（造价）提出咨询意见，由投资人确认是否发生该变更后，会议纪要方可发出。

2）各参加会审单位在已整理好的图纸会审纪要上签字确认且各自存档。

二、实施阶段质量控制

在实施阶段主要是对建设项目的质量控制，一要建立全面的质量管理体系，针对整个项目，各单项工程、单位工程、分部工程、分项工程制定出明确的质量目标。二要建立完整可靠的质量保证体系，建立质量管理组织机构，明确各参建单位职责。

1. 质量控制的内容

工程项目实施阶段质量控制是从工序质量到分项工程质量、分部工程质量、单位工程质量的控制过程，从原材料的质量控制开始，达到完成各项工程质量目标为止的质量控制过程。按照实施过程前后顺序将过程控制划分为事前、事中、事后质量控制，主要内容如图3-8所示。

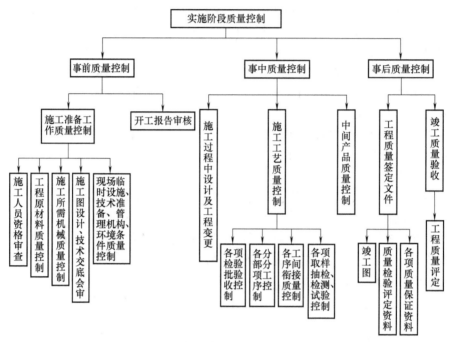

图 3-8 实施阶段质量控制的内容

2. 实施阶段质量验收的内容

根据《建筑工程施工质量验收统一标准》（GB 50300—2013）的规定，验收是指建设工程质量在承包人自行检查合格的基础上，由工程质量验收责任方组织，工程建设相关单位参加，对检验批、分项工程、分部工程、单位工程及其隐蔽工程的质量进行抽样检查，对技术文件进行审核，并根据设计文件和相关标准以书面的形式对工程质量是否达到合格做出确认。

按照规定建设项目检验批和分项工程是质量验收的基本单元，分部工程是在所含全部分项工程验收的基础上进行验收的，在施工过程中随完工随验收，并留下完整的质量验收记录和资料；单位工程进行竣工质量验收。

3. 实施阶段质量控制与验收注意事项

1）在工程施工过程中，全过程工程咨询单位应将质量目标细化并明确到具体责任人，做好应对准备措施。

2）注重质量控制程序，明确权责，各项施工任务完成后应及时完善质量保证文件。

3）规范验收程序，明确参与主体，验收环节中合理选择抽检、检验方法，规范验收文件。

4）对于施工过程中质量不合格的，应要求及时做出整改，整改仍不合格的，将不予验收。

三、实施阶段进度控制

实施阶段进度控制是指工程项目在建设过程中，为了施工合同约定的工期得以顺利实现，而采取的一系列控制活动，包括进度计划的跟踪与审查，进度计划控制以及进度计划调整等一系列工作。

1. 实施阶段进度控制的内容

实施阶段进度控制包括施工进度计划审查、施工进度计划跟踪、实施阶段进度的控制、项目进度计划的调整等。

（1）施工进度计划审查 全过程工程咨询单位专业咨询工程师（监理）应审查承包人报审的施工总进度计划和阶段性施工进度计划，提出审查意见，并由总咨询师审核后报投资人。

施工进度计划审查内容如下：

1）施工进度计划是否符合施工合同中工期的约定。

2）施工进度计划中主要工程项目有无遗漏，是否满足分批投入试运行，分批动用的需要，以及阶段性施工的要求。

3）进度计划是否满足总进度控制目标的要求，施工顺序的安排是否符合施工工艺要求。

4）进度计划是否符合投资人提供的资金、施工图、施工现场、物资等施工条件。

5）施工人员、工程材料、施工机械等资源供应计划能否满足施工进度计划的需要。

（2）施工进度计划跟踪 专业咨询工程师（监理）应检查施工进度计划的落实情况，发现问题应及时签发监理通知单，要求承包人采取措施，以便按进度计划实施。

总咨询师应向投资人报告工期延误风险。专业咨询工程师（监理）应预测实际进度对工程总工期的影响，在监理月报中向投资人报告工程实际进展情况。

（3）实施阶段进度的控制 施工总进度目标应在保证工程质量和安全，投资控制的前提下实现，应采用动态的控制方法，对工程每项进度目标实行主动控制：①将关键线路上的各项活动过程和主要影响因素作为项目进度控制的重点；②对项目进度有影响的相关方的活动进行跟踪协调。

（4）项目进度计划的调整 对项目进度计划的调整，主要依据项目进度计划检查的结果，在进度计划执行发生偏离的时候，通过调整并充分利用施工的时间和空间进行合理交叉衔接，并编制调整后的项目进度计划，以保证项目总目标的实现。

全过程工程咨询单位对项目进度计划调整的方法主要有：

1）缩短某些工作的持续时间。

2）改变某些工作之间的逻辑关系。

3）资源供应的调整。

4）增减施工内容。

5）增减工程量。

6）起止时间的改变。

2. 注意事项

1）全过程工程咨询单位在进行项目进度计划检查的过程中，一是需定期与承包人召开会议讨论工作进度，并应提交项目进度跟踪报告；二是对进度出现的问题，应及时找出原因，分析对策并提出解决方案；三是应定期提交进度检查报告，包括项目进度现状、进度分析、计划修改、进度更新、出现的问题及相关问题下一阶段的预测处理等。

2) 专业咨询工程师（监理）在审查阶段性项目进度计划时，应注重阶段性项目进度计划与总进度计划目标的一致性。

3) 修正后的项目进度是否满足合同约定的工期要求，是否满足项目总体进度要求。

4) 进度计划中的关键线路并非固定不变，它会随着工程进展和情况的变化而转移，因此对项目进度计划的调整可依据审核后的项目进度计划（不断调整后的）。

5) 调整后的项目进度计划必须符合现场的实际情况，因此要对重点调整的计划的各类有关细节进行详细的说明，并及时向投资人提供调整后的详细报告。

四、实施阶段造价管控

实施阶段造价管控是指在实施阶段，全过程咨询单位依据项目施工合同以及其他相关文件，在满足工程质量和进度要求的前提下，力求使工程实际造价不超过预定造价目标。此阶段造价管控主要包括资金使用计划，工程造价动态管理，工程计量与工程款支付，询价与核价，工程变更、工程索赔和工程签证，合同期中结算。

1. 实施阶段造价管控的内容

(1) 资金使用计划　全过程工程咨询单位的专业咨询工程师（造价）应根据施工合同约定及项目实施计划编制项目资金使用计划。其中所编建筑安装工程费用资金使用计划应依据施工合同和批准的施工组织设计，并与计划工期和工程款的支付周期及支付节点、竣工结算支付节点相符。

资金使用计划应考虑的内容有：

1) 对比与设计阶段编制的项目资金使用计划是否存在较大偏差，如果存在较大偏差，则应分析原因并向投资人提出相关建议。

2) 资金使用计划应根据项目实施计划编制，并结合已签署的施工合同适时调整更新。对尚未签署的施工合同可参照项目概算或目标成本编制。

3) 对于经批准的概算或目标成本占比较大的施工合同，如果合同金额与目标成本发生较大偏差时，应实时调整资金使用计划。

(2) 工程造价动态管理

1) 专业咨询工程师（造价）对实施阶段造价实行动态管理，并及时提交动态管理咨询报告，根据项目需要与投资人商议，确定编制周期，一般以季度或年度为单位。

2) 与项目参与方沟通联系，动态掌握影响项目工程造价变化的信息情况，对可能发生重大工程变更的应及时做出造价变化之预测，并告知投资人。

(3) 工程计量与工程款支付　工程计量是向承包人支付工程款的凭证，是约束承包人履行施工合同义务，强化承包人合同意识的手段。

1) 根据工程施工合同中有关工程计量周期及合同价款支付时点的约定，审核工程计量报告与合同价款支付申请。

2) 对承包人提交的工程计量结果进行审核，根据合同约定确定本期应付合同价款金额；对于投资人提供的甲供材料（设备）金额，应按照合同约定列入本期应扣减的金额中，并向投资人提交合同价款支付审核意见。

3) 建立工程款支付台账。

4) 对工程款支付进行把关审核。

(4) 询价与核价

1) 对人工、主要材料（设备）及专业工程等市场价格进行咨询，并出具相应的价格咨询报告或审核意见。

2) 对项目人工、材料、机械台班价格确定或调整时，应根据施工合同约定，相关造价管理部门发布的信息价以及市场价格信息进行计算。

3) 对于因工程变更引起已标价工程量清单项目或工程数量变化的，应重新做出核价。

4) 对采用工程量清单方式招标的专业工程暂估价、材料设备暂定价，专业咨询工程师（造价）应对后续招标采购和直接采购的材料或设备价格提供咨询意见。

5) 依据国家及行业有关规定、相关执业标准及合同约定独立进行询价与核价工作。

(5) 工程变更、工程索赔和工程签证　专业咨询工程师（造价）应在工程变更、工程签证确认前，对其可能引起的费用变化提出建议，同时，根据施工合同的约定，对有效的工程变更和工程签证进行审核，计算其变化的工程造价，并计入当期工程造价。

1) 工程变更：全过程工程咨询单位负责审查工程变更理由是否充分，变更的程序是否正确，变更的估价是否准确，提出审核意见，签认变更报价书。

2) 工程索赔：专业咨询工程师（造价）审核工程索赔费用，签字确认或出具报告；做好日常施工记录，为可能发生的索赔提供依据；索赔费用的处理，包括索赔费用的计算及索赔费用审批程序。

3) 工程签证：是指在施工现场由全过程工程咨询单位和承包人共同签署的，必要时需投资人签认，用以证实在施工过程中已发生的某些特殊情况的一种书面证明材料。其主要涉及工程技术、工程隐蔽、工程经济、工程进度等方面的内容。

(6) 合同期中结算　全过程工程咨询单位负责对工程实施阶段期中结算审核，包括工程预付款、工程进度款支付的结算审核，以及单项工程、单位工程或规模较大的分部工程完成后的结算审核。

2. 注意事项

1) 暂估价格与实际价格的差额，根据合同约定可在进度中同期支付。

2) 对工程款支付进行把关审核，应重点审核进度款支付申请中涉及增减变更的价款和增减索赔的金额。

3) 应严格执行拒绝变更的决定。确需变更的，对引起造价较大变动的工程变更应及时与投资人沟通。

4) 索赔事件是否具有合同依据、索赔理由是否充分、索赔论证是否符合逻辑、索赔事件的发生是否存在承包人的责任、是否有承包人应承担的风险。在索赔事件初发时，承包人是否采取了控制措施。

5) 现场工程签证手续办理要及时，以免补办手续，在结算时易发生纠纷。现场工程签证程序和形式要规范，建立工程签证会签制度，明确签证的形式、格式和要求，必须三方签字方可有效，否则不能作为竣工结算和索赔的依据。

第六节 竣工阶段工程咨询

全过程工程咨询单位在竣工阶段，一方面需要整理和收集从项目决策、设计、发承包、实施等阶段的过程文件、图纸、批复等资料，同时，协助投资人完成竣工验收、结算、移交等工作；另一方面，将验收合格的建设项目和工程资料完整地移交到运营人。这个阶段工作内容主要包括项目竣工验收、项目竣工结算、项目竣工资料管理、项目竣工移交、项目竣工决算等。

一、项目竣工验收

项目竣工验收是施工过程的最后一道工序，对工程建设的成果进行综合评价，其工作内容就是查看项目是否完成工程图纸和合同约定的各项工作，以及所完成的工作是否符合相关法律法规和验收标准等。

1. 项目竣工验收的内容

项目竣工验收涉及内容较多，其主要内容有：

（1）验收的条件 项目竣工验收应当具备下列条件：

1）完成建设工程设计和合同约定的各项内容。

2）有完整的技术档案和施工管理资料（包括工程竣工图）。

3）具有工程主要材料、构配件和设备的进场试验报告。

4）有勘察、设计、施工、工程监理、全过程工程咨询等单位分别签署的质量合格文件。

5）有承包人签署的工程保修书。

（2）专项检测和测量

1）专项检测：项目竣工之前需要进行各项检测，如地基或桩基检测、幕墙三性检测、水质检验、人防通风检测、消防设施检测、电器检测、锅炉检测、电梯检测、压力容器检测、压力管道检测等，检测结论报告应在进行专项验收时提交。

2）专项测量：项目建成后，按照规划审批要求，对项目实地进行测量，并形成竣工测量记录。专项测量包括室内地坪测量、间距测量、高度测量、建筑面积测量以及竣工地形图测绘等。

（3）验收内容

1）单位工程：先由承包人组织有关人员进行自检，全过程工程咨询单位对单位工程质量进行竣工预验收。存在的质量问题，应由承包人进行整改；整改完毕后，再由承包人向投资人提交工程竣工报告，申请工程竣工验收。

投资人收到工程竣工报告后，应由投资人项目负责人组织该项目监理、施工、设计、勘察等单位项目负责人进行单位工程验收。

2）分部工程：由全过程工程咨询单位的总咨询师和专业咨询工程师（监理）组织承包人的项目负责人和项目技术负责人等进行分部工程质量验收。分部工程可按专业性质、工程部位确定。如果分部工程较大或较复杂，可按材料种类、施工特点、施工程序、专业系统及类别将分部工程划分为若干个子分部工程。不同的分部工程可以安排相应职责和专业的人员参加验收。

3）分项工程：由全过程工程咨询单位的专业咨询工程师（监理）组织承包人的项目专业技术负责人等进行分项工程质量验收。分项工程可以按主要工种、材料、施工工艺、设备类别进行划分。

4）检验批：由全过程工程咨询单位的专业咨询工程师（监理）组织承包人的项目专业质量检查员、专业工长等进行检验批验收。检验批可根据施工、质量控制和专业验收的需要，按工程量、楼层、施工段、变形缝进行划分。

5）专项工程验收：主要包括电梯等特种设备、环保、消防、防雷、卫生防疫以及人防、生产工艺等验收。

6）工程竣工验收：当承包人完成合同约定的所有工程量，且单位工程均通过自检验收合格后，可提出竣工验收报告，申请竣工验收。承包人应及时编制竣工验收计划给投资人确认，由全过程工程咨询单位协助审核，投资人同意后组织实施。由总咨询师和专业咨询工程师（勘察、设计、监理、造价等）在规定时间内审核合同工程量完成情况，再由专业咨询工程师（监理）落实预验收计划，提交投资人确认并通知其参加验收。预验收合格后，全过程工程咨询单位专业咨询工程师（监理）编写评估报告。投资人或产权人审核认为符合竣工验收条件的，将成立验收小组，组织竣工验收并通知政府相关监督机构参加验收，验收通过后会签竣工验收报告，并完成验收备案申请和备案工作。

2. 注意事项

1）竣工验收记录要完整，4项成果文件要齐全（包括验收组名单及竣工验收签到表、观感评定、竣工验收报告、竣工验收备案表）。

2）生产链上下游相关配套工程是否与主体工程同步建成。

3）运营投产或投产使用准备情况，包括岗位培训、物资准备、外部协作条件等是否已经落实，是否满足投产运营和安全生产的需求。

二、项目竣工结算

1. 项目竣工结算编制与审核的依据

（1）项目竣工结算编制的依据

1）影响合同价款的法律、法规和规范性文件。

2）各省、行业主管部门发布的建设工程计价标准、计价规范、计价定额、价格信息、相关造价文件等。

3）招标文件、投标文件，包括招标答疑文件、投标承诺、中标通知书。

4）施工合同、补充协议，有关材料、设备采购合同。

5）工程施工图、竣工图、经批准的施工组织设计、设计变更、工程洽商、索赔与现场工程签证、现场踏勘复验记录。

6）影响合同价款的其他相关资料。

（2）项目竣工结算审核的依据

1）影响合同价款的法律、法规和规范性文件。

2）完整、有效的工程结算书。

3）各省、行业主管部门发布的建设工程计价标准、计价规范、计价定额、价格信息、相关造价文件等。

4）招标文件、投标文件，包括招标答疑文件、投标承诺、中标通知书。

5）施工合同、补充协议、有关材料、设备采购合同。

6）工程施工图、竣工图、经批准的施工组织设计、设计变更、工程洽商、索赔与现场工程签证，以及相关的会议纪要。

7）发承包双方确认追加或核减的合同价款。

8）经批准的开工、竣工报告或停工、复工报告。

9）影响合同价款的其他相关资料。

2. 项目竣工结算编制与审核的内容

(1) 项目竣工结算的编制

1）收集与工程结算相关的编制依据，做好结算编制准备。

2）依据招标文件、施工合同约定以及相应的工程量计算规则计算分部分项工程项目、措施项目、其他项目的工程量。

3）对分部分项工程项目、措施项目、其他项目进行计价。

4）对于工程量清单项目单价做出调整的，需做好项目单价分析。

5）按合同约定的索赔处理原则、程序和计算方法提出索赔费用。

6）对于工程变更价款和工程签证费用进行复核计算。

7）汇总各项费用，形成竣工结算价款。

8）完成竣工结算编制的其他内容。

(2) 项目竣工结算的审核

1）审核工程结算的项目范围、内容与合同约定的项目范围、内容是否一致。

2）审核分部分项工程项目、措施项目、其他项目的工程量、计价是否正确。运用的工程量计算规则是否与现行计价规范一致，计价是否与合同约定或现行计价依据的规定相一致。

3）审核工程量清单项目单价的调整是否正确。

4）审核工程变更凭证的真实性、有效性，以及变更的工程费用计算是否准确。

5）审核索赔费用的真实性、合法性、准确性。

6）审核各项费用的计取是否严格执行合同约定或相关费用计取标准及有关规定。

3. 注意事项

1）对于承包人在工程项目竣工后，应尽快收集结算相关资料，包括竣工图、招标投标文件等。尽可能完善相关结算资料，如索赔证据中开工、停工、复工的时间节点等。

2）对于全过程工程咨询单位在工程项目竣工后，应与承包人进行工作交底、沟通，复核竣工图与现场是否吻合，设备材料的询价手续是否有效齐全。

三、项目竣工资料管理

1. 项目竣工资料管理的内容

项目竣工资料管理的主要内容包括归档资料的范围、质量要求，归档资料的立卷，资料的归档，档案的验收。

(1) 项目归档资料的范围　归档资料可以是文字资料、竣工图和声像资料，其具体范围如下：

1）工程准备阶段文件：在立项、审批、征地、勘察、设计、招标投标等工程准备阶段形成的文件。

2）监理文件：专业咨询工程师（监理）在工程设计、施工等监理过程中形成的文件。

3）施工文件：承包人在工程施工过程中形成的文件。

4）竣工图：建设项目竣工验收后，表现工程项目施工结果的图纸。

5）竣工验收文件：工程项目竣工验收活动中形成的文件。

（2）项目归档资料的质量要求

1）文字资料的质量要求：归档的竣工文字资料必须为原件，其内容与深度符合国家有关工程勘察、设计、施工、监理等方面的技术规范、标准和规程的规定。归档的竣工资料采用耐久性强的书写材料，字迹清楚、幅面尺寸规格宜同 A4 尺寸（297mm×210mm）。

2）竣工图的质量要求：符合制图规范、图形清晰、字迹工整，竣工图章内容齐全，包括设计单位、设计师、施工单位、项目负责人、编制人、审核人、技术负责人、全过程工程咨询单位、总咨询师、专业咨询工程师（设计、勘察、监理、招标、造价等）。

3）声像资料的质量要求：包括照片、底片、影片、录像带、光盘及磁性载体等，要求主体明确、影像清晰、画面完整，未加修饰剪裁。

（3）项目归档资料的立卷

1）立卷的原则和方法：遵循工程文件的自然形成规律，保持卷内文件有机联系，便于档案的保管和利用。一般采用以单位工程为组卷，案卷不宜过厚，一般不超过40mm，不同载体的文件一般应分别组卷。

2）卷内文件排列：文字材料按事项专业顺序排列。同一事项的请求与批发、同一文件的印本与定稿、文件与附件均不能分开，并按批复在前、请示在后，印本在前、定稿在后，主体在前、附件在后的顺序排列；图纸按专业排列，同专业图纸按图号顺序排列；既有文字材料又有图纸的案卷，文字材料排前，图纸排后。

3）案卷的编目：立卷目录编制内容包括卷内文件页号、卷内备考表、案卷封面。

4）案卷装订：采用装订与不装订两种形式。仅有文字材料的案卷必须装订，既有文字材料，又有图纸的案卷应装订。

（4）资料的归档

1）资料归档时间：可以分阶段分期进行，也可以在单位或分部工程通过竣工验收后进行；勘察、设计单位应当在任务完成时，施工、全过程工程咨询单位应当在工程竣工验收前，将各自形成的有关工程档案向投资人（建设单位）归档。

2）工程档案一般不少于两套。

3）勘察、设计、施工、全过程工程咨询单位移交档案时，编制移交清单，双方签字、盖章后方可交接。

（5）档案的验收　全过程工程咨询单位在组织工程竣工验收前，应提请城建档案管理机构对工程档案进行预验收。投资人（建设单位）未取得城建档案管理机构出具的认可文件，不得组织工程竣工验收。

城建档案管理机构在进行工程档案验收时，重点验收以下内容：

1）工程档案是否齐全、系统、完整。

2）工程档案内容是否真实、准确地反映工程建设活动和工程实际情况。

3）工程档案已整理立卷的，是否符合规范的要求。

4）竣工图绘制方法、图式及规格等是否符合专业技术要求，图面是否整洁，竣工图章有无盖。

5）文件的形成、来源是否符合实际，要求单位或个人签章的文件，其签章手续是否完备。

6）文件材质、幅面、书写、绘图、用墨、托裱是否符合要求。

2. 注意事项

1）凡有引进技术或设备的建设项目，要做好引进技术或设备的图纸、文件的收集、整理。

2）对超过保管期限的建设项目档案资料必须进行鉴定，对已失去保存价值的档案资料，经过一定的审批手续，登记造册后方可处理。保密的档案资料应按保密规定进行管理。

四、项目竣工移交

项目竣工移交包括项目竣工档案移交和项目工程实体移交。

1. 项目竣工档案移交的内容

（1）项目竣工档案移交的内容 根据《建设工程文件归档规范（2019年版）》（GB/T 50238—2014）的规定，竣工档案移交，严格执行文件归档的范围及保管期限的规定，包括工程准备阶段文件、监理文件、施工文件、全过程工程咨询文件、竣工图、竣工验收文件等。

（2）项目工程实体移交的内容 全过程工程咨询单位应组织监理、施工单位按承包的建设项目名称和合同约定的交工方式，向投资人移交，然后由投资人再移交给使用单位。

1）承包人提交房屋竣工验收报告、消防验收文件、电梯验收文件等相关资料。文件资料齐全后，去当地建设行政主管部门办理竣工验收备案手续，取得竣工验收备案回执。

2）取得竣工验收备案回执后，承包人向投资人、全过程工程咨询单位提出移交申请，全过程工程咨询单位组织专业咨询工程师、投资人、产权人、运营人等相关单位的人员共同组成项目移交组，对项目进行初步验收，按照交验标准逐一查看，发现问题后要求承包人限期整改并跟踪处理结果。

3）将遗留问题处理完毕，各系统已具有使用的条件下，方可办理移交手续。

4）承包人将工程移交的同时，全过程工程咨询单位应协助投资人提前组织设备厂商、承包人完成项目使用及维护手册的编制，并对运营相关人员进行培训。

2. 项目竣工移交的注意事项

1）应以总承包单位为主体进行移交。

2）全过程工程咨询单位在移交前，应组织监理单位对移交资料进行检查，确保资料的完整性，在规定时间内建立竣工资料目录清单。

3）按有关规定与承包人签署或补签工程质量保修书。

4）向使用单位提交工程移交工作计划表，确定工程移交时间及移交项目。

5）移交过程需要各方签字认可，签字完成的移交记录表需各方保存以备查。

五、项目竣工决算

1. 项目竣工决算编制与审核的依据

1）项目建设和管理的相关法律法规、文件规定。

2）国家、地方以及行业工程造价管理规定。

3）项目计划任务书、立项批复文件，初步设计及概算批复和调整批复文件，历年财政资金预算并下达的文件。

4）经批准的设计文件及设计交底、图纸会审资料。

5）招标文件和招标控制价，以及工程合同文件。

6）项目竣工结算文件，工程变更、工程签证、工程索赔等合同价款调整文件。

7）材料、设备调价文件。

8）历年监督检查、审计意见及整改报告。

9）会计核算及财务管理资料、历年财务决算及批复文件。

10）其他相关资料。

2. 项目竣工决算编制与审核的内容

（1）项目竣工决算编制的内容

1）收集、整理有关项目竣工决算依据。

2）清理项目财务、债务和结算物资。

3）填写项目竣工决算报告。

4）编写竣工决算说明书，包括项目建设成果和主要经济指标的完成情况。

5）编写项目竣工决算文件报告，及时上报审批。竣工决算文件报告应附竣工工程概况表、竣工财务决算表、交付使用财产总表和明细表。

（2）项目竣工决算审核的内容

1）项目总概算或者概算的执行、年度预算的执行情况。

2）项目建设程序、资金来源和其他前期工作。

3）项目的勘察、设计、施工、监理、采购、供货及全过程工程咨询等方面招标投标和工程发承包情况。

4）合同订立与执行情况。

5）项目设备、材料采购、保管和使用情况。

6）项目的税费缴纳、债权债务的真实性、合法性。

7）项目建设成本、结余资金、交付使用资产、未完工程投资的真实性与合法性。

8）工程结算、工程决算、实际完成投资、工程造价控制等情况。

9）投资人会计报表、年度会计报表、竣工决算报表，项目勘察、设计、施工、监理、采购、全过程工程咨询等单位相关情况。

3. 注意事项

1）严格按照规定的内容和格式填写工程决算报表、概算明细项目名称及金额，严格按照批准的设计、概算等文件进行填报。

2）基本报表、其他附表中的数据之间应具有严谨的逻辑关系。

3）全过程工程咨询单位应关注过程资料的完整性、合理性，及时将资料归档保存，应配合投资人建立相应的制度，如工程变更、签证制度。

六、项目竣工备案和保修期管理

1. 项目竣工备案和保修期管理的内容

（1）项目竣工备案的内容

1）承包人自检合格后，向投资人提交竣工报告，申请竣工验收，投资人组成专家组实施验收。

2）自验收合格之日起 15 个工作日内，全过程工程咨询单位提出竣工验收报告，向当地建设行业主管部门备案。

3）当地工程质量监督机构，应在竣工验收之日起 5 个工作日内，向备案机关提交工程质量监督报告。

4）城建档案管理部门对工程档案资料按国家法律法规要求进行预验收，并签署预验收意见。

5）备案机关在验证竣工验收备案文件齐全后，应在竣工验收备案表上签署验收备案意见并签章。

（2）项目保修期管理的内容

1）工程质量保修范围：凡是施工单位的责任或者由于施工质量不良造成的问题，都属保修范围。因用户使用不当而造成建筑功能不良或者损坏的，不属于保修范围。

2）工程质量保修期限：根据《建设工程质量管理条例》（国务院令第 279 号，2017 年修订）的规定，在正常使用条件下，建设工程的最低保修期限为：①基础设施工程、房屋建筑的地基基础工程和主体结构工程，为设计文件规定的该工程的合理使用年限。②屋面防水工程，有防水要求的卫生间、房间和外墙面的防渗漏，为 5 年。③供热与供冷系统，为 2 个采暖期、供冷期。④电气管线、给水排水管道、设备安装和装修工程，为 2 年。⑤其他工程保修期由发包方与承包方约定，建设工程保修期自竣工验收合格之日起计算。

3）工程保修责任：在保修期限内发生质量问题，全过程工程咨询单位应督促监理工程师立即分析原因，找出责任单位，并要求责任单位在规定时间内完成修补工作，如果责任单位迟迟不办，则可另行委托施工单位给予维修，其费用由责任单位承担，从保修金中支出。质保期满后，全过程工程咨询单位组织进行质量缺陷检查，确认无质量缺陷的，办理书面手续，并以此作为退还质保金的依据。

（3）注意事项

1）工程质量验收备案均应在承包人自检合格的基础上进行。

2）参加工程施工质量验收的各方人员应具备相应的资质，在备案前签署质量合格文件。

3）对涉及结构安全、节能、环保和主要使用功能的试块、试件及材料，应在进场时或施工中按规定进行检验，形成资料性文件。

4）保修期满后，相关验收须由各方同时参与，并签字盖章，施工单位以及供货单位做好保修到期验收记录。

第七节 运营阶段工程咨询

运营阶段主要包括项目后评价、项目绩效评价、设施管理、资产管理。全过程工程咨询单位在本阶段的主要任务是检验建设项目是否达到优质建设项目的目标。

一、项目后评价

项目后评价是指项目竣工验收并投入使用或运营一定时间后，运用规范、科学、系统的评价方法与指标，将项目建成后所达到的实际效果与项目的可行性研究报告、初步设计文件的主要内容进行对比分析，找出差距及原因，总结经验教训，提出相应对策建议，并反馈到项目参与各方，形成良性项目决策机制。

1. 项目后评价的内容

1）项目概况：包括项目基本情况、项目决策理由与目标、项目建设内容及规模、项目投资情况、项目资金到位情况、项目运营及效益现状、项目自我总评价报告情况及主要结论、项目后评价依据、主要内容和基础资料。

2）项目全过程总结与评价：包括项目决策阶段总结与评价、设计阶段总结与评价、发承包阶段总结与评价、实施阶段总结与评价、竣工阶段总结与评价、项目运营阶段总结与评价。

3）项目效果和效益评价：包括项目技术水平评价、项目财务及经济效益评价、项目经营管理评价、项目环境效益评价、项目社会效益评价。

4）项目目标和可持续性评价：包括项目工程目标评价、项目技术目标评价、项目效益目标评价、社会环境和宏观目标评价、项目可持续性评价。

5）项目总结：评价结论、主要经验和教训。

6）对策建议：包括宏观建议和微观建议。

2. 注意事项

项目后评价应采用定性和定量相结合的方法。主要采用的方法有对比法、逻辑框架法、项目成功度评价法。

二、项目绩效评价

项目绩效评价的目的是整个绩效评价工作开展所要达到的目标和结果，体现评价工作的最终价值，是整个评价工作的基本导向。

1. 项目绩效评价对象、绩效评价内容及数据收集和分析方法

（1）项目绩效评价对象　项目绩效评价对象包括纳入政府预算管理的资金和纳入部门预算管理的资金。按照预算级次，可分为本级部门预算管理的资金和上级政府对下级政府的转移支付资金。

（2）绩效评价的内容　绩效评价的内容包括绩效目标的设定情况，资金投入和使用情况，为实现绩效目标而制定的制度或措施，绩效目标的实现程度与效果等。

（3）数据收集和分析方法

1）数据收集的方法：包括案卷研究、数据填报、实地调研、座谈会及问卷调查等。

2）数据分析方法：包括变化分析、归因分析和贡献分析的方法。

2. 项目绩效评价方法与评价指标

（1）项目绩效评价方法　项目绩效评价的方法主要采用成本效益分析法、比较法、因素分析法、最低成本法、公众评判法等。

1）成本效益分析法：是指将一定时期内的支出与效益进行对比分析，以评价绩效目标实现程度。

2）比较法：是指通过绩效目标与实施效果、历史与当期情况、不同部门和地区同类支出的比较，综合分析绩效目标实现程度。

3）因素分析法：是指通过综合分析影响绩效目标实现、实施效果的内外因素，评价绩效目标实现程度。

4）最低成本法：是指对效益确定却不易计量的多个同类对象的实施成本进行比较，评价绩效目标实现程度。

5）公众评判法：是指通过专家评估、公众问卷及抽样调查等，对财政支出效果进行评判，评价绩效目标实现程度。

（2）项目绩效评价指标　项目绩效评价指标是衡量绩效目标实现程度的考核工具。通过将绩效业绩指标化，获取具有针对性的业绩值，为开展绩效评价工作提供基础。绩效评价指标体系通常包括具体指标、指标权重、指标解释、数据来源、评价标准及评价方法等。

3. 项目绩效评价报告的内容

项目绩效评价报告的主要内容：

1）项目基本概况：包括项目背景、项目实施情况、资金来源和使用情况、绩效目标及实现程度。

2）绩效评价的组织实施情况：包括绩效评价的目的、实施过程、人员构成、数据收集方法、绩效评价的局限性。

3）绩效评价指标体系、评价标准和评价方法。

4）绩效分析及绩效评价结论。

5）主要经验及做法。

6）存在问题及原因分析。

7）相关建议。

8）相关附件。

4. 注意事项

1）绩效评价应坚持的原则包括科学规范、公正公开、分级分类、绩效相关的原则。

2）项目绩效评价与项目后评价的区别：

① 评价时间：前者从项目的前期计划开始进行，贯穿项目实施全过程。后者是在项目已经完成并运行一段时间后进行。

② 评价性质：前者为循环性，后者为回顾性。

③ 评价依据：前者以结果为导向，影响全过程。后者将结果作为评价依据。

④ 评价目的：前者注重过程评价，后者侧重总结。

⑤ 评价过程：前者进行循环评价改善，后者为一次性评价。

⑥ 评价作用：前者为反馈，后者为总结。

⑦ 评价结果：前者提出改善方向，后者为显示结果。

三、设施管理

设施管理是指依据国际设施管理协会（IFMA）的定义，包括运维管理、空间管理、能源管理、财务管理、安全管理等。

1. 设施管理的内容

（1）运维管理　运维管理包括设施系统的运行和维护，是设施管理中最重要的工作。设施系统主要包括暖通空调设备系统、电气照明设备系统、管道配件系统、输送及物料搬运设备系统、通信设备及安全监控设备系统等。

设施系统的维护包括反应性维护和预防性维护。其中反应性维护是在设施出现故障时进行的检查和修理。预防性维护指的是为了延长系统寿命，保障其功能性和稳定性，所进行的计划性检查和保养。

（2）空间管理　空间管理是指对建筑空间的预测、规划、分配与管理。有效的空间管理必须掌握所需求的信息，包括建筑内、外部平面图，建筑总面积，可转让、使用和可分配的面积，空间容量、类型、区域划分、计划用途、实际用途。

（3）能源管理　能源管理是指为了进行能源保护和监控，设施管理人员需要获取能源管理系统信息，包括建筑内设施和建筑构件的种类、数量、性能、使用时间、设计能源消耗或者是某个建筑区域内一段时间的实时能源消耗。

（4）财务管理　设施管理中的财务管理是为了降低设施全生命周期成本，实现资产价值的最大化，其重点在于设施投资评估和运维预算管理。

（5）安全管理　安全管理的目的是减少损失，预防可能发生的损害和控制设施的使用权。设施管理人员需掌握危险设施和化学物品信息，安全出口和紧急疏散通道信息，材料、设备防火等级信息等，以便做好安全预防和应急准备。

2. 注意事项

1）设施管理保证项目交付前的价值实现。

2）设施管理是项目交付后价值实现的关键，也是实现的途径。

四、资产管理

资产管理主要从建设项目的资产保值和增值、运营安全分析和策划、运营资产清查和评估、招商策划和租赁管理等方面进行策划、管理。

1. 资产管理的内容

（1）资产保值和增值

1）在建工程转固定资产：先对已完工且需结转的项目、工程或设备进行确认，明确在建工程确已完工，已达到可用状态，再对在建工程成本支出进行汇总，明确该在建工程全部成本是否已完全计入，如有部分项目内容尚未决算、不能明确的，需组织工程验收，进行项目决算。

2）设备材料使用年限分析：固定资产更新决策是通过财务分析，决定是否需要更新固定资产。

3）运营成本分析。

（2）运营安全分析和策划　一是编制运营维护指导书，指导管理人员对项目运维管理；二是制定安全应急预案。

（3）建设项目的运营资产清查和评估

1）资产清查：是指受委托的资产评估机构，对委托单位的资产、债权、债务进行全面清查，并在此基础上核实资产账面与资产实际是否相符，考核其经营成果、盈亏状况是否真实，最后做出鉴定。

2）资产评估：是指评估机构对不动产、动产、无形资产、企业价值、资产损失或者其他经济权益进行评定、估算，并出具评估报告的行为。

（4）建设项目的招商策划和租赁管理

1）招商策划：在运营阶段对建设项目进行招商策划，目的是实现建筑物的保值和增值。通过招商策划，吸引合格的使用单位或人员，进而产生聚集效应。进行招商策划，首先需要确定投资人的目标和诉求，针对目标广泛收集各方面信息资料，制定招商方案，并对方案进行优化，选择最优方案，最后进入招商方案的实施。

2）租赁管理：为了建设项目的正常运行，在招商完成后，要对建设项目使用者的行为进行规范化管理。严格履行与建设项目使用者订立的租赁或购买合同，及时处理入住使用者在使用过程中的纠纷问题，及时修复损坏部分。在管理使用者时，可借助先进的信息化技术更好地服务于使用者，可采用智能物业管理系统，提高管理的经济效益和管理水平。

2. 注意事项

1）运营人的各部门和使用单位在工作过程的衔接与交接中，做到职责明确、界面清晰，不存在工作缺项和职责重复。

2）对工作流程运转开展全过程管理和闭环控制。

3）工作过程中产生的信息、数据及时准确记录并保存，其他相关过程性信息应留存。

4）有相应的工作机制或统一信息凭条，保证实现信息共享。

5）工作过程中进行监测分析，对发现的问题具有分析、监督、改进的管理机制。

第四章 BIM技术与造价信息化管理

第一节 BIM 技术概述

一、BIM 的概念

1. BIM 的定义

建筑信息模型（Building Information Modeling，BIM），即在规划设计、建造施工、运维过程的整个或者某个阶段中，应用 3D 或者 4D 信息技术进行系统设计、协同施工、虚拟建造、工程量计算、造价管理、设施运维的技术和管理手段。应用 BIM 技术可以对项目全过程进行精细化管理，从而大幅度提升项目效益。

2. BIM 的特点与核心能力

从 BIM 的定义来看，BIM 的特点可以概括为三个方面：

1）建筑物物理和功能特性的数字表达，可以包括几何、空间、量等物理信息，还包括空间的能耗信息，设备的使用说明等功能性信息。

2）建筑物信息的共享知识资源，可以在不同专业，不同利益相关方之间进行信息的传递与共享。

3）为建设项目从决策、设计、施工和运维到拆除的全生命周期中的所有决策提供可靠的依据与信息。

BIM 另外还有两大特点。一是可视化。不同于传统的二维平面图，BIM 是三维可视化的，所见即所得，这样也就拥有了二维图纸所不可比拟的优势。利用 BIM 的三维空间关系可以进行碰撞检查，优化工程设计，减少设计变更与返工；三维可视模型可以在施工前反映复杂节点与复杂工艺，便于施工班组进行虚拟交底，提升沟通效率；此外在 BIM 的三维模型上加以渲染并制作动画，给人以真实感和直接的视觉冲击，可用于给业主展示，提高中标概率。二是 BIM 为一个多维的关联数据库。BIM 是以构件为基础，与构件相关的信息都可存储在模型中，并且与构件相关联。利用这一海量数据库，可以快速算量，并进行拆分、统计、分析，有效进行成本管控、材料管理，并支持精细化管理；项目所有相关人员都可以利用统一的 BIM 中的数据进行决策支持，提高决策的准确性和协同效率；项目竣工后，竣工模型成为有效的电子工程档案，可以提交给业主，为运维管理提供信息；对 BIM 中的数据进行积累、研究、分析后，可以形成指标、定额等知识，为以后的项目管理提供参考或控制依据，并形成企业的核心竞争力。

二、BIM 技术的应用

1. BIM 技术应用流程及未来发展趋势

1）BIM 1.0 阶段：设计阶段应用为主，以设计院 BIM 建模出图为主。

2）BIM 2.0 阶段：向施工阶段延伸，基于 BIM 模型的应用，聚焦项目层，解决实际问题。

3）BIM 3.0 阶段：从施工技术管理应用向施工全面管理应用拓展；从项目现场管理向施工企业经营管理延伸；从施工单点信息化应用向项目集成信息化应用升级。

2. BIM 软件平台介绍

1）系统客户端：

系统平台，Luban iWorks；协同，Luban Cooperation；工程 App，Luban iWorksApp；工程基础数据分析，Luban Builder。

2）造价产品线：

① 算量类软件，可完成土建算量、安装算量、钢筋算量。

② 计价类软件。

③ 施工类软件，可完成下料、场布、节点、排布、模架等。

3. BIM 解决方案

（1）工程基础数据分析　基础数据管理系统（Luban Builder）是一个以 BIM 技术为依托的工程项目管理数据平台，它创新性地将前沿的 BIM 技术应用到了建筑行业的项目进度、质量、安全、成本管理中。系统自动对上传的 BIM 数据文件进行解析，同时将海量的数据进行分类和整理，形成一个多维度、多层次的，且包含三维图形的 BIM 信息数据库。通过设置构件级的工程进度计划，可以快速把握项目进展和动态，将工程量等数据与合同挂接，录入现场实际消耗量，管理项目成本和产值，使得利润一目了然，此外，还可快速解决现场整改审批类的问题，把控工程质量和安全。运用互联网技术，系统将不同的数据发送给不同的人。企业高管可以看到项目资金流向和产值变化情况，项目管理人员可以看到造价指标信息、问题整改和进度情况，材料员可以查询下月材料需用量，使多方共同受益，从而推动建筑企业的精细化管控和信息化建设的快速发展（图 4-1）。

（2）BIM 实施过程　从个人岗位级应用到项目级应用及企业级应用，一套完整的基于 BIM 技术的软件系统和解决方案，实现了上下游的开放共享。

首先通过 BIM 建模软件高效准确地创建 7D 结构化 BIM 模型，即 3D 实体、1D 时间、1D·BBS（投标工具）、1D·EDS（企业定额工具）、1D·WBS（进度共享）。创建完成的各专业 BIM 模型进入基于互联网的 BIM 管理协同系统，形成 BIM 数据库。经过授权，可通过 BIM 应用客户端实现模型、数据的按需共享，提高协同效率，轻松实现 BIM 从岗位级到项目级、企业级的应用。

BIM 技术的特点和优势是可以更快捷、方便地帮助项目参与方进行协调管理，应用 BIM 技术的项目将收获巨大价值。其具体实现可以分为创建、管理和应用三个阶段，如图 4-2 所示。

1）创建。软件利用国际先进的图形技术，充分考虑了我国工程行业的特点，内置了全

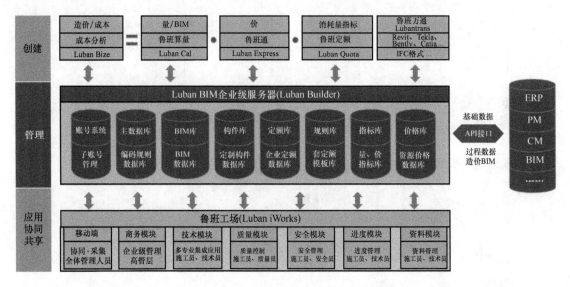

图 4-1　BIM 平台系统架构图

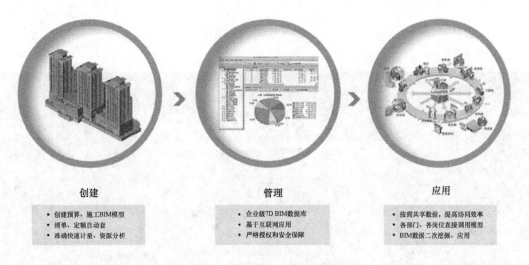

图 4-2　BIM 创建、管理、应用

国各地定额的计算规则，与定额完全吻合。软件三维建模可真实地模拟现实情况；独创云模型智能检查系统，可智能检查出用户建模过程中的错误；强大的报表功能，可输出各种形式的工程量数据，满足不同的需求；可实现全专业数据共享，提高效率。

2）管理。（Luban iWorks）基于 BIM 的企业级项目协同管理平台综合考虑了施工企业项目信息化管理的需求特性，并在用户实践反馈的基础上不断进行优化改进，聚焦于企业项目BIM 管理，采用一个平台多套解决方案的方式服务于施工企业多项目协同管理，整合项目BIM 模型技术应用。从项目信息的数据采集到项目信息的标准化、集成化、智能化、移动化方向进行汇总分析处理，形成集团性项目信息展示中心和数据处理平台，为项目决策指导、项目数据分析处理提供基础和应用集成，帮助企业信息化建设、实现数字化转型提供有力的支撑（图 4-3）。

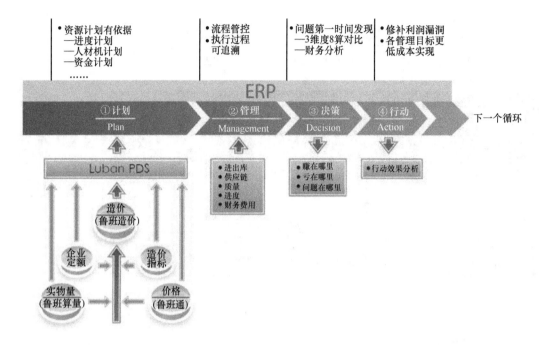

图 4-3　项目协同管理平台

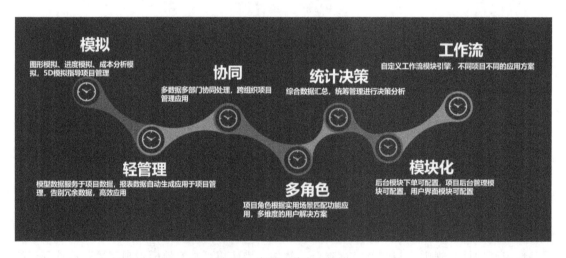

图 4-4　应用·共享·协同

3）应用·共享·协同（图 4-4）：

① 多平台：以数据为中心的三端（PC、WEB、APP）一体架构，实现项目管理高效协同。

② 高效协同：多数据多部门协同处理，跨组织项目管理应用。

③ 模拟性：借助图形处理技术进行图形模拟、进度模拟、成本分析模拟，形成 5D 模拟以指导项目工程施工与管理。

④ 轻管理：模型数据服务于项目数据，报表数据自动生成应用于项目管理，告别冗余数据，智能任务分配与计划。

⑤ 多角色：项目角色根据实用场景匹配功能应用，以及多维度的用户解决方案。

⑥ 辅助决策：综合数据汇总，统筹管理进行决策分析。

⑦ 模块化配置：模块化后台下单配置，项目后台管理模块可配置，用户界面模块可配置。

⑧ 工作流引擎：将工程项目常见流程形成审批模块进行流程审批，创建项目工作流，用户可根据需求进行自定义处理。

⑨ 集中性：项目信息高度汇总集中，方便项目数据分析与处理。

⑩ 智能预警：智能采集模型信息、资料信息、任务信息、进度信息进行智能分析，对异常情况进行预警提醒。

第二节　基于 BIM 的造价管理

一、建设项目决策阶段基于 BIM 的造价管理

建设项目决策阶段，方案设计主要指从建设项目的需求出发，根据建设项目的设计条件，研究分析满足建筑功能和性能的总体方案，提出空间架构设想、创意表达形式及结构方式的初步解决方法等，为项目设计后续若干阶段的工作提供依据及指导性的文件，并对建筑的总体方案进行初步的评价、优化和确定。

在方案设计中，由于建筑功能的实现可能存在不同的途径和方法，工程设计人员在设计时会形成不同的设计方案。为了优选出最佳设计方案，需通过对各设计方案的技术先进性与经济合理性进行分析和比选。但在实际执行过程中，由于传统 CAD 即计算机辅助设计大多为二维设计成果，缺乏快速、准确量化和直观检验的有效手段，设计阶段透明度很低，难以进行工程造价的有效控制。而 BIM 的模型中不仅包含建筑空间和建筑构件的几何信息，还包括构件的材料属性，可以将这些信息传递到专业化的工程计量软件中，由工程计量软件自动产生符合相应规则的构件工程量。这一过程既可以提高效率避免在工程计量软件中进行二次重复建模，又可以及时反映与设计深度、设计质量对应的工程造价水平，为限额设计和价值工程在方案比选上的应用提供了必要的设计方案模型及技术基础。

二、设计阶段基于 BIM 的造价管理

1. 设计概算的形成

方案选定后进入设计阶段，设计阶段是对方案不断完善的过程，对工程的工期、质量及造价都有决定性的作用。设计概算是设计单位在经过初步设计后进行的，在投资估算的控制下确定项目的全部建设费用。

建设和设计单位可以运用 BIM 技术对建筑信息模型进行修改，进而实现对设计方案的调整与优化。该模型不仅可以直接提供造价数据，方便建设单位进行方案比较以及设计单位进行设计优化，还可以利用 BIM 技术相关软件对设计成果进行碰撞检查（图4-5），及时发现设计中存在的问题，便于施工前进行纠正，以减少施工过程中的变更，为后续施工图预算奠定良好的基础。

2. 施工图预算的形成

施工图预算发生在施工图设计阶段，用以确定单项工程或者单位工程的计划价格，并要

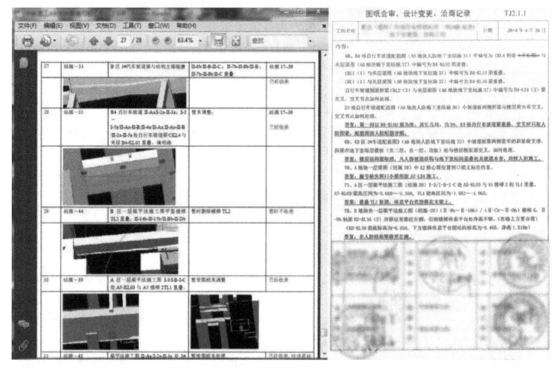

图 4-5　基于 BIM 平台进行的碰撞检查实例

求预算不能超过设计概算。在施工图预算过程中，工程量计算是一项基础工作，也是预算编制环节中最重要的环节。与设计概算类似，在 BIM 技术的支持下，施工图预算也可以利用 BIM 模型形成，具体途径有如下三种：

（1）利用应用程序接口（API）　在 BIM 软件和成本预算软件中建立链接，这里的应用程序接口是 BIM 软件系统和造价软件系统不同组成部分衔接的约定。这种方法通过成本预算系统与 BIM 系统之间直接的 API 接口，将所需要获取的工程量信息从 BIM 软件中导入到造价软件，然后造价管理人员结合其他信息开始造价计算。Innovaya 公司等厂商推出的软件就是采用这一类方法进行计算的。

（2）利用开放式数据库链接（ODBC）直接访问 BIM　软件数据库作为一种经过实践验证的方法，ODBC 对于以数据为中心的集成应用非常适用。这种方法通常使用 ODBC 来访问建筑模型中的数据信息，然后根据需要从 BIM 数据库中提取所需要的预算信息，并根据预算解决方案中的计算方法对这些数据进行重新组织，得到工程量信息。与上述利用 API 在 BIM 软件和预算软件中建立链接的方式不同的是，采用 ODBC 方式访问 BIM 软件的造价软件需要对所访问的 BIM 数据库的结构有清晰的了解，而采用 API 进行链接的造价软件则不需要了解 BIM 软件本身的数据结构。所以目前采用 ODBC 方式与 BIM 软件进行集成的成本预算软件都会选择一种比较通用的 BIM 软件（如 Revit）作为集成对象。

（3）输出到 Excel　大部分 BIM 软件都具有自动算量功能，也可以将计算的工程量按照某种格式导出。造价管理人员常用的就是将 BIM 软件提取的工程量导入到 Excel 表中进行汇总计算。与上面提到的两种方法相比，这种方法更加实用，也便于操作。但是，要采用这样的方式进行造价计算就必须保证 BIM 的建模过程非常标准，对各种构件都要有非常明确的定义，只有这样才能保证工程量计算的准确性。

上述的三种方法没有优劣之分，每种策略都与各造价软件公司所采用的计算软件、工作方法及价格数据库有关。

三、基于 BIM 的招标投标造价管理流程

1. BIM 技术在工程招标投标造价管理中的流程

基于 BIM 的招标投标流程如图 4-6 所示。

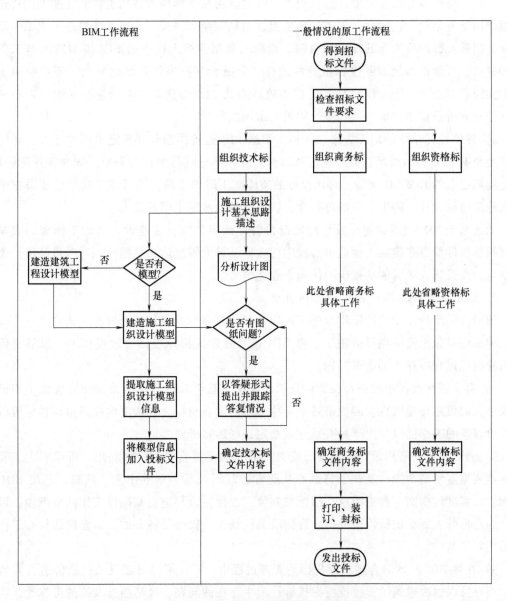

图 4-6 基于 BIM 的招标投标流程图

1）招标人利用 BIM 技术快速准确编制招标控制价。在时间紧迫的招标投标阶段，招标人对设计 BIM 模型加以利用，快速建立工程量模型，从而在短时间内完成工程量清单及招

标控制价的编制。通过 BIM 的自动算量功能，招标人快速计算工程量，编制精度更高的工程量清单，还可借助 BIM 技术通过设计优化、碰撞检验及工程量的校核，提高工程量清单的有效性。工程造价人员有更充裕的时间利用 BIM 信息库获取最新的价格信息，分析单价构成，以保证招标控制价的有效性。招标工作在运用 BIM 后将大幅度提高工程量清单及招标控制价的精准性，从而降低招标人风险。

2) 投标人运用 BIM 技术有效进行投标报价。由于投标时间比较紧张，就要求投标人高效、灵巧、精确地完成工程量计算，把更多时间运用在投标报价技巧上。而且随着现代建筑造型趋向于复杂化、艺术化，人工计算工程量的难度越来越大，快速、准确地形成工程量清单成为招标投标阶段工作的难点和瓶颈。投标人利用招标人提供的 BIM 模型对清单工程量进行复核，可全面加快编制投标报价的进程，为报价分析预留充足的时间。还可利用 BIM 技术实现模拟施工、进度模拟及企业 BIM 数据库及 BIM 云获取市场价格，细致深入地进行投标报价分析及策略选取，达到报价的最大市场竞争力。

3) 评价投标单位的施工方案。评标人根据 BIM 造价模型合理确定中标候选人，评标人可直接根据 BIM 模型所承载的报价信息，对商务标部分进行快速的评审。同时在评标阶段，通过前期建立的 BIM 5D 模型，对比投标的整体施工组织思路。通过施工模拟验证潜在中标人的施工组织设计、施工方案的可行性，快速准确地确定中标候选人。

上述基于 BIM 技术的招标投标阶段造价管理流程，整合了建设各方的工作流，大幅度提高招标投标双方在确定工程造价过程中的效率，最大限度地满足招标人对项目经济性要求的制定，而投标人尽可能从报价中体现企业竞争力。

2. BIM 技术在招标投标中的应用价值

招标投标阶段介于设计阶段和施工阶段之间，其目标是通过招标投标方式确定一家综合最优的承包单位来完成项目的施工。将 BIM 技术融合到招标投标管理过程中，以解决传统的招标投标过程中存在的诸多问题。

1) 解决招标投标中普遍存在的信息孤岛现象。基于 BIM 模型的信息交互优化了招标人与投标人的信息传递流程，避免信息不对称引起的无效招标，大幅度地提高招标投标阶段各方造价管理的工作能效，为项目有效开展奠定良好的基础。

2) 通过整合并利用设计阶段的已有 BIM 造价模型进行模型的再利用，可以减少工程量计算这类重复性高的操作工作，将造价从业者的时间及精力解放出来；同时，利用 BIM 技术能较大幅度地提高工程量清单、招标控制价、投标报价等造价基础性工作的精准性，以上两点为造价师更好地进行价格分析、合同策划以及报价策略等各方的造价管理的核心工作提供了更好的条件。

3) 在将 BIM 技术融合到招标投标的管理过程中，不仅可以对建设项目造价进行有效管理，而且可以解决建筑工程传统招标投标过程中存在的问题，提高招标投标的可靠性，实现建设工程全过程公开、透明管理。同时利用 BIM 技术建立的三维模型及其集成的信息，投标方可对其施工组织方案进行三维动态展示或进行漫游展示，更加直观地展现技术优势（图 4-7）。

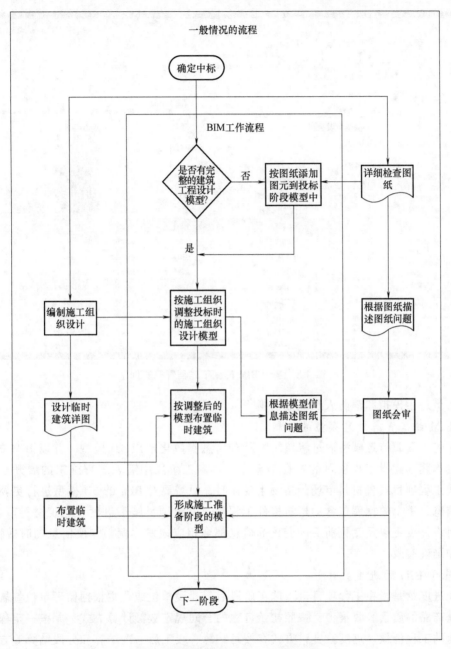

图 4-7　基于 BIM 的施工准备流程图

四、施工阶段基于 BIM 的造价管理

基于 BIM 的施工过程管控实例,如图 4-8 所示。

1. BIM 的 5D 模型概念

施工阶段可以进行 4D 模拟(3D 模型加项目的发展时间),也就是根据施工的组织设计模拟实际施工,从而确定合理的施工方案。同时还可以进行 5D 模拟(基于 3D 模型的造价控制),从而实现成本控制。在后期运营阶段,还可以进行日常紧急情况处理方式的模拟,

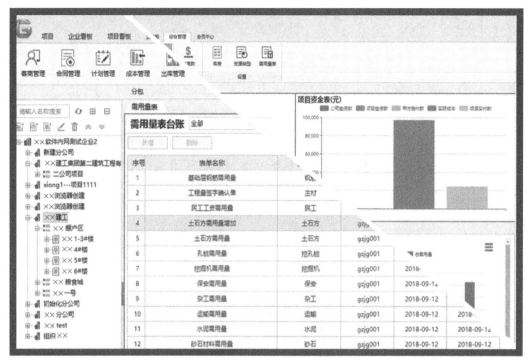

图 4-8 基于 BIM 的施工过程管控实例

如地震人员逃生模拟和消防人员疏散模拟等。

2. BIM 施工资源信息模型的更新

BIM 施工资源信息模型通过将建筑物所有信息参数化形成 5D 模型，并以 BIM 的 5D 模型为基础构建起建设工程项目的数据信息库，在施工阶段中随着工程施工的展开及市场变动，建设工程项目或者材料市场价格发生变化时，只需要对 BIM 的 5D 模型进行更新，调整相应的信息，整个数据库包含的建筑构件工程量、建筑项目施工进度、建筑材料市场价格、建设项目设计变更以及变更前后的变化等信息都会相应地发生调整，使信息的时效性更强，信息更加准确有效。

3. 基于 BIM 的进度款计量

工程进度款是指在工程项目进入施工阶段后，建设单位或业主根据监理单位签署的工程量和工程产品的质量验收报告，按照初始订立的合同规定数额计算方式，并按一定程序支付给承包商的工程价款。进度款支付方式有按月结算、竣工后一次结算和分段结算等方式。无论用何种支付方式，在工程进度款支付时都需要有准确的工程量统计数据。将 BIM 模型系统应用于进度款计量工作中，将有效地改变传统模式下的计量工作状况。

4. 基于 BIM 的进度款管理

进度款管理时往往会遇到依据多、计算烦琐、汇总量大、管理难等问题，因此在进度款管理中引入 BIM 平台进行管理，具有较高的应用价值。

1）根据 BIM 模型系统上已完工程量，补充价差调整等信息，可快速准确地统计某一时段的造价信息，并通过项目管理平台及时办理工程进度款支付申请。

2）BIM 模型系统集成了任务信息和施工流水段信息，各分包与施工流水段是对应的，这样系统就能清晰识别各分包的工程，便于总承包单位进行分包工程量核实。如果能将分包单位纳入统一 BIM 平台系统，分包也可以直接基于系统平台进行分包报量，提高工作效率。

3）进度款的支付单据和相应数据都会自动记录在 BIM 模型系统中，并与模型相关联，便于后期的查询、结算、统计汇总等工作，为后期的造价管理工作提供准确的进度款信息。

4）BIM 模型系统提供了可视化功能，可以随时查看三维变更信息模型，并直接调用变更前后的模型进行对比分析，避免在进行进度款结算时因描述不清楚而出现纠纷。

五、竣工阶段基于 BIM 的造价管理

1. 结算管理的特点

BIM 技术和 5D 协同管理的引入，有助于改变工程结算工作的被动状况。随着施工阶段推进，BIM 模型数据库不断完善，模型相关的合同、设计变更、现场签证、计量支付、甲供材料等信息也不断被录入与更新，到竣工结算时，其信息量已完全可以表达竣工工程实体。通过 BIM 模型与造价软件的整合，利用系统数据与 BIM 模型随工程进行而更新的数据进行分析，可以根据结算需要快速地进行工程量分阶段、构件位置的拆分与汇总，依据内置工程量计算规则直接统计出工程量，实现"框图出量"，进而在 BIM 模型基础上加入综合单价等工程造价形成元素对竣工结算进行确认，实现在集成于 BIM 系统的含变更的结算模型中，通过 BIM 可视化的功能可以随时查看三维变更模型，并直接调用变更前后的模型进行对比分析，查阅变更原始资料。同时还可以自动统计变更前后的费用变化情况等。当涉及工程索赔和现场签证时，可将原始资料（包括现场照片或影像资料等）通过 BIM 系统中图片数据采集平台及时与 BIM 模型准确位置进行关联定位，结算时按需要进行查阅。模型的更新和编辑工作均需留痕迹，即模型及相关信息应记录信息所有权的状态、信息的建立者与编辑者、建立和编辑的时间及所使用的软件工具及版本等。

2. 核对工程量

1）造价人员基于 BIM 模型的竣工结算工作有两种实施方法：其一是向提供的 BIM 模型中增加造价管理需要的专门信息；其二是把 BIM 模型里面已经有的项目信息抽取出来或者与现有的造价管理信息建立链接。不论是哪种实施方法，项目竣工结算价款调整主要由工程量和要素价格及取费决定。竣工结算工程量计算是在施工过程造价管理应用模型基础上，依据变更和结算材料，附加结算相关信息，按照结算需要的工程量计算规则进行模型的深化，形成竣工结算模型，并利用此模型完成竣工结算的工程量计算，以此提高竣工结算阶段工程量计算的效率和准确性。

2）分部分项清单工程量核对是在分区核对完成以后，确保主要工程量数据在总量上差异较小的前提下进行的。如果 BIM 数据和手工数据需要比对，可通过 BIM 建模软件导入外部数据，在 BIM 软件中快速形成对比分析表。通过设置偏差百分率警戒值，可自动根据偏差百分率排序，迅速对数据偏差交代的分部分项工程项目进行锁定。再通过 BIM 软件的"反查"定位功能，对所对应的区域构件进行综合分析，确定项目最终划分，从而得出较合理的分部分项子目。而且通过对比分析表也可以对漏项进行对比检查。

3）由于专业与专业之间的信息传递局限和技术能力差异，实际结算工程量计算准确性也有较大差异。通过各专业 BIM 模型的综合应用，可直观快速检查专业之间交叉信息，减少因计算能力和经验不足造成结算偏差。

4）大数据核对是在前三个阶段完成后的最后一道核对程序。对项目的高层管理人员来讲，依据一份大数据对比分析报告，加上自身丰富的经验，就可以对项目结算报告做出分析，得出结论。BIM 完成后，直接到云服务器上自动检索高度相似的工程进行云指标对比，查找漏项和偏差较大的项目。

3. 核对要素价格

基于 BIM 技术可实现项目计价算量一体化。由于施工合同相关条款约定，在施工过程中经常存在人工费、材料单价等要素的调整，在结算时应进行分时段调整。BIM 5D 平台将模型与已标价的投标工程量清单关联，当发生要素调整时，仅需要在 BIM 模型中添加进度参数，即在 BIM 5D 模型中动态显示出整个工程的施工进度。系统自动根据进度参数形成新的模型版本，进行各时段需调整的分项工程量或材料消耗量统计。同时根据模型关联的已标价投标工程量清单进行造价数据更改，更改记录也会记录在相应模型上。

4. 取费确定

工程竣工结算时除了工程量和要素价格调整外，还涉及如安全文明施工费、规费及税金等的确定。此类费用与施工企业管理水平、项目施工方案、施工条件、施工合同条款、政策性文件等约束条件有关，需要根据项目具体情况把这些约束条件或调整条件考虑进去，建立相应 BIM 模型的标准。这可通过 BIM 技术手段实现，如应用编程接口（API）：由 BIM 软件厂商随 BIM 软件一起提供一系列的应用程序接口，造价人员或第三方软件开发人员可以用 API 从 BIM 模型中获取造价需要的项目信息，与现有造价管理软件集成，也可以把造价管理对项目的修改调整反馈到 BIM 模型中。

六、运营阶段基于 BIM 的造价管理

在集成应用了 BIM 技术、计算机辅助工程（Computer Aided Engineering，CAE）技术、虚拟现实、人工智能、工程数据库、移动网络、物联网以及计算机软件集成技术，引入建筑业国际标准《工业基础类》（Industry Foundation Class，IFC），通过建立建筑信息模型，可形成一个全信息数据库，实现信息模型的综合数字化集成，具有可视化、智能化、集成化、结构化特点。

智能化要求建筑工程三维图形与施工工程信息高度相关，可快速对构件信息、模型进行提取、加工，利用二维码、智能手机、无线射频等移动终端实现信息的检索交换，快速识别构件系统属性、技术参数，定位构件现场位置，实现现场高效管理。规划、设计信息、施工信息、运维信息在工程各个阶段通常是孤立的，给同一项目各个专业信息传达造成极大不便。通过对各个阶段信息进行综合，并与模型集成，可达到工程数据信息的集成管理。数字化集成交付系统在网络化的基础上，对信息进行集成、统一管理，通过构件编码和构件成组编码，将构件及其关键信息提取出来，实现数据的高效交换和共享。

1. 三维可视化管理

建立建筑及周边范围全三维立体空间工作场景，变二维抽象思考为三维直观思考，提高关注度和减轻工作强度的同时，提高日常工作效率。三维场景可使用户进行自由交互浏览，以及能够可视化地显示当前界面区域中所有 BIM 模型、元素的状态和信息；同时，提供接入系统的三维可视化管理，能够显示出这些系统的逻辑、空间关系，辅助管理决策。

2. 精细化运维管理

以 BIM 模型为基础，建立 5D 数据库（3D+时间+信息维度），包含了所有设施设备的名称、型号、空间位置、规格、材料、图纸、安装、质保、维修记录、厂家等详细信息，可通过查看设备部署，以及浏览、查询设备等方式快速定位并查看相关设备的详细信息，并可将关联设备的信息按要求一并提供。譬如空调设备的内机部署情况、外机部署情况；摄像头在站区部署情况；某类增压泵、蝶阀的部署情况等。在观察部署时可随时单击某设备查看需要的信息，尤其在设备出现故障时，可快速定位并查看相关设备维修详细信息、历史维修记录等，并制定解决方案。还可设计定期设备维修保养计划并及时提醒。

3. 一体化智能管理

将原有的基于报表或者二维的异构系统、BA 集成到统一的三维空间管理平台上，可提高信息系统集成共享能力，方便日常使用。如将原有的基于 BA 的自动化监控信息进行集成，可三维展示所监测到的实时数据，对各个系统在三维可视化界面中进行控制。还可集成安防视屏监控系统、报警系统管理、巡更管理等。

将设计阶段资料、施工阶段、运营阶段的数据集成到系统基于 BIM 的 5D 数据库中，并与 BIM 模型中相关设施、设备等对象进行关联，大大方便了后期管理，以及信息和数据的共享。

七、结语

当然，BIM 技术不仅应用在造价管理中，因为 BIM 可实现信息的集成，在设计管理、施工管理等过程中的应用点也非常多，在此列举一个实际项目的 BIM 管控案例 BIM 应用报告，见表 4-1。

表 4-1　某酒店项目 BIM 应用报告一览表

序号	BIM 应用阶段	BIM 应用点	提交对应成果
1	准备阶段	施工场布模拟	施工场布 BIM 模型
2		图纸问题梳理+BE 保存问题视口	图纸问题报告
3	土方开挖	基坑支护模拟	基坑支护 BIM 模型
4		土方开挖平面图、剖面图	土方开挖平面图、剖面图
5		桩数据多算对比（BIM、预算、实际）	多算对比分析报告
6		阶段展示——人工挖孔桩超 16m	BE 阶段展示
7		质量、安全协同管理	iBan 检查表及整改回复表
8		桩及基坑支护资料管理	资料目录及上传相关构件资料
9	基础阶段	基础工程数据报告	第 I 阶段建模成果报告
10		集水井洞口定位编号图	集水井洞口定位编号图
11		后浇带碰撞检查(后浇带碰集水井、井坑、墙、柱及格构柱)	后浇带碰撞检查报告
12		基础数据多算对比（BIM、预算、实际）	多算对比分析报告
13		基础钢筋管控建议	基础钢筋管控报告
14		基础施工分区——分区主材用量控制	分区各类主材用量计划表
15		基础进度计划关联	SP 中管理计划与实际进度

（续）

序号	BIM 应用阶段	BIM 应用点	提交对应成果
16	基础阶段	进度支付审核	配合申报甲方及审核分包每月进度工程数据
17		基础施工进度阶段展示	随现场每天更新现场不同区域施工阶段
18		质量、安全协同管理	iBan 检查表及整改回复表
19		基础资料管理	资料目录及上传相关构件资料
20		BIM 应用培训及基础建模培训	BIM 应用培训计划及报告
21		测量放线辅助	项目复杂节点测量、放线建议报告
22		质量安全管理	iBan 质量安全报告
23		协助检验批组数测定	完成项目检验批钢筋或混凝土送检组数测定表
24	主体施工阶段	主体建模成果报告	图纸建模成果报告（含土建、钢筋、安装）
25		地下室分区工程量统计及数据提供记录混凝土及钢筋用量分析报告	地下室分区工程量统计报表、地下室×层材料用量分析报告
26		高大支模数据筛选报告	高大支模筛选报告
27		脚手架排布方案模型	脚手架方案模型（需挂接至 BE 端共享）
28		进度管理（计划与实际进度录入）	计划与实际进度实时关联模型（按每层或每周频率更新）
29		基础插筋定位图	基础插筋定位图
30		地下室预留洞口报告	地下室×层管线综合排布方案
31		地下室管线综合排布方案	地下室×层预留洞口报告
32		地下室管线综合支架方案	地下室×层（×区域）管线综合支架方案
33		地下室净高检查报告	地下室×层净高检查分析报告
34		梁柱节点分析	梁柱节点分析报告
35		暗柱定位	暗柱定位平面图
36		格构柱与结构梁碰撞	碰撞报告与平面图
37		格构柱与基础构造节点分析	格构柱与基础构造节点报告
38		预埋管线加强钢筋分析	预埋管线加强钢筋专项分析报告
39		钢筋与钢构节点排布优化	钢筋与钢构节点排布优化报告
40		机电专业用钢量分析	开关固定钢筋报告，防雷接地等
41		钢筋专项钢筋现场复核报告	墙体纵筋起步距离分析、板筋绑扎接头分析、墙体纵筋搭接接头报告，梁构造钢筋搭接长度分析报告
42		临边维护编号图	临边维护编号平面图
43		阶段定义	BE 进度展示模型
44		变更对比分析	变更对比分析报告（含主体和机电综合排布前后）
45		质量安全管理	iBan 质量安全报告

（续）

序号	BIM 应用阶段	BIM 应用点	提交对应成果
46	二次结构阶段	构造柱平面布置图	构造柱平面布置图
47		过梁与梁整体浇筑、建议整体浇筑平面定位图	过梁与梁整体浇筑、建议整体浇筑平面定位图
48		板上砌体加筋平面定位图及数据报告	板上砌体加筋平面定位图及数据报告
49		二次结构数据报告	二次结构数据报告（多栋单体建议出具对比分析表）
50		门窗工程量统计报告	门窗工程量统计报告（和图纸工程量对比分析），不可采用 CAD 搜索方式
51		砌体墙部分超出结构梁定位图	砌体墙部分超出结构梁定位图
52		砌体留洞平面定位图	砌体留洞平面定位图（重点设备周围墙体后砌建议）
53		砌体排布图	砌体排布图
54		质量安全管理	iBan 质量安全报告
55	机电安装阶段	安装工程基础数据提供	建立安装 BIM 模型，根据规范或图纸要求计算规则，提供钢筋类工程数据
56		碰撞检查	检查安装各专业、安装与结构之间空间碰撞检查，导出碰撞检查报告
57		净高检查	提前查找安装各专业排布不满足净高要求的部位及构件，避免安装后返工，形成净高分析报告
58		协助安装管线综合（深化设计）	依据安装施工方案或规范要求，协助项目安装经理对各专业管线进行综合优化排布，确定最终管线排布 BIM 模型
59		管线综合 BIM 模型三维交底	依据定稿的管线综合 BIM 模型，对项目各专业施工班组进行三维交底
60		预留洞口定位图	结构留洞图、砌体预留洞口定位图
61		管线综合经济分析	综合前与综合后，模型变化情况，工程数据对比，量化经济分析
52		出剖面图、平面图	依据定稿的管线综合 BIM 模型，对机房或复杂部位导出剖面图及平面图，指导现场施工
63		漫游、设备进场路线规划	通过多专业集成平台（BW），实现建筑内部虚拟漫游
64		建立企业级设备库与构件库	根据项目特殊性，建立企业级安装设备库与构件库
65	结算审计阶段	分包结算审核配合	对内工程量审核报告
66		业主审核配合	内部工程量对比分析报告（施工单位自己有量）
67		漏项提醒报告	工程量漏项报告（施工单位自己没有量）

（续）

序号	BIM 应用阶段	BIM 应用点	提交对应成果
68	撤场运维	关键资料录入与上传	
69		关键机电设备二维码生成交付、粘贴	
70		设备维护更新提醒设置	
71	培训及其他部分	实施周报	
72		月度进展报告	
73		月度工作客户评价表	
74		年度工作总结报告	
75		项目实施总体工作进度计划	
76		系统应用培训报告	
77		建模培训报告	
78		退场函件	
79		项目 BIM 系统应用权限分配表	
80		工作联系函	关于解决什么问题的函
81		培训方案	
82		BIM 专项会议备忘录	
83		成果报告签收单	

第三节　工程造价计价软件应用

互联网+环境，能更好地聚合资源，更有效地组织工作，更方便、更快捷、更高效地完成工程计价任务。统一的互联网+环境，也能更好地保证工程计价的成果质量。

一、工程管理

分别以招标人、投标人身份，以统一、整体的方式，管理工程计价项目。

招标人身份：以新建、复制、导入方式，编制招标工程量清单和招标控制价。

投标人身份：工程投标是对电子招标清单进行投标报价，电子招标清单的内容不能丝毫有变。计价云平台采用导入电子招标清单的方式编制已标价工程量清单，既保证投标报价编制，也确保投标报价清单内容与电子招标清单完全一致。

（1）新建　招标人建立招标工程量清单和招标控制价（图 4-9）。

1）单击"新建"按钮，在弹出界面内填写和选择工程信息，保存，即建立工程。

2）专业类型与取费标准，一经选择确定，管理费、利润、措施项目费、不可竞争费、税金，即按规定标准计算。其中管理费费率、利润费率、措施项目费费率、费项、税金计算基础，计价时可调整。不可竞争费费项和费率不可再调整。

3）计价云平台支持建筑工程、装饰工程、安装工程、市政工程、园林工程、仿古建筑工程、轨道工程、修缮工程、装配式建筑工程等专业工程的计价及招标、投标。支持按费用定额标准的各地工程取费规则，包括按专业对应取费、按建筑总承包、市政总承包、多专业

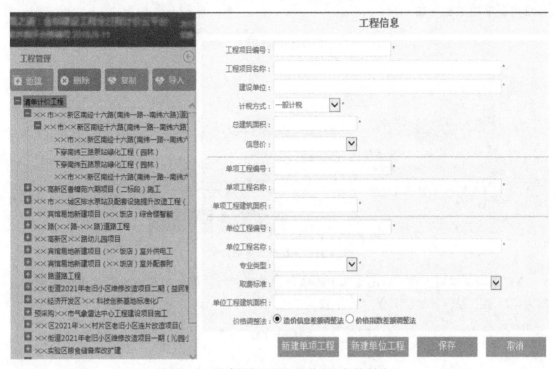

图 4-9　新建招标工程量清单和招标控制价

取费等。

4）新建工程项目、单项工程、单位工程，保存之后，可继续新建单项工程或新建单位工程，在本界面内完成全部单项工程和单位工程的新建。也可在退出之后，任意时刻补建单项工程或单位工程。

（2）复制　以复制方式建立招标工程量清单和招标控制价（图 4-10）。

单击"复制"按钮，调出全部用户项目，对应复制工程项目、单项工程、单位工程。

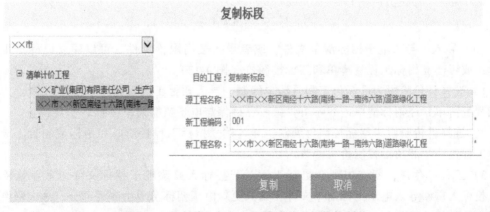

图 4-10　复制建立招标工程量清单和招标控制价

1）单击"清单计价工程"，调出全部工程项目，选择某工程项目，复制为新工程项目。

2）单击某工程项目，调出全部工程项目、单项工程，选择某单项工程，复制为该工程项目内新单项工程（图 4-11）。

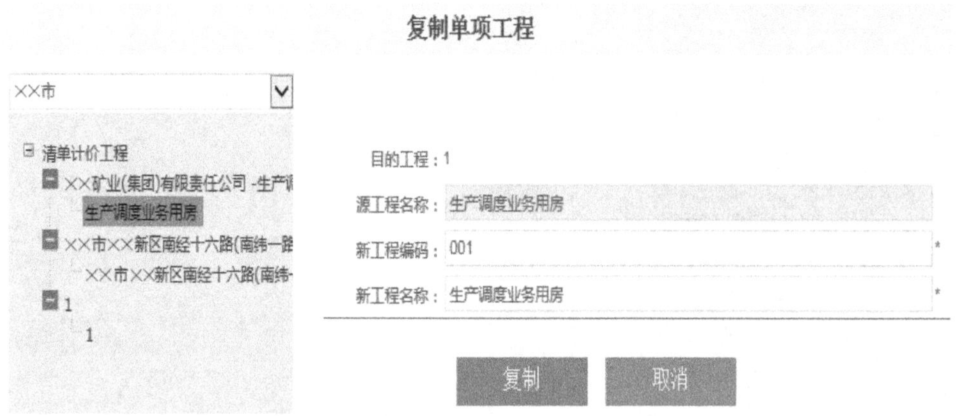

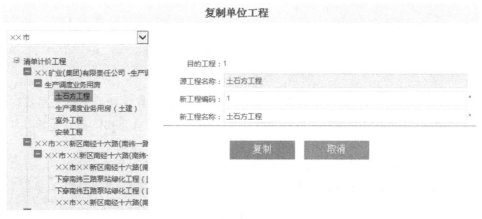

图 4-11　复制增加单项工程

3）单击某单项工程，调出全部工程项目、单项工程、单位工程，选择某单位工程，复制为该单项工程内新单位工程（图 4-12）。

图 4-12　复制增加单位工程

（3）导入　导入电子招标清单文件，或者导入最高限价文件，可以建立已标价工程量清单；或者建立招标工程量清单和招标控制价（图 4-13）。

1）选择计价阶段为已标价工程量清单编制，导入招标工程量清单和招标控制价为已标价工程量清单，原招标清单内容不可再修改，确保与电子招标清单一致。

2）选择计价阶段为招标控制价编制，导入建立招标工程量清单和招标控制价。导入的招标工程量清单和招标控制价可修改。

3）工程已存在，若选中则会更新工程：若招标人修改电子招标文件，重新给招标清单，投标人重新导入电子招标清单文件，则只更新电子招标清单中变动部分，最大限度保留投标报价的组价工作。

4）计算基础匹配：导入电子招标清单文件，可能会因为导入的文件不规范，存在税金计算基础不匹配的情况，请对应匹配。平台完成计价后，仍会导出与所给招标清单一致的投标报价，不会影响投标。

图 4-13　导入工程计价文件

（4）删除　删除指定的工程项目、单项工程、单位工程。

二、招标工程量清单和招标控制价编制

1. 当前工程

功能按钮："保存""确认（撤销）""联机""报表""ZB""XJ""备案""工程概况""工程资料"。

综述：补充完善工程信息并保存；填写工程概况；上传项目的工程资料；工程计价中，可以邀请不限人数的同行一起在线联机，共同完成计价项目；计价完成，确认时会进行合规性检查；确认后，可以生成计价报表和造价指标分析表；生成招标需要的清单文件（ZB）、控制价文件（XJ），以及备案 xml 文件；确认后，可以在线联机送审招标控制价，进行招标控制价 N 级在线审核。

（1）工程信息　工程项目、单项工程、单位工程建立之后，在当前工程内，对应工程项目、单项工程、单位工程，按照招标文件和接口标准要求，补全相关工程信息，然后保存。

（2）工程资料　按类上传相关工程资料，包括：项目批准文件、规划许可、土地许可、工程勘探、总概算、项目概算、调整概算、招标文件、工程图纸、图审合格、设计答疑、设计变更、经济签证、询价报告、编审报告、咨询合同、其他资料等。

工程资料随工程项目保存，即保证项目完整性，也便于联机协同计价和在线 N 级审核时使用。

（3）工程项目概况　包括工程概况、工程结构、工程特征。补充完善工程概况和工程特征信息，用于工程造价指标分析。工程结构内计算，统一计算工程项目、单项工程、单位工程造价及单方造价。

（4）确认、报表、ZB、XJ、备案　工程确认时，需通过清单控制价合规性检查（图 4-14），合规性检查已考虑备案 xml 文件及计价规范性、专业性要求。工程确认时，输入项目保护密码。

工程确认后，分别按标准要求，生成工程计价报表（图 4-15）、造价指标分析表、ZB、XJ、备案文件。

工程确认后，可以进行招标控制价在线 N 级审核。

工程确认后，可撤销确认，回到计价状态。

合规检查

合规项	原因
010101002001|1|1	单位含非法字符:m^3/m
010101001001|d-01|1|1	当期综合合价=0 当期综合单价=0
011705001001|1|1	当期综合合价=0 当期综合单价=0 未关联定额项目
010101001001|1|1	单位含非法字符:m^2/m

图 4-14　工程计价合规性检查

报表管理

	报表类型
☐	招标工程量清单
☐	招标最高投标限价(全)
☐	招标最高投标限价(简)
☐	招标公告表
☐	工程项目造价指标分析
☐	单项工程造价指标分析
☐	单位工程造价指标分析

导出格式：◉ Excel(.xlsx)　○ PDF(.pdf)　○ Word(.doc)

　　确认　　　　　　取消

图 4-15　工程计价报表

（5）人材机汇总　对应工程项目、单项工程、单位工程，分别汇总人材机数量、造价等。单击"人材机编码"，反查该人材机所属工程、所属定额子目（图 4-16）。

（6）归集　如图 4-17 所示，处理导入最高限价文件产生的人材机不规范、不专业问题。同码不同材：工程项目内，编码相同，材料名称、单价不同，执行归集后，自动理顺

図 4-16　反查人材机所属工程、定额子目

编码。

同材不同价：工程项目内，编码、名称相同，单价不同，执行归集后，自动理顺到指定单价。

同材不同码：工程项目内，名称、单价相同，编码不同，执行归集后，自动理顺编码。

人材机归集

同材不同码 同材不同价 同材不同材		归集				
码		名称*规格	规格型号	单位	单价(定额)	单价(当期)
B51BY		钢筋混凝土管 DN300		m	51.30	51.30
B51BY		钢筋混凝土管 DN300		m	51.30	63.72
B01CB		汽油(机械用)		kg	6.769	5.58
B01CB		汽油(机械用)		kg	6.769	6.769
B01CB		汽油(机械用)		kg	6.769	6.86
B01CB		柴油(机械用)		kg	5.923	4.54
B01CB		柴油(机械用)		kg	5.923	5.67
B01CB		柴油(机械用)		kg	5.923	5.923
B01CB		柴油(机械用)		kg	5.923	6.76
B01CA		电(机械用)		kW h	0.68	0.68

图 4-17　人材机归集检查处理

（7）联机　包括联机协同计价（图 4-18）和联机送审清单控制价。

在清单控制价编制（计价中）状态，单击"联机"，启动联机协同计价。

在清单控制价编制（已确认）状态，单击"联机"，启动联机送审控制价。

1）联机协同计价。选择联机协同人，确认，发送邀请（发送手机短信和在线信息），协同人审批同意，即可通过网络进入工程，进行指定单位工程的清单控制价编制。协同不限人数，在网即可；可以将任意多个单位工程分派给某人，也可将某一单位工程分派给多人，协同后，多人通过网络，共同对同一工程计价，统一材价、取费，计价过程同步可见。

2）联机送审清单控制价。在招标控制价编制（已确认）状态，单击"联机"，启动联

图 4-18 联机协同计价

机报审核，实现清单控制价在线 N 级审核。

3）可选联机方。在用户设置内，设置相关单位人员，相关单位人员即为可选联机方（图 4-19）。

图 4-19 设置联机协同人

相关单位：单击"新增"，输入相关人员注册账号，确认相关单位人员，就可以在联机协同计价或联机报审核时选择了。

联机协同计价和联机送审清单控制价，以互联网+模式重新定义工程计价工作流程。

任务分派模式：通过网络统一分派任务，计价项目始终是完整的一个整体。

计价工作模式：在统一计价项目内，不限时间、地域，各专业人员协同、独立工作，计价工作同步可见。

质量保证模式：人材机统一、计价标准统一、计价依据统一，从根本上保证计价成果的统一性。

工程管理模式：互联网+工程管理，流程清晰，科学高效，大大提高了计价成果的编制质量和编制效率。

2. 分部分项

功能按钮："添加""补充""删除""保存""调价""计算""取费""组价库"。

综述：选择、补充清单计价项目；完成清单计价项目的定额组价；定额组价时，可以按清单指引选择组价定额子目，可以补充定额子目或者补充独立费，可以使用组价库，以已完工程项目的相似清单组价作为本清单计价项目的定额组价；可以使用或者修改五类预置换算设置自动换算，也可以自己按五类换算方式自行设置换算；组价后，有信息价的定额材料，可以按编码匹配自动进价计算。

分部分项清单及清单组价工作，是工程计价的主要工作，必须充分满足功能需求，其中子目换算功能、信息价编码匹配自动进价功能、云端组价库功能、各种类材价源功能，为工程计价工作提供了强大的质量保障。

（1）添加　选择添加清单计价项目（图4-20），可同时完成组价定额子目选择。

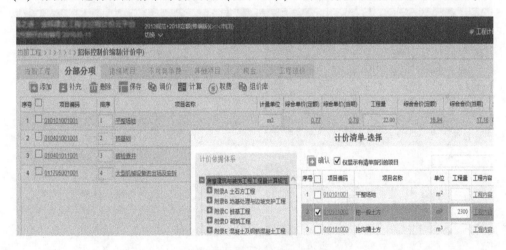

图4-20　添加清单计价项目

1）单击"添加"，调出清单计价规范（包括地方补充），勾选清单项目，输入工程量，确认选取。

2）去掉"仅显示有清单指引的项目"勾选，调出全部清单计价规范（包括地方补充），勾选清单项目，输入工程量，确认选取。

3）选定清单项目时，可同时进行清单项目定额组价。

输入清单项目工程量，单击清单项目的项目编码，调出清单项目指引的定额项目，选择确认定额项目。

4）如果选择的清单计价项目只有一条清单指引，自动选入清单项目组价（图4-21）。

图 4-21　清单项目组价

（2）补充　自补清单计价项目（图 4-22）。

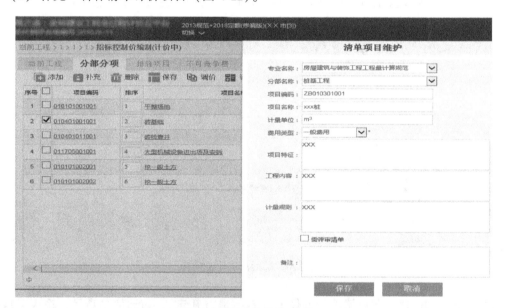

图 4-22　补充清单计价项目

国家有关清单计价规范，地方补充清单（WB 清单）不能满足要求时，可以按规则补充清单计价项目，补充 ZB 类自补清单计价项目后，同样使用组价功能组价。

（3）清单项目维护

1）项目特征：对选入的清单计价项目，单击清单项目编码，在清单项目维护对话框里完成项目特征描述等信息修改（图 4-23）。

2）清单项目编码、排序：清单计价项目、补充清单项目自动按规则产生清单计价顺序

图 4-23　清单项目特征

码、排序数字。删除清单计价项目，清单项目编码会自动调整顺序码，不会出现断码现象。可以修改排序数字，调整清单项目的显示顺序。

（4）清单项目组价　单击清单项目名称，进入清单组价页（图 4-24）。

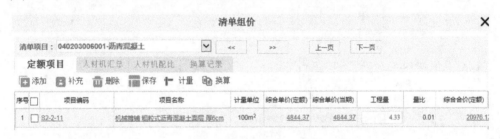

图 4-24　清单项目组价页

1）清单项目滚动：上一条、下一条，上一页、下一页。

2）定额项目：

功能按钮："添加""补充""删除""保存""计量""换算"。

综述：按清单指引，或者在全定额范围内，选择添加组价定额子目；自动补充定额或者独立费；调用或者修改五类换算设置完成子目换算，或者按五类换算设置方式自设子目换算。

定额项目分六种类型，分别是：

一类：基础定额，以人材机单价和定额消耗量计算的定额项目

二类：脚手架定额。安装定额各册说明中，规定了脚手架费用计算方式。平台补充了安装脚手架定额，对应建立了清单指引。计价时按清单指引定额，再确定基于子目范围进行工程计价。

三类：系统调试费定额。安装定额各册说明中，规定了系统调试费计算方式。

四类：操作高度增加费定额。安装定额各册说明中，规定了操作高度增加费计算方式。

五类：超高降效费定额，如装饰超高降效费。

六类：垂直运输费定额，如装饰垂直运输费。

基于子目法：二至六类是基于计价定额子目再计算的定额项目。有清单指引定额的，按清单指引定额，再确认基于子目范围计算；没有清单指引定额的，按补充定额，再确定基于子目范围计算。

添加：弹出选择定额，显示清单指引的定额项目，选择需要的定额项目后确认。如果清单指引里没有需要的定额项目，可以点掉清单指引勾选，切换到全部定额项目内选取。

补充：

选择费用类型：一般费用、大型机械费、独立费。

一般费用：定额子目按人材机消耗量计算，按规则正常计算管理费和利润。

大型机械费：定额子目定义为大型机械属性，在相关计算基础里参与扣减计算。

独立费：定义为计价独立费，区分计税和不计税。电子招标投标时应选择计税模式。

选择定额类型：基础定额、脚手架定额、系统调试费定额、操作高度增加费定额、超高降效费定额、垂直运输费定额。

确定补充定额编码、定额名称、单位等（图4-25）。

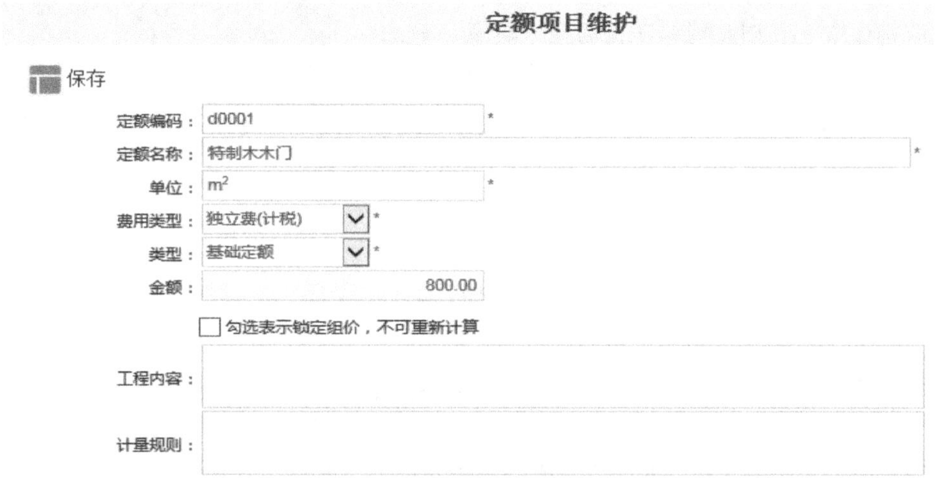

定额项目维护

图4-25 定额项目维护

3）换算：在计价依据里，已按照计价定额说明，分五种类型设置了定额子目换算，在计价时，可直接调用，完成自动换算；也可以调出后修改设置完成换算，或者按照五类换算设置方式，自设换算。子目换算，可以一次性完成同类设置换算（预拌砂浆类），还可以仅对定额工程量的一部分执行换算，另外一部分不执行换算。

直接调用：勾选定额子目，单击"换算"，调出该定额子目的预置换算设置，勾选某设置，单击"确认"，返回即完成换算（图4-26）。

修改设置：勾选定额子目，单击"换算"，调出该定额子目的预置换算设置，勾选某设置，单击"新增"，进入换算设置，设置完成后，单击"保存"和"换算"（图4-27）。

自设换算：勾选定额子目，单击"换算"，调出该定额子目的预置换算设置，不勾选，直接单击"新增内某类换算"，进入换算设置，设置完成后，单击"保存"和"换算"（图4-28）。

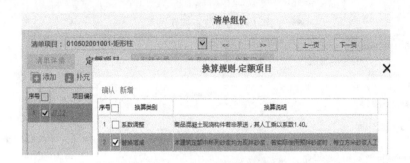

图 4-26　定额项目直接换算

图 4-27　定额项目修改换算

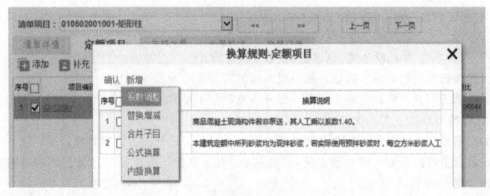

a) 换算规则-定额项目

图 4-28　定额项目新设换算

系数调整-定额项目

保存 换算

规则说明：系数调整:规则说明

需换算工程量：1.485

设 置

序号	编码	名称*规格	含量值	系数	符号	新含量值
1	0001A01B01BC	综合工日	0.18873	1.00		0.18873
2	3411A13B01BV	水	0.143	1.00		0.143
3	8021A01B63BV	商品混凝土 C30(泵送)	0.991	1.00		0.991
4	3411A01B01CA	电	0.404	1.00		0.404
5	990610010	灰浆搅拌机 200L	-0.001177	1.00		-0.001177

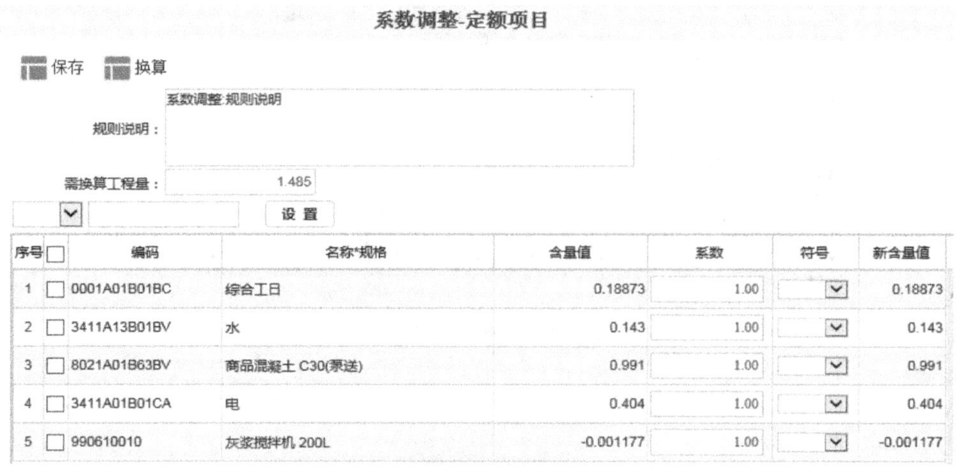

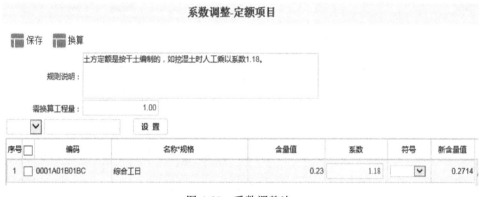

b) 系数调整-定额项目

图 4-28　定额项目新设换算（续）

4）五类换算说明。

① 系数调整法（图 4-29）：

系数调整-定额项目

保存 换算

规则说明：土方定额是按干土编制的，如挖湿土时人工乘以系数1.18。

需换算工程量：1.00

设 置

序号	编码	名称*规格	含量值	系数	符号	新含量值
1	0001A01B01BC	综合工日	0.23	1.18		0.2714

图 4-29　系数调整法

符号为空时：直接原含量×系数=新含量。

符号为“+”时：原含量+原含量×系数=新含量。

符号为“-”时：原含量-原含量×系数=新含量。

设置按钮左边的符号、系数，统一对人材机含量进行设置。

需换算工程量：解决定额工程量，部分换算部分不换算问题。

② 替换增减法（图 4-30）：

勾选需要替换的含量项，单击替换项，调出人材机，选择需要的替换项。

设置含量增减系数，以“原含量+调整基数×含量系数=新含量”计算，调整基数为替换项原含量。

替换增减主要适用砂浆、混凝土等含量换算，但不限于砂浆、混凝土，凡符合替换增减的均可依此设置。

③ 合并子目法（图 4-31）：

换算规则-定额项目

确认 新增

序号	☐	换算类别	换算说明
1	☑	替换增减	本建筑定额中所列砂浆均为现拌砂浆，若实际使用预拌砂浆时，每立方米砂浆人工

a) 换算规则 - 定额项目

替换增减-定额项目

新增 删除 保存 换算

规则说明：本建筑定额中所列砂浆均为现拌砂浆，若实际使用预拌砂浆时，每立方米砂浆人工扣减0.17工日，搅拌机扣减0.167台班。

需换算工程量：13.75

序号	☐	编码	名称*规格	替换	替换项	原含量	调整基数	含量系数	新含量
1	☐	0001A01B01BC	综合工日	☐		1.008	0.236	-0.17	0.96788
2	☐	8001A09B63BV	水泥砂浆 M5.0	☑	8001A19B77B1	0.236	0.236	0.00	0.236
3	☐	0413A03B53BN	标准砖 240×115×53	☐		5.236	0.236	0.00	5.236
4	☐	3411A13B01BV	水	☐		0.105	0.236	0.00	0.105
5	☐	990610010	灰浆搅拌机 200L	☐		0.039	0.236	-0.167	-0.000412

b) 替换增减 - 定额项目

图 4-30 替换增减法

合并子目-定额项目

保存

规则说明：铺筑 矿渣垫层 厚8cm

基项编码：	S2-1-7	基项名称：	铺筑 矿渣垫层 厚5cm	基项倍数：	1.00
辅项编码：	S2-1-8	辅项名称：	铺筑 矿渣垫层 厚每增减1cm	辅项倍数：	3.00
辅项编码(2)：		辅项名称(2)：		辅项倍数(2)：	0.00
换算编码：	[S2-1-7]*1+[S2-1-8]*3	换算名称：	铺筑 矿渣垫层 厚8cm	单位：	$100m^2$

序号	编码	名称*规格	基项含量	辅项含量	辅项(2)含量	新含量值
1	0001A01B01BC	综合工日	0.832	0.167	0.00	1.333
2	0407A11B01BV	炉渣	8.47	1.69	0.00	13.54
3	3411A13B01BV	水	0.91	0.18	0.00	1.45
4	0000A33B01CM	其他材料费占材料费	0.50	0.50	0.00	0.50

图 4-31 合并子目法

合并子目一般是基项合并辅项（每增减项），填写基项系数和辅项系数，新含量自动计算。

子目合并后，以占比计算的其他材料费，仍按定额材料价格计算，而不能变成以市场价格计算。

④ 公式换算法（图 4-32）：

图 4-32 公式换算法

调整厚度和调整配比公式换算，如定额子目中，拌和机拌和石灰：土：碎石为 8：72：20，基层厚 15cm，将其换成配比 10：70：20，基层厚 18cm。调整、设置配合比、厚度即可。

换算公式：

$$C_s = \left[C_d + B_d \times (H - H_0) \right] \times \frac{L_s}{L_d}$$

⑤ 内插换算法（图 4-33）：

图 4-33 内插换算法

在两个定额子目之间，内插换算一个适用于内插法换算的子目，如强夯地基的换算。

内插法公式：$(b-b_1)/(i-i_1)=(b_2-b_1)/(i_2-i_1)$。

注：强夯项目中每单位面积夯点数，指设计文件中规定的单位面积内夯点数量，若设计文件中夯点数量与定额不同时，采用内插法计算消耗量。

5）人材机汇总：选取某定额项目，或直接单击定额项目名称，进入人材机汇总操作界面。

功能按钮："添加""删除""保存"。

综述：对六类定额子目的含量进行管理（图4-34）。

清单组价

清单项目：010401003001-实心砖墙　｜ << ｜ >> ｜ 上一页 ｜ 下一页

定额项目　**人材机汇总**　人材机配比

添加　删除　保存

序号		编码	主材	批注	名称*规格	规格型号	单位	单价(定额)	单价(当期)	含量	数量	合计(定额)	合计(当
1		0001A01B01BC			综合工日		工日	140.00	140.00	1.5093	100.97217	14136.10	14
2		8005A03B51BV	✓		混合砂浆 M5		m³	244.44	244.44	0.228	15.2532	3728.49	3
3		0413A03B53BN	✓		标准砖	240×115×53	百块	41.45	41.45	5.37	359.253	14891.04	14
4		3411A13B01BV	✓		水		m³	7.96	7.96	0.106	7.0914	56.45	
5		990610010			灰浆搅拌机	200L	台班	215.26	215.26	0.038	2.5422	547.23	

图4-34　定额含量

一类：对人材机增减和定额含量调整。二类至六类：管理、计算安装脚手架、系统调试费、操作高度增加费、超高降效费、垂直运输费。

添加：普通式添加和替换式添加。

普通式添加：直接单击"添加"，调出计价定额的全部人材机，勾选确认，添加到本定额项目的含量中。

替换式添加：勾选含量中某项后，单击"添加"，调出计价定额的全部人材机，勾选确认，替换掉含量中勾选项。

调出计价定额人材机及信息价材料，如果计价定额人材机和信息价材料里没有需要的材料，可以添加用户材料，然后再选择添加。

用户材料：有根添加和无根添加（图4-35）。

序号		编码	名称*规格	单位	项	定额单价	当期单价
45		0405A23B01CB	重晶石	kg	定	0.23	0.23
46		0405A25B01BV	砂砾(天然级配)	m³	定	60	60
47		0405A27B01BT	砂砾石	t	定	60	60
48		0405A27B01BT-1	**砂砾石 优质品牌**	t	用	60	90
49		0405A29B01CB	石英石	kg	定	0.44	0.44

图4-35　补充用户材料

有根添加：选取根材料，单击"添加"，则添加该根材料编码-1 型用户材料。

无根添加：在某材料目录，不勾选根材料，直接单击"添加"，则添加 CL-0001 型用户材料。

定额含量管理，综合应用定额人材机、信息价材料、用户材料，调整定额含量。此处的调整为单个调整，批量替换功能在调价功能内。

二类至六类定额子目，基于子目法的定额含量管理：

类型：首先确定是哪种类型的定额子目（图 4-36），如安装工程的脚手架。

工程量系数：对基于子目计算范围的定额子目的工程量，统一折算系数，适用于装饰超高降效规则等情况（只计算 20m 以上的部分）。

计算规则：基于子目范围的人工费（材料费、机械费、直接费）的百分比。有定额子目的和平台补充的子目，本处已设置好计算规则。

人工占比、材料占比、机械占比：按定额说明，确定计算费用中人材机的占比。

图 4-36 设置定额项目

基于子目范围管理（图 4-37 和图 4-38）：单击定额项目，在定额项目里单击"添加"，调出本次计价的全部定额项目，选择确定适用于本次计价的定额子目范围，然后确认。

序号		定额编码	定额名称	单位	清单编码	清单名称
1	☐	Z1-1	水泥砂浆 楼地面 20mm 100m²		011101001001	水泥砂浆楼地面
2	☐	Z1-7	水磨石楼地面 嵌条 12m 100m²		011101002001	现浇水磨石楼地面
3	☐	Z1-11	细石混凝土楼地面 每增 100m²		011101003001	细石混凝土楼地面
4	☐	Z1-18	水泥自流平地面(2mm厚 100m²		011101005001	自流平楼地面
5	☐	Z1-15	水泥砂浆找平层 每增减 100m²		011101006001	平面砂浆找平层

图 4-37 选择基于子目范围

序号		编码	主材	批注	名称*规格	规格型号	单位	单价(定额)	单价(当期)	含量	数量	合计(定额)
1	☐	RG-Z1-15	☐		011101006001|Z1-15|水		%	2.40	2.40	5.00	0.05	0.12
2	☐	RG-Z1-1	☐		011101001001|Z1-1|水		%	22.76	22.76	5.00	0.05	1.14
3	☐	RG-Z1-7	☐		011101002001|Z1-7|水		%	89.60	89.60	5.00	0.05	4.48
4	☐	RG-Z1-11	☐		011101003001|Z1-11|细		%	2.39	2.39	5.00	0.05	0.12
5	☐	RG-Z1-18	☐		011101005001|Z1-18|水		%	17.25	17.25	5.00	0.05	0.86

图 4-38 计算基于子目范围

（5）调价

功能按钮："保存""批量调价""各地市信息价""批量替换""调价历史"。

综述：通过清单项目组价，确定了组价定额项目及定额项目的含量调整等。此处的调价是综合使用定额单价、信息价单价、用户材料单价、市场询价、其他城市单价等，确定本工程项目内全部单项工程、单位工程所采用的统一单价（图4-39）。同时，用户可以在此设置暂估材料、发包人材料、承包人材料标识，并完成定额含量材料的批量换算。

工程计价中，工程材料的取价、进价是非常重要的问题。

1）材料源：按材料价格属性分类管理。

信息价：管理部门发布的工程材料信息价基本清单，包括本市和其他地市。

控制价：已完清单控制价内材料价格。

投标报价：已完投标报价内材料价格。

询报价：用户收集整理的材料询价、报价。

采购价：工程实际的采购价格。

结算价：工程实际的结算价格。

图4-39　人材机调价

2）批量调价：

使用信息价调价：当前工程里已选定的本地某期信息价，用于本工程项目计价。此处可以自动按编码匹配、按设置的浮动比例，单击"调价"按钮，实现一键调价（图4-40）。

各地市、各期信息价，已根据管理部门发布的信息价基本清单，按照编码对应规则，内建在云计价平台，定期更新，供使用者计价自动调用。

按材料分类、材料占比、浮动比例调价：

材料分类：按材料（全部）、按主材（设备）、按辅材、按需评审材料、按主要材料、

图 4-40　人材机批量调价（一）

按人工、按机械（图 4-41）。

图 4-41　人材机批量调价（二）

3）各地市信息价：选择其他城市信息价进价。

勾选某材料，单击各地市信息价，则调出平台内其他地市信息价，供使用者选择进价（图 4-42）。

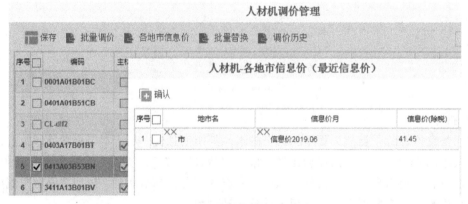

图 4-42　参考其他信息价调价

对工程项目的材料进价，可以按编码匹配浮动比例，按本地信息价调价；可以按分类、占比筛选，按浮动比例调价；可以选用其他城市信息价；当然，也可以直接输入询价自定价。

在某单位工程的调价里确定的人材机价格，适用于本工程项目内全部单位工程，避免不同单位工程之间的价格不一致，确保同材同码同价。

4）批量换算（图 4-43）：勾选某材料，单击"批量换算"，调出全部分类料价格库（定额材料+信息价材料+用户材料），把勾选材料替换成另外某材料。如果材料价格库里没有批量替换的材料，可以在此增加用户材料。

图 4-43　人材机批量换算

5）暂估材料，发包人材料、承包人材料、需评审材料。在调价里，对某材料（非组成性材料）选定为暂、甲、承、（审），保存，即设定为暂估材料，发包人材料、承包人材料、需评审材料，设定后，自动进入其他项目的对应功能内，如图 4-44 所示。

甲方身份编制招标控制价时设定的暂估材料、发包人材料，会随招标清单进入投标人的已标价工程量清单，投标人不能修改暂估材料，发包人材料的单价。

（6）组价库　计价平台内，用户已经确认完成的计价项目，其清单项目组价自动进入云端组价库。

本次计价，勾选某清单项目，单击"组价库"，调出与该清单项目前 9 位编码一致的已完成清单组价项目，可以对照项目特征、组价定额、定额含量、含量组成等，选择作为本次清单计价项目的组价，如图 4-45 所示。

3.措施项目费

措施项目费自动按当前工程内取费标准设置计算，可以修改费率，添加、补充或删除措施项目，如图 4-46 所示。

图 4-44　人材机属性设置

图 4-45　清单组价复制

序号	项目编码	排序	项目名称	计算基础	基础金额	费率(%)	综合合价
1	SC-01	1	夜间施工增加费	分部分项人工基价+分部分项机械基价-大型机械	10990481.97	0.5000	54952.41
2	SC-02	2	二次搬运费	分部分项人工基价+分部分项机械基价-大型机械	10990481.97	1.2000	131885.78
3	SC-05	3	工程定位复测费	分部分项人工基价+分部分项机械基价-大型机械	10990481.97	0.9000	98914.34
4	SC-06	4	临时保护设施费	分部分项人工基价+分部分项机械基价-大型机械	10990481.97	0.1000	10990.48
5	SC-07	5	行车、行人干扰增加费	分部分项人工基价+分部分项机械基价-大型机械	10990481.97	0.2000	21980.96
6	SC-08	6	赶工措施费	分部分项人工基价+分部分项机械基价-大型机械	10990481.97	0.0000	0.00
7	b1	7	zi补的措施项目	维护计算基础		0.3000	

图 4-46　措施项目费

4. 不可竞争费

不可竞争费自动按费用定额规定调用计算，不可修改费项、费率，如图 4-47 所示。

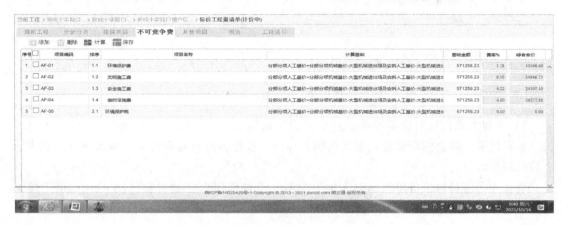

图 4-47 不可竞争费

5. 其他项目

其他项目内，有暂列金额、材料暂估价、专业工程暂估价、发包人供应材料设备、计日工、总承包服务费、承包人供应材料设备清单（图 4-48）。

1）暂列金额：单击"添加"和"删除"按钮，建立本单位工程的暂列金额，备注暂列金额。

2）材料暂估价：显示在调价里设置的暂估材料（暂）。暂估材料将会随招标清单进入投标人标价，投标人不能再修改单价。

3）专业工程暂估价：单击"添加"和"删除"按钮，建立本单位工程的专业工程暂估价，填写备注和工作内容。

4）发包人供应材料设备：显示在调价里设置的发包人供应材料设备（甲）。发包人供应材料设备，将会随招标清单进入投标人标价，投标人不能再修改单价。

图 4-48 其他项目

5）计日工：完成某项非定额计价工作所需要的人工、材料、机械数量和合价，通过单击"添加"和"删除"按钮建立（图 4-49）。

序号	类别	项目编码	排序	项目名称	单位	暂定数量	综合单价	合价
1	人工	1	1	维护交通安全用工	工日	10	150.00	1500.00
2	材料	2	2	服装	件	10	60.00	600.00
3	材料	3	3	饮料	瓶	24	1.50	36.00

图 4-49 计日工

6）总承包服务费：当存在专业工程分包、发包人材料时，总包单位应计算的费用（图 4-50）。

图 4-50　总承包服务费

7）承包人供应材料设备清单：显示调价里设置的承包人供应材料设备（承）。承包人供应材料设备，将会随招标清单进入投标人标价，投标人的投标单价将与基准单价一起用于之后的材料调差。

承包人供应材料设备应为承包人主要材料，设置承包人主要材料（图 4-51）用于规定主要材料的调差规则。

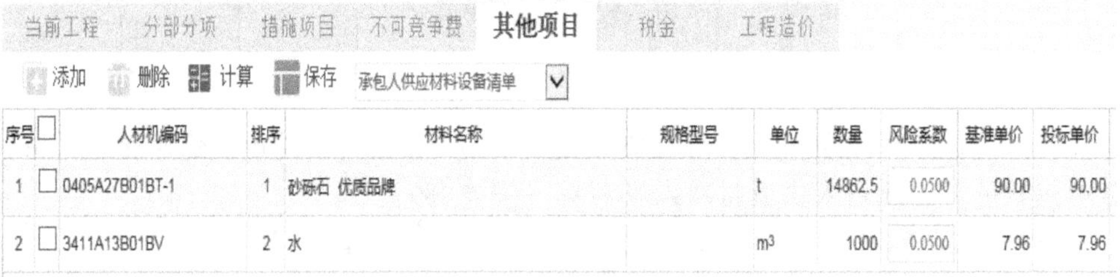

图 4-51　承包人主要材料

6. 税金

自动按当前工程设置、费用定额规定调用计算，可修改税金计算基础。

税金的计算基础存在一定变化，主要是暂列金额是否计税。计价平台内默认按费用定额规定，若招标规定暂列金额不计税，应修改税金的计算基础。

计算基础修改：

单击计算基础内文字公式（下划线部分），弹出计算公式修改界面。

本界面列出平台内计算常量，可以用这些常量来组建计算基础公式。通过勾选选择计算公式组成内容，运算符有"＋""－"供选择使用。如图 4-52 所示，对应计算公式为：分部分项工程费＋其他项目费＋措施项目费＋不可竞争费－暂列金额。

以平台计算常量确定计算公式的规则，为常量名称和运算符的组合，运算符的使用规则要注意。

7. 工程造价

经刷新计算后，可查看工程造价计算结果。至此，本单位工程的招标控制价计算全部完成。

确认控制价编制：完成了全部控制价编制工作后，在当前工程里单击"确认"，平台会自动检查控制价的合规性，不合规不能确认。

若控制价编制合规，则可以确认。

确认时，需输入保护密码。

确认了控制价之后，可以对此控制价进行在线 N 级审核。当然，如果控制价不需要进

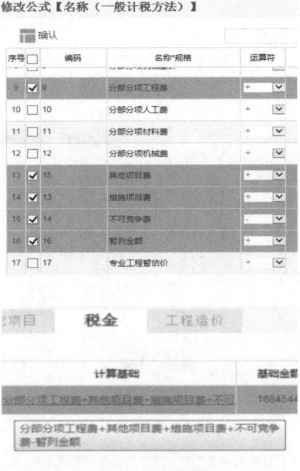

图 4-52　税金计算基础

行审核，可以导出本工程项目的招标清单、招标控制价、备案文件，还可以生成本工程项目的计价报表、造价指标分析表。也可以在控制价 N 级审核之后，再以审核审定版生成招标投标文件和计价报表、造价指标分析表及各种招标、备案文件。

三、招标控制价在线 N 级审核

1）清单控制价确认后，或者某级清单控制价审核确认后，单击"联机"按钮，启动联机报审核。

2）选择联机方，填写联机内容，联机方收到平台网络通知、短信通知；审批同意后，编制方与审核方之间通过网络进行清单控制价在线审核（图 4-53）。

3）审核流程。送审方与审核方在线完成工程计价审核。审核方提出问题，送审方修改问题，全部完成后，送审方确认审核（图 4-54）。

在分部分项、措施项目、不可竞争费、其他项目、税金对话框中，都设有"审核"按钮，单击进入审核操作界面。

图 4-53　清单控制价在线审核

审核点有：

工程结构：审核工程计价的单项工程、单位工程结构是否正确。

工程信息：审核标段信息、单项工程信息、单位工程信息是否正确。

清单增项：审核是否有不符合施工图和计价规范的清单增项。

清单漏项：审核是否有施工图和计价规范要求的清单漏项。

补充清单：审核是否应该补充清单，补充清单是否符合规范要求。

清单不符：审核清单选择是否与图纸和计价规范相符。

清单编码：审核清单编码是否规范，是否有断码。

清单描述：审核清单描述是否规范，是否符合图纸。

清单错量：审核清单工程量是否合理正确。

钢筋抽量：审核钢筋用量是否合理正确。

组价问题：审核清单组价是否正确。

换算问题：审核定额子目是否换算，换算是否正确。

材价问题：审核是否按信息价，材价是否合理。

补充定额：审核是否应该补充定额，补充定额是否合理。

独立费：审核是否需要独立费，独立费是否合理。

取费问题：审核管理费、利润是否正确。

图 4-54　审核方审核

措施项目：审核措施项目列项、费率是否正确。

暂列金额：审核暂列金额是否符合规定。

专业暂估：审核专业工程暂估价是否正确。

材料暂估：审核材料暂估价是否设置正确。

总包服务：审核总包服务费是否应该计算，设置是否正确。

计日工：审核计日工数量、单价是否合理。

税金：审核是否按规定计算工程税金；审核计算基础是否符合当地规则。

在招标控制价（审核中）状态，送审方仍然可以联机，形成送审方团队。审核方也可以联机，形成审核方团队。

送审方全部修改完成，审核方全部同意，送审方可确认一审完成，若还有未通过审核的项目，送审方不能确认审核完成。

一审完成后，可以继续以这种方式启动二审、三审、四审等。

招标控制价编制、在线完成的各级审核，均独立存在留痕。确认后，以审定版生成招标清单、招标控制价、备案 xml 文件，以及生成各种工程计价报表。

第五章 工程造价典型案例分析

第一节 定额测定方法与研究实例

一、工程定额概述

(一) 工程定额的概念

工程定额是在正常施工条件下，完成单位合格产品所必须消耗的劳动力、材料、机械台班的数量标准。这种量的规定，反映出完成建设工程中的某项合格产品与各种生产消耗之间特定的数量关系。在工程项目实施过程中，实行定额管理的目的是为了在施工中力求最少的人力、物力和资金消耗量，生产出更多、更好的建筑产品，取得最好的经济效益。为准确理解工程定额的含义，应注意以下几个方面：

1) 工程定额是在正常施工条件下，合理地组织劳动、合理地使用材料和机械，按照国家和地方有关的产品和施工工艺标准、技术与质量验收规范及其评定标准，依据现行的生产力水平，完成建设工程单位合格产品所必须消耗各种资源的数量标准。

2) 工程定额中的"单位"是指定额子目中所规定的定额计量单位，因定额性质的不同而不同；"产品"是指"工程建设产品"，即工程定额的标定对象或研究对象。

3) 工程定额反映了在一定的社会生产力水平条件下，完成某项合格产品与各种生产消耗之间特定的数量关系，同时也反映了当时的施工技术和管理水平。

4) 工程定额不仅给出了建设工程投入与产出的数量关系，同时还给出了具体的工作内容、质量标准和安全要求。

工程定额主要研究在一定生产力水平条件下，建筑产品生产过程和生产消耗之间的数量关系，寻找出完成一定建设产品的生产消耗的规律性，同时也分析施工技术和施工组织因素对生产消耗的影响。

(二) 工程定额体系

从工程定额分类中，可以看出各种定额之间的有机联系。各定额相互区别、相互交叉、相互补充、相互联系，形成与建设程序分阶段工作深度相适应，层次分明、分工有序的工程定额体系 (图 5-1)。

从工程定额体系可以看出，全国统一定额、地区定额和企业定额反映了不同的定额执行范围，围绕生产要素消耗、费用、工期、专业等构成了多维的定额体系。全国统一定额与地

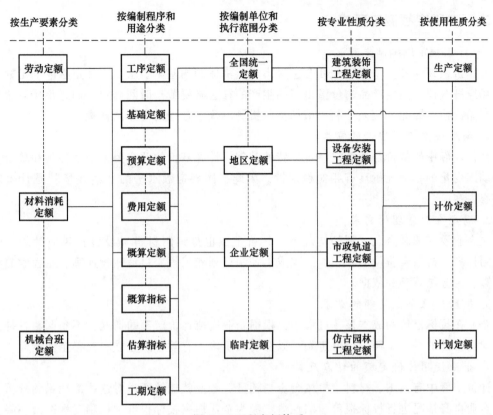

图 5-1 工程定额体系

区定额的数据具有关联性。编制全国统一定额要采用科学的方法获取编制定额的基础资料，也可以根据地区定额技术测定资料编制统一定额；反之，地区定额也应根据全国统一定额的项目、内容、水平进行编制。地区定额数据与企业定额数据也是相互关联的。地区定额是编制企业定额的参考依据；企业定额的测定和统计数据是编制地区定额的基础。

1. 全国统一定额

编制和颁发全国统一定额是我国社会主义市场经济的客观要求。此定额反映社会平均水平的消耗量，主导和规范全国工程计价活动。全国统一定额的项目设置基本包含了全国各地常用的可以统一确定消耗量的分项工程项目，用于指导各地区编制单位估价表，对于特殊项目或缺项，地区可以自行补充。

2. 地区定额

地区定额多用单位估价表形式来表现，既有工、料、机消耗量指标，也有工、料、机单价和定额基价。定额材料的单价是放开的，定额人工和机械单价一般都是指导价格，企业可以自主确定要素价格。用定额计算已完工程的工、料、机消耗量数据，是工程造价历史资料积累的主要内容，是计算工程造价价格指数、人工价格指数、材料价格指数的重要依据。

3. 企业定额

企业定额的工、料、机消耗量以本企业劳动生产率水平来确定，反映了企业平均先进水平。企业定额主要是由企业组织技术力量通过测定和较准确的历史资料统计编制。

二、工程定额测定研究

（一）工程定额编制要求

遵循价值规律和竞争规律是社会主义市场经济体制的基本要求，工程定额应满足社会主义市场经济规律。建筑产品的价值由产品生产的社会必要劳动时间确定，通过市场竞争形成建筑产品价格。因此，应充分利用市场竞争机制，确定合理的定额消耗量。

1. 满足确定工程造价的需求

计价定额中的基价是计算定额直接费的基础，计算基价的两个要素是消耗量和单价，单价是动态变化的，消耗量具有相对稳定性。因此，体现定额水平的"消耗量"是计价定额的核心内容。

2. 满足企业管理的需求

在企业没有编制企业定额的情况下，计价定额也是编制材料（设备）供应计划、劳动力使用计划、机械台班使用计划、工程成本控制计划和工程变更消耗量计算、工程索赔消耗量计算、劳务结算等的依据。

3. 辅助建立企业定额的需求

企业在投标报价和成本核算过程中，根据企业完成计价定额的情况，不断调整各种消耗量后建立自己的企业定额。计价定额可以在初级阶段，有效帮助建立和完善企业定额。

4. 企业使用计价定额的信息反馈

计价定额中有人工、材料、机械台班消耗量，企业就能够通过对这些消耗量的分析，再结合企业自身情况进行投标报价。消耗量定额为企业提高投标报价、控制工程造价、降低工程成本提供了依据。

（二）基础定额的测定

基础定额是指建筑安装工人小组在合理劳动组织和正常的施工条件下，完成一定计量单位的施工过程或工序所需人工、材料、机械台班消耗的数量标准。由人工定额（劳动定额）、材料消耗定额、机械台班使用定额组成。

1. 人工定额

人工定额又称劳动定额，是指在正常施工技术条件和合理劳动组织条件下，为生产单位合格产品所需消耗的工作时间，或在一定的工作时间中应生产的产品数量。其本质是指活劳动的消耗，而不是活劳动和物化劳动的全部消耗。为了便于综合和核算，劳动定额大多采用工作时间消耗量来表示和计算劳动消耗的数量。

（1）劳动定额的表达形式 劳动定额以时间定额或产量定额的形式来表示。

1）时间定额。时间定额是指完成单位合格产品所必须消耗的工作时间。它以正常的施工技术和合理的劳动组织为条件，以一定技术等级的工人小组或个人完成质量合格产品为前提。定额时间包括准备与结束工作时间、基本工作时间、辅助工作时间、不可避免的中断时间及必需的休息时间等。时间定额以一个工人一个工作日工作 8 小时的工作时间为 1 个"工日"单位。

例如，某定额规定：人工挖土工程，工作内容包括挖土、装土、修整底面边坡等全部操作过程。挖 $1m^3$ 二类土的时间定额是 0.192 工日。

时间定额的计算方法是

$$单位产品的时间定额（工日）= \frac{1}{每工的产量} \qquad (5\text{-}1)$$

如果以小组来计算，则为

$$单位产品的时间定额（工日）= \frac{小组成员工日数总和}{小组的班产量} \qquad (5\text{-}2)$$

时间定额以工日/m、工日/m²、工日/m³、工日/t、工日/块、工日/件等为单位，不同的工作内容有共同的时间单位，定额完成量可以相加，因此时间定额适用于劳动计划的编制和统计完成任务情况。

2）产量定额。产量定额是指单位时间（1个工日）内完成合格产品的数量。这同样要以正常的施工技术和合理的劳动组织为条件，以一定技术等级的工人小组或个人完成质量合格产品为前提。

产量定额的计算方法是

$$每工的产量定额 = \frac{1}{单位产品的时间定额（工日）} \qquad (5\text{-}3)$$

如果以小组来计算，则为

$$每班的产量定额 = \frac{小组成员工日数总和}{单位产品的时间定额（工日）} \qquad (5\text{-}4)$$

产量定额的单位与产品的计量单位相关，以 m/工日、m²/工日、m³/工日、t/工日、块/工日、件/工日等表示，数量直观、具体，容易为工人理解和接受，因此，产量定额适用于向工人班组下达生产任务。

3）时间定额与产量定额的关系。时间定额与产量定额是劳动定额的两种不同表现形式，二者互为倒数关系。即

$$时间定额 = \frac{1}{产量定额} \qquad (5\text{-}5)$$

（2）劳动定额的编制方法　在取得现场测定资料后，一般采用式（5-6）编制劳动定额。

$$t = \frac{t_{基} \times 100}{100 - (a_{辅} + a_{准} + a_{休} + a_{断})} \qquad (5\text{-}6)$$

式中　t——单位产品时间定额；

$t_{基}$——完成单位产品的基本工作时间；

$a_{辅}$——辅助工作时间占全部定额工作时间的百分比；

$a_{准}$——准备与结束时间占全部定额工作时间的百分比；

$a_{休}$——休息时间占全部定额工作时间的百分比；

$a_{断}$——不可避免中断时间占全部定额工作时间的百分比。

【案例 5-1】　现场测定 50m² 水泥砂浆地面工作时间数据为：基本工作时间 1450min，辅助工作时间、准备与结束时间、不可避免的中断时间、休息时间占全部工作时间的比例分别为 3%、2%、2.5%、10%，工作班延续时间不考虑非定额时间。计算每 100m² 水泥砂浆地面的时间定额和产量定额。

【解】　计算 100m² 水泥砂浆地面的定额时间：

$$\frac{1450\times100}{100-(3+2+2.5+10)}\div50\times100=3515(\min)$$

$$3515\div60\div8=7.32(\text{工日})$$

水泥砂浆地面的时间定额为 = 7.32 工日/100m²

水泥砂浆地面的产量定额为 = 1÷7.32 = 0.137(100m²/工日) = 13.7(m²/工日)

2. 材料消耗定额

(1) 材料消耗量测定方法 建筑工程施工过程中，各种材料的耗用量主要通过以下四种方法获得：

1) 现场技术测定法。现场技术测定法又称为观察法，是通过在施工现场对生产某产品的材料消耗量进行实际测定的一种方法。即根据测定资料，通过对产品的数量、材料消耗量以及材料净用量的计算，确定单位产品的材料消耗量和损耗量。

采用现场技术测定法来确定工程材料消耗量，观察对象的选择应满足：

① 建筑物应具有代表性。

② 施工技术和条件符合操作规范的要求。

③ 建筑材料的规格和质量符合技术规范的要求。

④ 被观测对象的技术操作水平、工作质量和节约用料情况良好。

现场技术测定法主要适用于确定材料的损耗量。通过现场观察，测定出材料损耗的数量，区别出哪些是可以避免的损耗，哪些是属于难以避免的损耗，明确定额中不应列入可以避免的损耗。

2) 实验室试验法。实验室试验法是在实验室内进行测定生产合格产品材料消耗量的方法。这种方法主要研究产品强度与材料消耗量的数量关系，以获得各种配合比，并以此为基础计算出各种材料的消耗数量。

实验室试验法的优点是能更深入、更详细地研究各种因素对材料消耗的影响；缺点是无法估计施工现场某些因素对材料消耗量的影响。在定额实际运用中，应考虑施工现场条件和各种附加的损耗数量。

3) 现场统计法。现场统计法是以施工现场积累的分部分项工程使用材料数量、完成产品数量、完成工作原材料的剩余数量等统计资料为基础，经过分析整理，计算出单位产品材料消耗量的方法。该方法的基本思路为：某分项工程施工时共领料 N_0，项目完工后，退回材料的数量为 ΔN_0，则用于该分项工程上的材料数量 N 为

$$N=N_0-\Delta N_0 \tag{5-7}$$

若该产品的数量为 n，则该单位产品的材料消耗量 m 为

$$m=\frac{N}{n}=\frac{N_0-\Delta N_0}{n} \tag{5-8}$$

现场统计法简单易行，但也有缺陷：一是该方法一般只能确定材料总消耗量，不能确定净用量和损耗量；二是其准确程度受统计资料和实际使用材料的影响。

4) 科学计算法。科学计算法是根据施工图和建筑构造要求，用科学计算公式计算产品材料净用量的方法。这种方法适合容易估算确定废料的材料消耗量计算。在实际运用中还需确定各种材料的损耗量（率），与材料净用量相加才能得到材料的总耗用量。

建筑工程材料耗用量的计算，一般通过以上某种方法或几种方法相结合来确定。下面主

要介绍如何用科学计算法来确定直接性材料、措施性材料以及半成品配比材料的耗用量。

（2）一次性材料用量计算　一次性材料，是指在建筑工程施工中，一次性消耗并直接构成工程实体的材料。例如，各种墙体用砖、砌块、砂浆、垫层材料、面层材料、装饰用块板、屋面瓦、门窗材料等。

1）砌筑类材料用量计算。砌筑类材料主要由砌块（包括标准砖、多孔砖、空心砖及各种砌块）和砌筑砂浆（包括水泥砂浆、石灰砂浆、混合砂浆等）组成。

① 标准砖墙体材料用量计算

$$1\text{m}^3 \text{砖墙体中砖净用量（块）} = \frac{2 \times \text{墙厚砖数}}{\text{墙厚} \times (\text{砖长} + \text{灰缝}) \times (\text{砖厚} + \text{灰缝})} \qquad (5-9)$$

$$1\text{m}^3 \text{砖墙体中砂浆净用量（m}^3) = 1 - \text{砖净用量} \times \text{砖长} \times \text{砖厚} \times \text{砖宽} \qquad (5-10)$$

墙厚、砖长、砖厚、砖宽、灰缝的计量单位均为 m，以下公式中均如此。

② 标准砖基础材料用量计算。等高式放脚基础标准砖用量计算的约定如下：

砖基础大放脚部分（包括从第一层放脚上表面至最后一层放脚下表面）的体积，如图 5-2 所示。

每层放脚的放出宽度为 62.5mm，每层放脚的高度为 126mm。

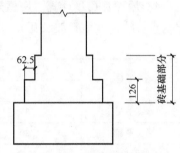

图 5-2　砖基础示意图

$$\text{砖用量（块/m}^3) = \frac{(\text{墙厚砖数} \times 2 \times \text{放脚层数} + \sum \text{放脚层数值}) \times 2}{(\text{墙厚} \times \text{放脚层数} + \text{放脚宽} \times 2 \times \sum \text{放脚层数值}) \times \text{放脚层高} \times (\text{砖长} + \text{灰缝})}$$

$$(5-11)$$

③ 其他砖及砌块材料用量计算

$$\text{砖用量（块/m}^3) = \frac{1}{(\text{砖长} + \text{灰缝}) \times \text{砖宽} \times (\text{砖厚} + \text{灰缝})} \qquad (5-12)$$

$$\text{砂浆用量（m}^3) = 1 - (\text{砖数} \times \text{每块砖体积}) \qquad (5-13)$$

2）块料面层材料用量计算。每 100m² 面层块料数量、灰缝及结合层材料用量计算公式如下：

$$100\text{m}^2 \text{面层块料用量（块）} = \frac{100}{(\text{块料长} + \text{灰缝}) \times (\text{块料宽} + \text{灰缝})} \qquad (5-14)$$

$$100\text{m}^2 \text{面层灰缝材料用量} = [100 - (\text{块料长} \times \text{块料宽} \times 100\text{m}^2 \text{块料用量})] \times \text{灰缝厚} \qquad (5-15)$$

$$\text{结合层材料用量} = 100\text{m}^2 \times \text{结合层厚度} \qquad (5-16)$$

【案例 5-2】　1:2 水泥砂浆贴 500mm×500mm×12mm 花岗石板墙面，灰缝宽 1mm，砂浆结合层 5mm 厚，试计算 100m² 墙面的花岗石和砂浆净用量。

【解】　① 每 100m² 墙面花岗石净用量

$$= \frac{100}{(0.5 + 0.001) \times (0.5 + 0.001)} = 398.40（块）$$

② 每 100m² 墙面贴花岗石板所用砂浆净用量分别为：

灰缝砂浆 = [100 - (0.5 × 0.5 × 398.40)] × 0.012 = 0.005（m³）

结合层砂浆 = 0.005 × 100 = 0.500（m³）

3）装饰用块板用量计算。随着科学技术和建筑材料工艺的迅速发展，建筑装饰材料的品种在不断增加，装饰用块料（板）材料品种繁多，如建筑陶瓷面砖、釉面砖、天然大理石板、彩色水磨石板、塑料贴面砖、铝合金压型板、顶棚钙塑泡沫板、石膏装饰板等。

① 铝合金装饰板用量计算

$$100\text{m}^2\text{净用量(块)} = \frac{100}{(\text{板块长}+\text{缝宽})\times(\text{板块宽}+\text{缝宽})} \qquad (5\text{-}17)$$

其中，缝宽按设计尺寸计算，计算装饰板面积时应考虑折边的数量。

② 石膏装饰板、釉面砖、天然大理石用量计算

$$100\text{m}^2\text{净用量(块)} = \frac{100}{(\text{板块长}+\text{拼缝})\times(\text{板块宽}+\text{拼缝})} \qquad (5\text{-}18)$$

4）屋面瓦用量计算。房屋建筑工程用瓦主要有平瓦（水泥瓦、黏土瓦）和波纹瓦（石棉水泥波纹瓦、塑料波纹瓦），适用规格和搭接尺寸见表 5-1。

表 5-1 屋面瓦的规格和搭接尺寸

项 目	规格/mm		搭接/mm	
	长	宽	长边	宽边
水泥平瓦	385	235	85	33
黏土平瓦	380	240	80	33
小波石棉瓦	1820	725	150	62.5
大波石棉瓦	2800	994	150	165.7

屋面瓦用量计算公式为

$$100\text{m}^2\text{屋面瓦净用量(块)} = \frac{100}{\text{瓦有效长}\times\text{瓦有效宽}} \qquad (5\text{-}19)$$

式中 瓦有效长——规格长减搭接长；

瓦有效宽——规格宽减搭接宽。

【案例 5-3】 某水泥瓦屋面用瓦材规格 385mm×235mm，规范搭接长为 85mm，搭接宽为 33mm，计算铺 100m² 水泥瓦屋面的水泥瓦净用量。

【解】 $100\text{m}^2\text{屋面瓦净用量(块)} = \dfrac{100}{(0.385-0.085)\times(0.235-0.033)} = 1651\text{(块)}$

5）卷材用量计算。防水卷材铺贴长边、短边搭接尺寸按《屋面工程质量验收规范》（GB 50207—2012）规定要求。100m² 卷材屋面卷材净用量计算公式为

$$100\text{m}^2\text{屋面卷材净用量(m}^2) = \frac{\text{卷材标准面积}\times100\times\text{设计铺贴层数}}{(\text{卷材宽}-\text{长边搭接})\times(\text{卷材长}-\text{短边搭接})} \qquad (5\text{-}20)$$

【案例 5-4】 某 SBS 卷材屋面采用两层铺贴，SBS 卷材每卷标准规格为 0.915m×21.86m，单卷面积 20m²，铺贴时长边搭接 12cm，短边搭接 16cm。计算 100m² 屋面 SBS 卷材净用量。

【解】 100m² 屋面 SBS 卷材净用量为

$$100\text{m}^2\text{屋面 SBS 卷材净用量} = \frac{20\times100\times2}{(0.915-0.12)\times(21.86-0.16)} = 231.86\text{(m}^2)$$

6）垫层材料用量计算（混合料分解计算）。铺设垫层材料有虚铺厚度与压实厚度，两

者之比称为压实系数。

$$压实系数 = \frac{虚铺厚度}{压实厚度} \tag{5-21}$$

垫层材料用量计算法如下：

① 质量比计算法

$$单位体积混合物质量 = \frac{1}{\dfrac{甲材料用量(\%)}{甲材料堆积密度} + \dfrac{乙材料用量(\%)}{乙材料堆积密度} + \cdots} \tag{5-22}$$

$$材料净用量 = 混合物质量 \times 压实系数 \times 材料占比(\%) \tag{5-23}$$

【案例 5-5】　黏土炉渣配合比为 1：0.6。黏土堆积密度为 1400kg/m³，炉渣堆积密度为 800kg/m³。虚铺厚度为 240mm，压实厚度为 160mm。计算 10m³ 垫层材料用量。

【解】　$黏土用量占比 = \dfrac{1}{1+0.6} \times 100\% = 62.5\%$

$炉渣用量占比 = \dfrac{0.6}{1+0.6} \times 100\% = 37.5\%$

$压实系数 = \dfrac{240}{160} = 1.50$

$1m^3 混合物质量 = \dfrac{1}{\dfrac{0.625}{1400} + \dfrac{0.375}{800}} = 1093(kg/m^3)$

10m³ 垫层各材料用量分别为

$$黏土用量 = 10 \times 1093 \times 1.50 \times 62.5\% = 10247(kg)$$

$$黏土体积 = \frac{10247}{1400} = 7.32(m^3)$$

$$炉渣用量 = 10 \times 1093 \times 1.50 \times 37.5\% = 6148(kg)$$

$$炉渣体积 = \frac{6148}{800} = 7.69(m^3)$$

② 体积比计算法

$$1m^3 材料用量 = 压实系数 \times 材料成分占比 \times 1 \tag{5-24}$$

$$材料空隙率 = \left(1 - \frac{堆积密度}{密度}\right) \times 100\% \tag{5-25}$$

【案例 5-6】　石灰炉渣的配合比为 1：3。已知 1m³ 粉化石灰需要生石灰用量为 501.5kg，虚铺厚度为 180mm，压实厚度为 120mm。计算 1m³ 石灰炉渣材料用量。

【解】　$压实系数 = \dfrac{180}{120} = 1.50$

石灰用量 = 1.5 × 1/(1+3) = 0.375(m³)

石灰质量 = 0.375 × 501.5 = 188.06(kg)

炉渣用量 = 1.5 × 3/(1+3) = 1.125(m³)

【案例 5-7】　石灰、砂、碎砖三合土垫层配合比为 1：1：4。已知 1m³ 粉化石灰需要生石灰用量为 501.5kg，石灰空隙率为 0.45，砂空隙率为 0.35，碎砖空隙率为 0.45。计算 1m³

石灰、砂、碎砖三合土材料用量。

【解】 先计算材料的实体积配合比：

石灰实体积 $= 1 \times (1 - 0.45) = 0.55 (\mathrm{m}^3)$

砂实体积 $= 1 \times (1 - 0.35) = 0.65 (\mathrm{m}^3)$

碎砖实体积 $= 4 \times (1 - 0.45) = 2.20 (\mathrm{m}^3)$

$1\mathrm{m}^3$ 石灰、砂、碎砖三合土材料用量为：

石灰实体积 $= \dfrac{1}{0.55 + 0.65 + 2.2} \times 1 = 0.294 (\mathrm{m}^3)$

砂实体积 $= \dfrac{1}{0.55 + 0.65 + 2.2} \times 1 = 0.294 (\mathrm{m}^3)$

碎砖实体积 $= \dfrac{1}{0.55 + 0.65 + 2.2} \times 4 = 1.176 (\mathrm{m}^3)$

以上是对一次性材料净用量的科学计算公式，在实际制定各种定额的材料消耗量时，考虑材料的损耗量，不同的定额中材料的损耗率不同。其计算公式如下

$$材料总耗用量 = 材料净用量 + 材料损耗量 \qquad (5\text{-}26)$$

（3）半成品配合比材料用量计算　直接性材料除了以上介绍的以外，还包括砂浆、水泥浆等有配合比的半成品材料，可以通过实验室试验的方法来确定。

1）抹灰砂浆材料用量计算。抹灰砂浆包括水泥砂浆、石灰砂浆、混合砂浆（水泥石灰砂浆）。抹灰砂浆配合比均以体积比计算，其材料用量按体积比计算公式为

$$砂用量(\mathrm{m}^3) = \dfrac{砂比例数}{配合比总比例数 - 砂比例数 \times 砂空隙率} \qquad (5\text{-}27)$$

$$水泥用量(\mathrm{kg}) = \dfrac{水泥比例数 \times 水泥堆积密度}{砂比例数} \times 砂用量 \qquad (5\text{-}28)$$

$$石灰膏用量(\mathrm{m}^3) = \dfrac{石灰膏比例数}{砂比例数} \times 砂用量 \qquad (5\text{-}29)$$

当砂用量计算超过 $1\mathrm{m}^3$ 时，因其空隙容积已大于灰浆数量，均按 $1\mathrm{m}^3$ 计算。其水泥堆积密度按 $1300\mathrm{kg/m}^3$，砂密度按 $2.6\mathrm{g/cm}^3$，砂堆积密度按 $1500\mathrm{kg/m}^3$，即有：

$$砂空隙率 = \left(1 - \dfrac{1500}{2.6 \times 1000}\right) \times 100\% = 42\%$$

【案例 5-8】 水泥石灰砂浆配合比为 $1 : 0.3 : 3$（水泥：石灰膏：砂），拌制 $1\mathrm{m}^3$ 石灰膏需要生石灰 $600\mathrm{kg}$，求每 $1\mathrm{m}^3$ 水泥石灰砂浆中各材料用量。

【解】 砂用量 $= \dfrac{3}{(1 + 0.3 + 3) - 3 \times 42\%} = 0.987 (\mathrm{m}^3)$

水泥用量 $= \dfrac{1 \times 1300}{3} \times 0.987 = 427.7 (\mathrm{kg})$

石灰膏用量 $= \dfrac{0.3}{3} \times 0.987 = 0.099 (\mathrm{m}^3)$

生石灰用量 $= 0.099 \times 600 = 59.4 (\mathrm{kg})$

2）纯水泥浆材料用量计算。纯水泥浆又称为水泥净浆，其用水量按水泥的 35% 计算，即 $m_{\mathrm{w}} = 0.35 m_{\mathrm{c}}$。

$1m^3$ 纯水泥浆中水泥净体积与水的净体积之和应为 $1m^3$。则有

$$\frac{m_c}{\rho_c}+\frac{m_w}{\rho_w}=1 \tag{5-30}$$

式中　m_c——$1m^3$ 纯水泥浆中水泥用量（kg）；

m_w——$1m^3$ 纯水泥浆中水用量，$m_w=0.35m_c$；

ρ_c——水泥的密度（kg/m^3）；

ρ_w——水的密度（kg/m^3）。

【案例 5-9】　计算 $1m^3$ 纯水泥浆的材料用量。水泥堆积密度按 $1300kg/m^3$ 计算，密度按 $3.10g/cm^3$ 计算，用水量按水泥的 35% 计算，水密度按 $1000kg/m^3$ 计算。

【解】　因用水量按水泥的 35% 计算，即 $m_w=0.35m_c$，代入已知数据可得：

$$\frac{m_c}{3100}+\frac{0.35m_c}{1000}=1$$

解方程可得 $m_c=1487kg$，则 $m_w=0.35\times1487=520(kg)$

可得出：水泥在混合前的体积为

$$V=\frac{m}{\rho}=\frac{1487}{1300}=1.144(m^3)$$

3）特种砂浆材料用量计算。特种砂浆包括耐酸砂浆、防腐砂浆、保温砂浆等，其配合比均按质量比方法计算，计算公式为：

设 A、B、C 三种材料，其密度分别为 ρ_A、ρ_B、ρ_C，配合比分别为 a、b、c，则单位用量 $G=\dfrac{1}{a+b+c}\times100\%$，设 A 材料单位用量为 G_a，B 材料单位用量为 G_b，C 材料单位用量为 G_c，则配合后 $1m^3$ 砂浆质量为

$$1m^3\ 砂浆质量=\frac{1}{\dfrac{G_a}{\rho_A}+\dfrac{G_b}{\rho_B}+\dfrac{G_c}{\rho_C}} \tag{5-31}$$

$1m^3$ 砂浆需要各种材料用量分别为：

A 材料＝每立方米砂浆质量$\times G_a$

B 材料＝每立方米砂浆质量$\times G_b$

C 材料＝每立方米砂浆质量$\times G_c$

另外，材料用量计算还可以简化为

材料用量＝配合比(质量比)×材料堆积密度 　(5-32)

【案例 5-10】　耐酸沥青砂浆配合比（质量比）为 $1.3:2.4:7.2$（沥青：石英粉：石英砂），其中沥青密度 $1100kg/m^3$，石英粉密度 $2700kg/m^3$，石英砂密度 $2700kg/m^3$。计算每 $1m^3$ 砂浆中各材料用量。

【解】　单位用量 $G=\dfrac{1}{1.3+2.4+7.2}\times100\%=0.0917$

沥青单位用量＝$0.0917\times1.3=0.119$

石英粉单位用量＝$0.0917\times2.4=0.220$

石英砂单位用量 $= 0.0917 \times 7.2 = 0.660$

$$1m^3 \text{ 耐酸沥青砂浆质量} = \cfrac{1}{\cfrac{0.119}{1100} + \cfrac{0.220}{2700} + \cfrac{0.660}{2700}} = 2304(kg)$$

沥青质量 $= 2304 \times 0.119 = 274(kg)$

石英粉质量 $= 2304 \times 0.220 = 507(kg)$

石英砂质量 $= 2304 \times 0.660 = 1521(kg)$

（4）周转性材料耗用量的计算　周转性材料是指在施工过程中随着多次使用而逐渐消耗的材料。该类材料在使用过程中不断补充、不断重复使用。如临时支撑、钢筋混凝土工程用的模板，脚手架的钢管扣件以及土方工程使用的挡土板等。因此，周转性材料应按照多次使用，分次摊销的方法进行计算。

周转性材料消耗的指标有：一次使用量、周转使用量、回收量、摊销量、补损率。

1）现浇混凝土模板用量计算。

① 每 $1m^3$ 混凝土的模板一次使用量计算。一次使用量是指周转性材料周转一次的基本量，即一次投入量。

$$\text{一次使用量} = \frac{1m^3 \text{混凝土接触面积} \times 1m^2 \text{接触面积模板净用量}}{1 - \text{制作损耗率}(\%)} \tag{5-33}$$

② 周转使用量计算。周转使用量是指每周转一次的平均使用量，即全部周转次数总投入量除以周转次数。周转次数是指周转性材料重复使用的次数，可以用统计法或观察法确定；补损率是指周转性材料第二次及以后各次周转中，为了补充上次使用产生不可避免损耗量的比率，一般采用平均损耗率来表示。

$$\text{周转使用量} = \text{一次使用量} \times \frac{1 + (\text{周转次数} - 1) \times \text{补损率}}{\text{周转次数}} = \text{一次使用量} \times K_1 \tag{5-34}$$

式中　K_1——周转使用系数，计算公式为

$$K_1 = \frac{1 + (\text{周转次数} - 1) \times \text{补损率}}{\text{周转次数}} \tag{5-35}$$

③ 回收量计算。回收量是指总回收量除以周转次数的平均回收量。

$$\text{回收量} = \text{一次使用量} \times \frac{1 - \text{补损率}}{\text{周转次数}} \tag{5-36}$$

④ 摊销量计算。摊销量是指定额规定的平均一次消耗量，是应分摊到每一分项工程上的消耗量，也是纳入定额的实际消耗量。

$$\text{摊销量} = \text{周转使用量} - \text{回收量} \times \text{回收折价率}$$

$$\text{摊销量} = \text{一次使用量} \times \frac{1 + (\text{周转次数} - 1) \times \text{补损率}}{\text{周转次数}} - \text{一次使用量} \times \frac{1 - \text{补损率}}{\text{周转次数}} \times \text{回收折价率}$$

$$= \text{一次使用量} \times \left[\frac{1 + (\text{周转次数} - 1) \times \text{补损率}}{\text{周转次数}} - \frac{1 - \text{补损率}}{\text{周转次数}} \times \text{回收折价率} \right]$$

$$= \text{一次使用量} \times K_2 \tag{5-37}$$

式中　K_2——摊销系数，计算公式为

$$K_2 = \frac{1 + (\text{周转次数} - 1) \times \text{补损率}}{\text{周转次数}} - \frac{1 - \text{补损率}}{\text{周转次数}} \times \text{回收折价率} \tag{5-38}$$

【案例 5-11】　根据选定的现浇混凝土矩形梁施工图计算，每 10m^3 矩形梁模板接触面积为 69.8m^2，每 10m^2 接触面积需板材 1.64m^3，制作损耗率为 5%，周转次数为 6，补损率为 15%，模板回收折价率为 50%。试计算每 10m^3 矩形梁的模板摊销量。

【解】　模板一次使用量计算：一次使用量 $=\dfrac{6.98\times1.64}{1-5\%}=12.05(\text{m}^3)$

周转使用量计算：周转使用量 $=12.05\times\dfrac{1+(6-1)\times15\%}{6}=3.51(\text{m}^3)$

回收量计算：回收量 $=12.05\times\dfrac{1-15\%}{6}=1.71(\text{m}^3)$

摊销量计算：摊销量 $=3.51-1.71\times50\%=2.66(\text{m}^3/10\text{m}^3)$

2）预制混凝土模板用量计算。预制混凝土构件模板摊销量计算，不考虑每次使用后的补损，按多次使用、平均分摊的办法计算。其计算公式为

$$摊销量 = \frac{一次使用量}{周转次数} \qquad (5\text{-}39)$$

【案例 5-12】　根据选定的预制钢筋混凝土过梁施工图，计算出每 10m^3 构件的模板接触面积为 9.864m^2。每 10m^2 接触面积所需板材用量为 1.32m^3，模板制作损耗率为 5%，周转次数为 30。试计算每 10m^3 预制过梁的模板摊销量。

【解】　模板一次使用量计算：一次使用量 $=\dfrac{9.864\times1.32}{1-5\%}=13.71(\text{m}^3)$

模板摊销量计算：摊销量 $=\dfrac{13.71}{30}=0.457(\text{m}^3/10\text{m}^3)$

3）脚手架用量计算。脚手架材料的摊销量计算式为

$$摊销量 = \frac{单位一次使用量\times(1-残值率)\times一次使用期}{耐用期} \qquad (5\text{-}40)$$

【案例 5-13】　已知 9m 内竹制单排的脚手杆一次使用量 5.12m^3，残值率为 10%，一次使用期为 3 个月，耐用期为 96 个月，求其摊销量。

【解】　摊销量 $=\dfrac{5.12\times(1-10\%)\times3}{96}=0.144(\text{m}^3)$

3. 机械台班使用定额

编制机械台班使用定额，主要包括以下内容：

（1）拟定正常施工条件　确定机械工作正常的施工条件，是指拟定工作地点，合理的施工组织、合理的劳动组织及由技术熟练的工人操作机械条件下编制。

（2）确定机械净工作 1 小时的正常生产率　机械净工作 1 小时的正常生产率，就是在正常施工条件下，由具备一定相应技能的技术工人操作施工机械净工作 1 小时的劳动生产率。

确定机械净工作 1 小时正常劳动生产率可分三步进行。

第一步，计算机械循环一次的正常延续时间。应统计本次循环中各组成部分延续时间，即：机械循环一次正常延续时间应为本循环内各组成部分延续时间之和。

第二步，计算机械净工作 1 小时的循环次数，计算公式为

$$机械净工作 1 小时循环次数 = \frac{60 \times 60s}{一次循环的正常延续时间} \qquad (5\text{-}41)$$

第三步，计算机械净工作 1 小时的正常生产率，计算公式为

$$\begin{array}{c}机械净工作 1 小时\\正常生产率\end{array} = \begin{array}{c}机械净工作 1 小时\\正常循环次数\end{array} \times 一次循环的产品数量 \qquad (5\text{-}42)$$

（3）确定施工机械的正常利用系数　确定机械正常利用系数，首先要计算工作班在正常状况下，准备与结束工作、机械开动、机械维护等工作必须消耗的时间，然后再计算机械工作班的净工作时间，最后确定机械正常利用系数。机械正常利用系数按式 5-43 计算：

$$机械正常利用系数 = \frac{工作班内机械净工作时间}{机械工作班延续时间} \qquad (5\text{-}43)$$

（4）计算机械台班定额　计算公式为

$$\begin{array}{c}施工机械台班\\产量定额\end{array} = \begin{array}{c}机械净工作 1 小时\\正常生产率\end{array} \times \begin{array}{c}工作班\\延续时间\end{array} \times \begin{array}{c}机械正常\\利用系数\end{array} \qquad (5\text{-}44)$$

【案例 5-14】　某轮胎式起重机吊装大型屋面板，每次吊装一块，经过现场计时观察，测得循环一次的各组成部分的平均延续时间为：挂钩时的停车 30.2s，屋面板吊至 15m 高处 95.6s，屋面板下落就位 54.3s，解钩停车 38.7s，回转悬臂、放下吊绳空回至构件堆放处 51.4s；工作班 8h 内实际工作时间 7.2h，求产量定额和时间定额。

【解】

1）计算轮胎式起重机循环一次的正常延续时间

轮胎式起重机循环一次的正常延续时间 = 30.2+95.6+54.3+38.7+51.4=270.2（s）

2）计算轮胎式起重机净工作 1 小时的循环次数

$$轮胎式起重机净工作 1 小时循环次数 = \frac{60 \times 60s}{270.2} = 13.32（次）$$

3）计算轮胎式起重机纯工作 1 小时的正常生产率

轮胎式起重机净工作 1 小时正常生产率 = 13.32×1 = 13.32（块）

4）计算机械正常利用系数

$$机械正常利用系数 = \frac{7.2}{8} = 0.9$$

5）计算产量定额和时间定额

$$\begin{array}{c}轮胎式起重机\\台班产量定额\end{array} = 13.32 \times 8 \times 0.9 = 96（块/台班）$$

$$\begin{array}{c}轮胎式起重机\\台班时间定额\end{array} = \frac{1}{96} = 0.01（台班/块）$$

（三）预算定额的编制

1. 预算定额的编制原则

（1）平均水平原则　平均水平是指编制预算定额时应遵循价值规律的要求，即按生产该产品的社会必要劳动量来确定其人工、材料、机械台班消耗量。这就是说，在正常施工条件下，以平均的劳动强度、平均的技术熟练程度、平均的技术装备条件，完成单位合格建筑

产品所需的劳动消耗量来确定预算定额的消耗量水平。这种以社会必要劳动量来确定定额水平的原则，就称为平均水平原则。

（2）简明适用原则　定额的简明与适用是统一体中的一对矛盾，如果只强调简明，适用性就差；如果单纯追求适用，简明性就差。因此，预算定额应在适用的基础上力求简明。

2. 预算定额的编制步骤

编制预算定额一般分为以下四个阶段，如图5-3所示。

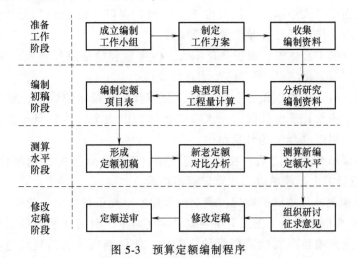

图 5-3　预算定额编制程序

（1）准备工作阶段

1）根据工程造价主管部门的要求，组织成立编制预算定额的领导机构和专业小组。

2）拟定编制定额的工作方案，提出编制定额的基本要求，确定编制定额的原则、适用范围，确定定额的项目划分以及定额表格形式等。

3）调查研究，收集各种编制依据和资料。

（2）编制初稿阶段

1）对调查和收集的资料进行分析研究。

2）按编制方案中项目划分的要求和选定的典型工程施工图计算工程量。

3）根据取定的各项消耗指标和有关编制依据，计算分项工程定额中的人工、材料和机械台班消耗量，编制出定额项目表。

（3）测算水平阶段　定额初稿完成后，将新编定额与原定额进行比较，测算新定额的水平。

（4）修改定稿阶段　组织有关部门和单位讨论新编定额，将征求到的意见交编制专业小组修改定稿，并写出送审报告，交审批机关审定。

3. 确定预算定额消耗量指标的方法

（1）定额项目计量单位的确定　预算定额项目计量单位的选择，与预算定额的准确性、简明适用性有着密切的关系。因此，要首先确定好定额各项目的计量单位。

在确定定额项目计量单位时，应首先考虑采用该计量单位能否确切反映单位产品的工、料、机消耗量，保证预算定额的准确性；其次，要有利于减少定额项目数量，提高定额的综合性；最后，要有利于简化工程量计算和预算的编制，保证预算的准确性和及时性。由于各分项工程的形状不同，定额计量单位应根据分项工程不同的形状特征和变化规律来确定。一般要求如下：

凡物体的长、宽、高三个度量都在变化时，应采用"m^3"为计量单位。例如，土方、石方、砌筑、混凝土构件等项目。

当物体厚度固定，面长和面宽两个度量所决定的面积不固定时，宜采用"m^2"为计量单位。如楼地面面层、屋面防水层、装饰抹灰、木地板等项目。

如果物体截面形状大小固定，但长度不固定时，应以"延长米"为计量单位。如装饰线、栏杆扶手、给水排水管道、导线敷设等项目。

有的构件或分项工程体积、面积变化不大，但重量和价格差异较大，如金属结构制作、运输、安装等，应当采用"t"或"kg"为计量单位。

有的构件或分项工程可以按个、组、座、套等自然计量单位计算。如屋面排水用的水斗、水口以及给水排水管道中的阀门、水嘴安装等均以"个"为计量单位，电气照明工程中的各种灯具安装则以"套"为计量单位。

定额项目计量单位确定之后，在预算定额项目表中，常用所使用单位的"10倍"或"100倍"等倍数的扩大计量单位来计算定额消耗量。

（2）预算定额消耗量指标的确定　确定预算定额消耗量指标，一般按以下步骤进行：

1）按选定的典型工程施工图及有关资料计算工程量。计算工程量的目的是为了综合不同类型工程在本定额项目中实物消耗量的比例数，使定额项目的消耗量更具有广泛性、代表性。

2）确定人工消耗量指标。预算定额中的人工消耗量指标是指完成该分项工程必须消耗的各种用工量。包括基本用工、材料超运距用工、辅助用工和人工幅度差。

基本用工：是指完成该分项工程的主要用工。如砌砖墙中的砌砖、调制砂浆、运砖等的用工。采用劳动定额综合成预算定额项目时，还要增加附墙烟囱、垃圾道砌筑等的用工。

材料超运距用工：拟定预算定额项目的材料、半成品平均运距要比劳动定额中确定的平均运距远，因此在编制预算定额时，比劳动定额远的那部分运距，要计算超运距用工。

辅助用工：是指施工现场发生的加工材料用工。如筛砂、淋石灰膏的用工。这类用工在劳动定额中是单独的项目，但在编制预算定额时，要综合进去。

人工幅度差：主要是指在正常施工条件下，预算定额项目中劳动定额没有包含的用工因素以及预算定额与劳动定额的水平差。如各工种交叉作业的停歇时间，工程质量检查和隐蔽工程验收等所占的时间。

预算定额的人工幅度差系数一般在10%～15%。人工幅度差的计算公式为

$$人工幅度差 = (基本用工 + 超运距用工 + 辅助用工) \times 人工幅度差系数 \qquad (5-45)$$

3）材料消耗量指标的确定。由于预算定额是在劳动定额、材料消耗定额、机械台班定额的基础上综合而成的，所以其材料消耗量也要综合计算。如每砌$10m^3$一砖内墙的灰砂砖和砂浆用量的计算过程如下：

① 计算$10m^3$一砖内墙的灰砂砖净用量。

② 根据典型工程的施工图计算每$10m^3$一砖内墙中梁头、板头所占体积。

③ 扣除$10m^3$砖墙体积中梁头、板头所占体积。

④ 计算$10m^3$一砖内墙砌筑砂浆净用量。

⑤ 计算 $10m^3$ 一砖内墙灰砂砖和砂浆的总耗量。

4）机械台班消耗指标的确定。预算定额中配合工人班组施工的施工机械，按工人小组的产量计算台班产量。计算公式为

$$\frac{\text{分项工程定额}}{\text{机械台班使用量}} = \frac{\text{分项工程定额计量单位值}}{\text{小组总产量}} \qquad (5\text{-}46)$$

4. 编制预算定额项目表

分项工程的人工、材料、机械台班消耗量指标确定后，按相应的格式编制预算定额项目表。预算定额项目表的格式可参照当地预算定额表。

三、工程定额编制实例

以编制一砖内墙分项工程为例，选择若干典型工程作为研究对象，通过工程计量、消耗量确定等方法编制该分项工程的预算定额基价。

1. 工程量计算与分析

计算一砖厚标准砖内墙及墙内构件体积时选择了六个典型工程，计算结果见表 5-2。

表 5-2 标准砖一砖内墙及墙内构件体积工程量计算表

分部名称		砖石结构							项目		砖内墙				
分节名称		砌砖							子目		1砖厚				
序号	工程名称	砖墙体积/m³		门窗面积/m²		板头体积/m³		梁头体积/m³		弧形及圆形碹/m	附墙烟囱卤孔道烟道/m	垃圾道孔道/m	构造柱孔道/m	墙顶抹灰抹平/m²	壁柜留孔/个	吊柜留孔/个
		1	2	3	4	5	6	7	8	9	10	14	12	13	14	15
		数量	%	数量	%	数量	%	数量	%	数量	数量	数量	数量	数量	数量	数量
一	职工住宅	66.10	5.53	40.00	12.68	2.41	3.65	0.17	0.26	7.18			59.39	8.21		
二	生产车间	30.01	2.51	24.50	16.38	0.26	0.87									
三	综合楼	432.12	36.12	250.16	12.20	10.01	2.32	3.55	0.82		217.36		161.31	28.68		
四	中学教学楼	149.13	12.47	47.92	7.16	0.17	0.11	2.00	1.34					10.33		
五	商品住宅	354.73	29.65	191.58	11.47	8.65	2.44				189.36	2	138.17	27.54	2	2
六	大学教学楼	164.14	13.72	185.09	21.30	5.89	3.59	0.46	0.28							
	合计	1196.23	100	739.25	12.92	27.39	2.29	6.18	0.52	7.18	406.72	2	358.87	74.76	2	2

表 5-2 中，门窗洞口面积占墙体总面积的百分比计算公式为

$$\frac{\text{门窗洞口面积}}{\text{占墙体总面积百分比}} = \frac{\text{门窗面积}}{\text{墙体体积} \div \text{墙厚} + \text{门窗面积}} \times 100\% \qquad (5\text{-}47)$$

例如，职工住宅门窗洞口面积占墙体总面积百分比计算式为

$$\frac{\text{门窗洞口面积}}{\text{占墙体总面积百分比}} = \frac{40.00}{66.10 \div 0.24 + 40.00} \times 100\% = 12.68\%$$

通过以上六个典型工程测算，在一砖内墙中，单面清水墙、双面清水墙各占 20%，混水墙占 60%。

预算定额砌砖工程材料超运距计算见表 5-3。

表5-3 预算定额砌砖工程材料超运距计算表

材料名称	预算定额运距/m	劳动定额运距/m	超运距/m
砂	80	50	30
石灰膏	150	100	50
灰砂砖	170	50	120
砂浆	180	50	130

2. 人工消耗量指标的确定

依据典型工程工程量计算数据及某劳动定额，计算每 $10m^3$ 一砖内墙的预算定额人工消耗指标，见表5-4。

表5-4 预算定额人工消耗计算表

用工	工序名称	单位	工程量	工种	时间定额	工日数
	1	2	3	4	5	6 = 5×3
基本工	单面清水墙	m^3	2	瓦工	1.16	2.320
	双面清水墙	m^3	2	瓦工	1.20	2.400
	混水内墙	m^3	6	瓦工	0.972	5.832
	小计					10.552
	弧形及圆形碹	m	0.060	瓦工	0.03	0.002
	附墙烟囱囱孔道	m	3.400	瓦工	0.05	0.170
	垃圾道烟道	m	0.300	瓦工	0.06	0.018
	构造柱孔道	m	3.000	瓦工	0.05	0.150
	墙顶抹灰抹平	m^2	0.625	瓦工	0.08	0.050
	壁柜留孔	个	0.020	瓦工	0.30	0.006
	吊柜留孔	个	0.020	瓦工	0.15	0.003
	小计					0.399
	合计					10.951
超运距用工	砂超运30m	m	2.43	普工	0.0453	0.110
	石灰膏超运50m	m	0.19	普工	0.128	0.024
	灰砂砖超运120m	m	10.00	普工	0.139	1.390
	砂浆超运130m	m	10.00	普工	0.05976	0.598
	合计					2.122
辅助工	筛砂	m^3	2.43	普工	0.111	0.270
	淋石灰膏	m^3	0.19	普工	0.500	0.095
	合计					0.365
合计	人工幅度差 = (10.951+2.122+0.365)×10% = 1.344(工日)					
	定额用工 = 10.951+2.122+0.365+1.344 = 14.782(工日)					

根据计算结果，每 $1m^3$ 砌体的综合工日消耗量为 $14.782 \div 10 = 1.4782$ （工日）。

3. 材料消耗量指标的确定

（1）计算 $1m^3$ 一砖内墙灰砂砖净用量

$$砌体灰砂砖净用量 = \frac{1 \times 2}{0.24 \times (0.24 + 0.01) \times (0.053 + 0.01)}$$
$$= 529.1(块/m^3)$$

（2）扣除 $1m^3$ 砌体中梁头、板头所占体积　全国统一工程量计量规则规定，计算砖砌体工程量时，不扣除板头、梁头所占体积。所以，测定定额消耗量时应综合考虑该部分体积的砌体数量。根据典型工程测算，梁头、板头所占墙体体积的百分比分别为 0.52%、2.29%（详见表 5-2），合计：梁头 0.52%+板头 2.29%=2.81%。扣除梁头、板头体积后灰砂砖净用量为：

$$灰砂砖净用量 = 529.1 \times (1-2.81\%) = 514.2(块/m^3)$$

（3）计算 $1m^3$ 一砖内墙砌筑砂浆净用量

$$砂浆净用量 = (1-0.24 \times 0.115 \times 0.053 \times 529.1) \times 1m^3 = 0.226(m^3)$$

（4）扣除梁头、板头所占体积后砂浆净用量

$$砂浆净用量 = 0.226 \times (1-2.81\%) = 0.2196(m^3)$$

（5）计算材料总消耗量　现场测定灰砂砖损耗率为 1%，砌筑砂浆损耗率为 1%，计算 $1m^3$ 一砖内墙砌体灰砂砖和砌筑砂浆总消耗量为：

$$灰砂砖总消耗量 = 514.2 \times (1+1\%) = 519.3(块/m^3)$$
$$砌筑砂浆总消耗量 = 0.2196 \times (1+1\%) = 0.2218(m^3/m^3)$$

另外，依据施工过程中用水量计算表数据统计，约为 $0.106m^3$。

4. 机械台班消耗量指标的确定

预算定额项目中配合工人班组的施工机械台班按机械台班消耗量定额计算。根据典型工程的工程量和材料消耗量计算数据，$1m^3$ 一砖内墙砌筑砂浆总耗用量 $0.2218m^3$，结合台班产量定额，每 $1m^3$ 砌筑砂浆耗用 200L 灰浆搅拌机 0.17 台班，机械幅度差按 5%，$1m^3$ 一砖内墙砌筑砂浆机械台班消耗消耗量为：

$$200L灰浆搅拌机台班时间定额 = 0.17 \times 0.2218 \times (1+5\%) = 0.0396(台班/m^3)$$

5. 预算定额单价确定

预算定额单价又称基价，计算公式为

$$基价 = 人工费 + 材料费 + 机械费 \tag{5-48}$$

式中　人工费 = 人工消耗量×人工单价

材料费 = $\sum$（材料消耗耗量×材料单价）

机械费 = $\sum$（机械台班消耗量×机械台班单价）

6. 编制预算定额项目表

根据已计算的人工、材料、机械台班消耗量指标，编制一砖内墙的预算定额项目表（表 5-5）。

表 5-5　预算定额项目表（消耗量）

工作内容：调、运、铺砂浆，运砖；砌砖包括窗台虎头砖、腰线、过梁、碹、门窗套等；安放木砖、铁件等。

（计量单位：m^3）

定　额　编　号	xx-xxx
项 目 名 称	1 砖内墙
单　　　位	$1m^3$
基价/元	479.79

（续）

其中	人工费/元			206.95
	材料费/元			264.32
	机械费/元			8.52
	名　　称	单位	单价/元	数量
人工	综合工日	工日	140.00	1.4782
材料	灰砂砖 240mm×115mm×53mm	百块	41.45	5.193
	M5 混合砂浆	m³	217.46	0.2218
	水	m³	7.96	0.106
机械	200L 砂浆搅拌机	台班	215.27	0.0396

第二节　价值工程分析案例

价值工程（Value Engineering，VE），也称为价值分析（Value Analysisr，VA）或价值管理（Value Management，VM），它是通过研究产品或系统的功能与成本之间的关系，来改进产品或系统，以提高其经济效益的现代管理技术。价值工程与一般的投资决策理论不同，一般的投资决策理论研究的是项目的投资效果，强调项目的可行性，而价值工程是以研究获得产品必要功能所采用的省时、省钱、省力的技术经济分析法，以功能分析和功能改进为研究目标。

一、价值工程基本原理

（一）价值工程概念

价值工程是指通过集体智慧和有组织的活动对产品或服务进行功能分析，使目标以最低的总成本（寿命周期成本），可靠地实现产品或服务的必要功能，从而提高产品或服务的价值。价值工程中所述的"价值"，是对象的比较价值。其定义可用公式表示为

$$V = F/C \tag{5-49}$$

式中　V——研究对象的价值；

F——研究对象的功能；

C——研究对象的成本，即寿命周期成本。

价值工程涉及价值、功能和寿命周期成本三个基本要素。

1. 价值 V

价值工程中的"价值"一词的含义不同于政治经济学中的价值概念，它类似于生活中常说的"合算不合算"和"值不值"的意思。人们对于同一事物有不同的利益、需要和目的，对于同一事物的"价值"会有不同的认识。例如，大多数人对手机"价值"的认识是把它作为一种通信工具，而追求时尚的人则把一款新颖漂亮的手机作为一种时尚和饰物。可以说，"价值"是事物与主体之间的一种关系，属于事物的外部联系，表现为客体的功能与主体的需要之间的一种满足关系。

因此，虽然人们把"价值工程"作为一种现代管理技术，实质上它是一种技术经济分析的思想，是面对限制条件的最大化问题，即通过以功能为核心的分析方法，研究功能与成

本之间的关系，在产品的技术与经济之间寻找一个最佳的均衡点，设计生产出最"合算"的产品，或者是在满足用户对产品功能需求的情况下，以最低的成本实现其功能。

2. 功能 F

功能是指分析对象用途、功效或作用，它是产品的某种属性，是产品对于人们的某种需要的满足能力和程度。产品或零件的功能通过设计技术和生产技术得以实现，并凝聚了设计与生产技术的先进性和合理性。功能可分为下面几类。

1）按重要程度功能可分为基本功能与辅助功能。基本功能是指产品必不可少的功能，决定了产品的主要用途。辅助功能是基本功能外的附加功能，可以根据用户的需要进行增减。如手机的基本功能是无线通信，辅助功能则有无线数据传接（短信）、计时、来电显示、电子数据记录等。

2）按用途功能可分为使用功能与美学功能。使用功能反映产品的物质属性，促使产品、人及外界之间发生能量和物质的交流，是动态的功能。使用功能通过产品的基本功能和辅助功能而得以实现。美学功能反映产品的精神和艺术属性，是人对产品所产生的一种内在的精神感受，是静态的功能。如手机的使用功能有上面所述的无线通信、数据传送等，美学功能则体现在手机体形、色彩和装饰性上。

3）按用户需求功能可分为必要功能与不必要功能。必要功能是指用户需要的功能，不必要功能是指用户不需要的功能。功能是否必要，是视产品的目标对象（消费群体）而言的。如手机的数码摄像功能，对追求时尚的年轻人来说是必要的，而对一些年长的中老年用户来说则可能是不必要的功能。

4）按强度功能可分为过剩功能与不足功能。过剩功能是指虽属必要功能，但有富余，功能强度超过了该产品所面对的消费群体对功能的需求。例如，手机的数码摄像功能对许多年轻的消费者来说，是必要的功能，但如果把摄像的像素配置得很高，可能就成为过剩功能了。不足功能是相对于过剩功能而言的，表现为整体或部件功能水平低于用户需求的水平，不能满足用户的需要。

3. 成本 C

成本是指实现分析对象功能所需要的费用，是在满足功能要求条件下的制造生产技术和维持使用技术（这里的技术是指广义的技术，包括工具、材料和技能等）的耗费支出。"价值工程"中的成本包括 3 个方面的内容。

（1）功能现实成本　功能现实成本是指目前实现功能的实际成本。在计算功能现实成本时，需要将产品或零部件的现实成本转换成功能的现实成本。当产品的一项功能与一个零部件之间是"一对一"的关系，即一项功能通过一个零部件得以实现，并且该零部件只有一项这样的功能，则功能成本就等于零部件成本；当一个零部件具有多项功能或者与多项功能有关时，将零部件的成本分摊到相应的各个功能上；当一项功能是由多个零部件提供的，其功能成本应是各相关零部件分摊到本功能上的成本之和。

（2）功能目标成本　功能目标成本是指可靠地实现用户要求功能的最低成本。通常，根据国内外先进水平或市场竞争的价格，确定实现用户功能需求的产品最低成本（企业的预期成本或理想成本等），再根据各功能的重要程度（重要性系数），将产品的成本分摊到各功能，则得到功能目标成本。

（3）寿命周期成本　价值工程中所指的成本，通常是指产品寿命周期成本。从社会角度来看，产品寿命周期成本最小的产品方案是最优经济方案。对于消费者而言，要使其所购商品的价值最大化，就是在实现同等功能的前提下，商品寿命周期成本最低。即一些品质较高的产品，尽管售价可能会高些，但在使用过程中，其维护修理次数及成本可能会较低，整个寿命周期成本较小。所以，尽管消费者原则上都趋向选择价格低廉的产品，但由于信息不对称的作用，对于复杂的商品消费者往往宁愿付出更高的购价，选择购买知名品牌或企业的产品，以使得商品的寿命周期成本最低。对于目标是长远发展的企业来说，应该注重产品的寿命周期成本。

（二）价值工程的特点

一般说来，生产成本是随着产品功能强度（包括功能数量和功能的效果）的提高而不断增加的，产品的使用成本随着功能强度越高而越低，由两类成本组成的寿命周期成本存在一个最低点，这是成本与功能的均衡点，是价值工程工作的目标。图 5-4 表明了产品寿命周期成本、制造成本和使用成本之间的相互关系。

1. **价值工程的目标是提高产品的价值**

价值工程是以提高产品的价值为目标，这是用户需要，也是企业追求的目标。价值工程的特点之一，就是价值分析并不单纯追求降低成本，也不片面追求较高功能，而是追求 F/C 的比值的提高，追求产品功能与成本之间的最佳匹配关系。从价值的定义及表达式可以看出，提高产品价值的途径有以下 5 种：

1）降低成本，功能保持不变。

2）成本保持不变，提高功能。

3）成本略有增加，功能提高很多。

4）功能减少一部分，成本大幅度下降。

5）成本降低的同时，功能能有提高。这可使价值大幅提高，是最理想的提高价值的途径。

应用价值工程的重点是在产品的研究、设计阶段，产品的设计图一旦完成并投入生产后，产品的价值就已基本确定，这时再进行价值工程分析就变得更加复杂。

2. **价值工程的核心是对产品进行功能分析**

价值工程的核心是对产品进行功能分析。价值工程中的功能是指对象能够满足某种要求的一种属性，具体讲，功能就是效用。如住宅的功能是提供居住空间，建筑物基础的功能是承受荷载等。用户向生产企业购买产品，是要求生产企业提供这种产品的功能，而不是产品的具体结构（或零部件）。企业生产的目的，也是通过生产获得用户所期望的功能，而结构、材质等是实现这些功能的手段。目的是主要的，手段可以广泛地选择。因此，价值工程分析产品，首先不是分析其结构，而是分析其功能。在分析功能的基础之上，再去研究结构、材质等问题。

3. **价值工程是以集体的智慧开展的有计划、有组织的管理活动**

价值工程是贯穿于产品整个寿命周期的系统的方法。从产品设计、材料选购、生产制造、交付使用，都涉及价值工程的内容。价值工程尤其强调创造性活动，只有创造才能突破原有设计水平，大幅度提高产品性能，降低生产成本。因此，团队的知识、经验对价值工程工作十分重要，并且只能在有组织的条件下，才能充分发挥团队的集体智慧。

价值工程的应用主要有：应用于方案评价，可以选择价值较高的方案，也可以选择价值较低的方案作为改进对象；寻求提高产品或对象价值的途径。

【**案例 5-15**】 某产品的功能与成本关系如图 5-4 所示，功能水平 F_1、F_2、F_3、F_4 均能满足用户要求，从价值工程的角度，最适宜的是哪个功能水平？

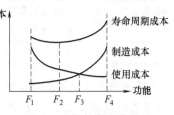

图 5-4 功能与成本关系

【**解**】 价值工程的目标是以最低的寿命周期成本，使产品具备其所必须具备的功能。产品的寿命周期成本由生产成本和使用及维护成本组成。从价值工程的角度分析，最适宜的功能水平应是 F_2。

（三）工作程序

价值工程的工作程序可分为四个阶段：准备阶段、分析阶段、创新阶段、实施与评价阶段。各阶段的具体工作内容见表 5-6。其中：准备阶段的主要工作是选择价值工程对象；分析阶段的主要工作是进行功能成本分析；创新阶段的主要工作是进行方案创新设计以及方案评价。这三项主要工作构成了价值工程分析的基本框架。

表 5-6 价值工程的一般工作程序

工作阶段	工作步骤	对应问题
准备阶段	1）对象选择 2）组成价值工程工作小组 3）制订工作计划	1）价值工程的研究对象是什么 2）围绕价值工程对象需要做哪些准备工作
分析阶段	1）收集整理资料 2）功能定义 3）功能整理 4）功能评价	1）价值工程对象的功能是什么 2）价值工程对象的成本是多少 3）价值工程对象的价值是多少
创新阶段	1）方案创造 2）方案评价 3）提案编写	1）有无其他方法可以实现同样功能 2）新方案的成本是多少 3）新方案能满足要求吗
实施与评价阶段	1）方案审批 2）方案实施 3）成果评价	1）如何保证新方案的实施 2）价值工程活动的效果如何

二、价值工程对象的选择

价值工程对象的选择是指在众多的产品、零部件中从总体上选择价值分析的对象，为后续的深入的价值工程活动选择工作对象。

价值工程的对象选择过程就是逐步收缩研究范围、寻找目标、确定主攻方向的过程。因为生产建设中的技术经济问题很多，涉及的范围也很广，为了节省资金，提高效率，只有精选其中的一部分来实施，并非企业生产的全部产品，也不一定是构成产品的全部零部件。因此，能否正确选择对象是价值工程收效大小与成败的关键。常用的选择方法有下面几种：

（一）因素分析法

因素分析法，又称经验分析法，即由价值工程小组成员根据专家经验，对影响因素进行综合分析，确定功能与成本配置不合理的产品或零部件，作为价值工程的对象。这是一种定性的方法。选择的原则见表 5-7。

表 5-7　价值工程对象选择原则

设计方面	对工程结构复杂、性能和技术指标差距大、工程量大的部位进行价值工程活动
施工方面	对量多面广、关键部件、工艺复杂、原材料和能耗高、废品率高的部品部件进行价值工程活动
成本方面	选择成本高于同类产品、成本比重大的(如材料费、管理费、人工费等)进行价值工程活动

【案例 5-16】　对某居住区开发设计方案进行价值工程分析，根据专家经验，该地区的多层住宅建筑工程造价在 1200~1500 元/m²，仅有某设计方案的造价估算超过太多，该如何选择价值工程的对象。

【解】　本案例则是根据因素分析法原理，进行价值工程对象选择。某设计方案的造价估算超过太多，应为选择的价值工程对象。

（二）ABC 分析法

ABC 分析法是一种定量分析方法，是根据客观事物中普遍存在的不均匀分布规律，将其分为"关键的少数"和"次要的多数"，此法以对象数占总数的百分比为横坐标，以对象成本占总成本的百分比为纵坐标，绘制曲线分配图，如图 5-5 所示。

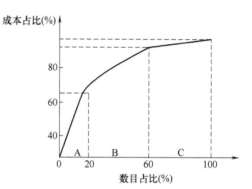

图 5-5　ABC 分析法原理图

ABC 分析法将全体对象分为 A、B、C 三类，A 类对象的数目一般只占总数的 20% 左右，但成本占比为 70% 左右；B 类对象一般占 40% 左右，其成本占比为 20% 左右；C 类对象占40% 左右，其成本占比为 10% 左右。显然 A 类对象是关键少数，应作为价值工程的对象；C 类对象是次要多数，可不加分析；B 类对象则视情况予以选择，可只做一般分析。

（三）百分比分析法

百分比分析法是指通过分析某种费用或资源对企业的某个技术经济指标的影响程度大小（百分比）来选择价值工程对象，见表 5-8。

表 5-8　成本和利润百分比表

项　　目	对　　象				合　　计
	A	B	C	D	
成本/万元	500	300	200	100	1100
占比(%)	45.5	27.3	18.2	9.1	100
利润/万元	115	50	60	25	250
占比(%)	46	20	24	10	100
成本利润率(%)	23	16.7	30	25	

从表 5-8 中计算结果可知，B 产品成本利润率最低，应选为价值工程对象。

（四）价值指数法

价值指数法是指通过比较各个对象（或零部件）之间的功能水平位次和成本位次，寻找价值较低对象（零部件），并将其作为价值工程研究对象。该方法主要适用于从系列产品或同一产品的零部件中选择价值工程的对象，依据 $V=F/C$ 计算出每个产品或零部件的价值指数进行比较选择。对于产品系列，可直接采用功能值与产品成本计算出的价值指数，以价值指数小的产品作为价值工程对象。

【案例 5-17】　某成片开发的居住区，提出了几种类型单体住宅的初步设计方案，各方案单体住宅的居住面积及相应概算造价见表 5-9，试选择价值工程研究对象的部分。

表 5-9　方案数据

项　　目	方　案						
	A	B	C	D	E	F	G
功能(单体住宅居住面积)/m²	9900	3500	3200	5500	8000	7000	4500
成本(概算造价)/万元	1100	330	326	610	1000	660	400
价值指数($V=F/C$)	9.00	10.61	9.82	9.02	8.00	10.61	11.25

【解】　根据表 5-9 可知，A、D、E 方案价值指数明显偏低，应选为价值工程的研究对象。上述的方法在实际工作中可以综合应用，一般可先根据经验分析法进行初步的选定，再根据定量方法进行确定。

三、功能分析

在确定了价值工程的对象产品之后，就该对该产品进行功能分析了。

（一）功能定义

功能定义就是根据已有信息资料，用简洁、准确、抽象的语言从本质上对价值工程的对象的每一项功能进行界定，并与其他功能相区别。

功能定义的方法：通常采用一个动词加一个名词，即"谓宾"结构，例如对象"电线"，功能定义为"传导电流"；对象"油漆"，功能定义为"保护表面"。

通过对功能下定义，可以加深对产品功能的理解，并为以后提出功能代用方案提供依据。功能定义一定要抓住问题的本质，并注意以下几点：

1）简洁。多用"动词+名词"形式，如道路功能定义为"提高通行能力"，路面功能定义为"增大摩擦系数值"。

2）准确。使用词汇要反映功能的本质，并要对用户的需求进行定量化，以表明功能的大小，如"提高通行能力至××万辆"。

3）抽象。以不违反准确性原则为度，如路面功能定义为"提高强度"，并未注明采用何方法提高强度，这有助于开阔思路。

4）全面。可参照产品的结构从上到下，从主到次，顺序分析定义。注意功能与零部件之间是"一对一"的关系还是"一对多"或"多对多"的关系。

（二）功能整理

在进行功能定义时，只是把认识到的功能用动词加名词列出来，但因实际情况很复杂，这种表述不一定都很准确和有条理，因此，需要进一步加以整理。通过功能整理分析，弄清哪些是基本的、哪些是辅助的、哪些是必要的、哪些是不必要的、哪些是需要加强的、哪些属于过剩的，从而为功能评价和方案构思提供依据。

1. 功能整理的目的

功能整理是用系统的观点将已经定义了的功能加以系统化，找出各局部功能相互之间的逻辑关系，并用图表形式表达，以明确产品的功能系统，从而为功能评价和方案构思提供依据。功能整理的逻辑关系包括两种。

（1）上下位关系　上位功能又称为目的功能，下位功能又称为手段功能。这种关系是功能之间存在的目的与手段的关系。如在图 5-6 中，屋盖功能之一是"防水"，其下位功能包括"隔绝雨水"和"排除雨水"，"防水"是目的，通过"隔绝雨水"和"排除雨水"两个手段来实现。

（2）同位关系　又称为并列关系，是指同一上位功能下，有若干个并列的下位功能。如图 5-6 中的"隔绝雨水"和"排除雨水"即为同位功能。按功能之间的上下关系和并列关系，按树状结构进行排列，形成功能系统图。

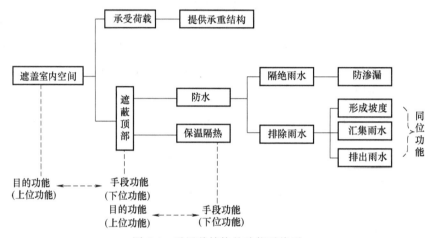

图 5-6　平屋盖结构的功能系统图

2. 功能整理的一般程序

功能整理的主要任务就是建立功能系统图，如图 5-7 所示。因此，功能整理的过程也就是绘制功能系统图的过程，其工作程序如下：

1）编制功能卡片。

2）选出最基本的功能。

3）明确各功能之间的关系。

4）按上下位关系，将经过调整、修改和补充的功能，排列成功能系统图。

在图 5-7 中，从整体工程 F 开始，由左向右逐级展开，在位于不同级的相邻两个功能之间，左边的功能（上级）是右边功能（下级）的目标，而右边的功能（下级）是左边功能（上级）的手段。

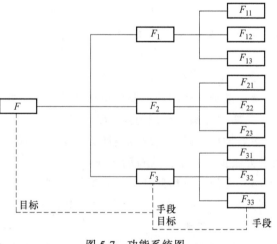

图 5-7　功能系统图

3. 功能计量

功能计量是指确定产品各项性能的指标值，如图 5-6 中的"承受荷载"的大小、"保温隔热"的"传热阻"等。它以功能系统图为基础，依据各功能之间的关系，以对象整体功能定量为出发点，由左向右逐级分析测算，定出各功能程度的数量指标，揭示各级功能领域有无不足或过剩，从而在保证必要功能的基础上剔除剩余功能，补足不足功能。

功能计量又分为对整体功能的量化和对各级子功能的量化。

（1）对整体功能的量化　整体功能的计量应以使用者的合理要求为出发点，以一定的手段、方法确定其必要功能的数量标准，它应能在质和量两个方面充分满足使用者的功能要求而无过剩或不足。整体功能的计量是对各级子功能进行计量的主要依据。

（2）对各级子功能的量化　产品整体功能的数量标准确定之后，就可依据"手段功能必须满足目的功能要求"的原则，运用目的—手段的逻辑判断，由上而下逐级推算、测定各级手段功能的数量标准。各级子功能的量化方法有很多，如理论计算法、技术测定法、统计分析法、类比类推法、德尔菲法等，可根据具体情况灵活选用。

（三）功能评价

功能评价是根据功能系统图，在同一级的各功能之间，计算并比较各功能价值的大小，从而寻找功能与成本在量上不匹配的具体改进目标以及大致经济效果的过程，如图 5-8 所示。

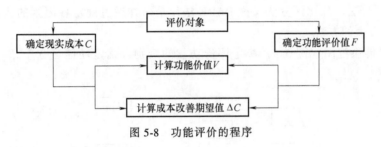

图 5-8　功能评价的程序

1. 功能现实成本 C 的计算

在计算功能现实成本时，需要根据传统的成本核算资料，将产品或零部件的现实成本换算成功能的现实成本。具体地讲，当一个零部件只具有一个功能时，该零部件的成本就是其本身的功能成本；当一项功能要由多个零部件共同实现时，该功能的成本就等于这些零部件的功能成本之和。当一个零部件具有多项功能或与多项功能有关时，就需要将零部件成本根据具体情况分摊给各项有关功能。表 5-10 即为一项功能由若干零部件组成或一个零部件具有几个功能的情形。

表 5-10　功能现实成本计算

零部件			功能区或功能领域成本/元					
序号	名称	成本/元	F_1	F_2	F_3	F_4	F_5	F_6
1	甲	300	100		100			100
2	乙	500		50	150	200		100
3	丙	60				40		20
4	丁	140	50	40			50	
合计		1000	150	90	250	240	50	220
		C	C_1	C_2	C_3	C_4	C_5	C_6

2. 功能评价值 F 的计算

对象的功能评价值（目标成本），是指可靠地实现用户要求功能的最低成本，它可以理解为是企业有把握，或者说应该达到的实现用户要求功能的最低成本。从企业目标的角度来看，功能评价值可以看成是企业预期的、理想的成本目标值。功能评价值一般以货币价值形式表达。

功能的现实成本较易确定，而功能评价值较难确定。确定功能评价值的方法较多，这里仅介绍功能重要性系数评价法。

功能重要性系数评价法是一种根据功能重要性系数确定功能评价值的方法。这种方法是将功能划分为几个功能区（即子系统），并根据各功能区的重要程度和复杂程度，确定各个功能区在总功能中所占的比重，即功能重要性系数。然后将产品的目标成本按功能重要性系数分配给各功能区作为该功能区的目标成本，即功能评价值。

（1）确定功能重要性系数 功能重要性系数，或称为功能评价系数或功能系数，是从用户的需求角度确定产品或零部件中各功能重要性之间的比例关系。确定方法有环比评分法、强制确定法（0~1评分法或0~4评分法）、直接打分法、多比例评分法和逻辑评分法等。这里主要介绍环比评分法和强制确定法。

1）环比评分法。环比评分法又称 DARE 法，是一种通过确定各因素的重要性系数来评价和选择创新方案的方法。

① 根据功能系统图（图 5-9）决定评价功能的级别，确定功能区 F_1、F_2、F_3、F_4，见表 5-11 的第（1）栏。

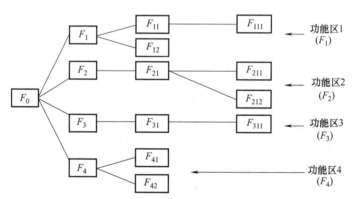

图 5-9 环比评分法确定功能区示意图

表 5-11 功能重要性系数计算（一）

功能区 （1）	功能重要性评价		
	暂定重要性系数 （2）	修正重要性系数 （3）	功能重要性系数 （4）
F_1	1.5	9.0	0.47
F_2	2.0	6.0	0.32
F_3	3.0	3.0	0.16
F_4	1.0	1.0	0.05
合计		19.0	1.00

② 对上下相邻两项功能的重要性进行对比打分，所打的分作为暂定重要性系数，如表5-11中第（2）栏中的数据。将 F_1 与 F_2 进行对比，如果 F_1 的重要性是 F_2 的1.5倍，就将1.5记入第（2）栏内，同样，F_2 的重要性是 F_3 的2.0倍，F_3 的重要性是 F_4 的3.0倍。

③ 对暂定重要性系数进行修正。首先将最下面一项功能 F_4 的重要性系数定为1.0，称为修正重要性系数，填入第（3）栏。由第（2）栏可知，F_3 的暂定性重要性系数是 F_4 的3倍，故 F_3 的修正重要性系数为3.0（3.0×1.0），F_2 为 F_3 的2倍，故 F_2 的修正重要性系数为6.0（3.0×2.0）。同理，F_1 的暂定性重要性系数是 F_2 的1.5倍，故 F_1 的修正重要性系数为9.0（6.0×1.5），填入第（3）栏。将第（3）栏的各数相加，即得全部功能区的总分19.0。

④ 将第（3）栏中各功能的修正重要性系数除以全部功能总分19.0，即得到各功能区的功能重要性系数，填入第（4）栏中。如 F_1 的功能重要性系数为 9.0/19.0 = 0.47，F_2、F_3、F_4 的功能重要性系数分别为 0.32、0.16 和 0.05。

环比评分法适用于各个评价对象有明显的可比关系，能直接对比，并能准确地评定功能重要性程度比值的情况。

2）强制确定法。强制确定法又称 FD 法，包括 0~1 评分法和 0~4 评分法两种方法，它是以一定的评分规则，采用强制对比打分来评定评价对象的功能重要性。

① 0~1 评分法。由每一参评人员对各功能按其重要性一对一地比较，重要的得1分，不重要的得0分，见表5-12。表5-12中，要分析的对象（零部件）自己与自己相比不得分，用"—"表示。最后，根据每个参与人员选择该零部件得到的功能重要性系数 W_i，可以得到该零部件的功能重要性系数平均值 W。

$$W = \frac{\sum_{i=1}^{k} W_i}{k} \tag{5-50}$$

式中　W——功能重要性系数平均值；

　　　W_i——第 i 个人员选择功能重要性系数；

　　　k——功能总分值。

为了避免不重要的功能得零分，通常将各功能累计得分加1分进行修正，用修正后的总分分别去除各功能累计得分即得到功能重要性系数。

表 5-12　功能重要性系数计算（二）

零部件	零部件					功能总分	修正得分	功能重要性系数
	A	B	C	D	E			
A	—	1	1	0	1	3	4	4/15 = 0.267
B	0	—	1	0	1	2	3	3/15 = 0.200
C	0	0	—	0	1	1	2	2/15 = 0.133
D	1	1	1	—	1	4	5	5/15 = 0.333
E	0	0	0	0	—	0	1	1/15 = 0.067
合计						10	15	1.00

② 0~4 评分法。0~4 法和 0~1 法类似，也是采用一一对比的方法进行评分，但分值分

为更多的级别。

0~1 评分法中的重要程度的差别仅为 1 分，不能拉开档次。为弥补这一不足，将分档扩大为 4 级，其打分矩阵仍同 0~1 评分法。档次划分如下：

F_1 比 F_2 重要得多：F_1 得 4 分，F_2 得 0 分。

F_1 比 F_2 重要：F_1 得 3 分，F_2 得 1 分。

F_1 与 F_2 同等重要：F_1 得 2 分，F_2 得 2 分。

F_1 不如 F_2 重要：F_1 得 1 分，F_2 得 3 分。

F_1 远不如 F_2 重要：F_1 得 0 分，F_2 得 4 分。

以各部件功能得分占总分的比例确定各部件功能评价指数。

$$第 i 个评价对象的功能指数 F_i = \frac{第 i 个评价对象的功能得分值 F_i}{全部功能得分值}$$

功能评价指数大，说明功能重要；反之，功能评价指数小，说明功能不太重要。

【案例 5-18】 采用 0~4 评分法确定产品各零部件功能重要性系数时，各零部件功能得分见表 5-13，部件 A 的功能重要性系数是 0.225。

表 5-13 各零部件功能得分

零部件	零部件					功能总分	功能重要系数
	A	B	C	D	E		
A	—	4	2	2	1	9	0.225
B	0	—	3	3	1	7	0.175
C	2	1	—	1	0	4	0.100
D	2	1	3	—	3	9	0.225
E	3	3	4	1	—	11	0.275
合计						40	1

（2）确定功能评价值 F 功能评价值的确定有以下两种情况：

1）新产品设计。一般在新产品设计之前，根据市场供需情况、价格、企业利润与成本水平，已初步设计了目标成本。因此，在功能重要性系数确定之后，就可将新产品设定的目标成本（如 800）按已有的功能重要性系数加以分配计算，求得各个功能区的功能评价值，并将此功能评价值作为功能的目标成本，见表 5-14。

表 5-14 新产品功能评价计算

功能区 （1）	功能重要性系数 （2）	功能评价值 F （3）=（2）×800
F_1	0.47	376
F_2	0.32	256
F_3	0.16	128
F_4	0.05	40
合计	1.00	800

如果需要进一步求出各功能区所有各项功能的功能评价值时，可采取同样的方法。

2）既有产品的改进设计。既有产品应以现实成本为基础确定功能评价值，进而确定功能的目标成本。由于既有产品已有现实成本，就没有必要再假定目标成本。但是，既有产品的现实成本原已分配到各功能区中去的比例不一定合理，这就需要根据改进设计中新确定的功能重要性系数，重新分配既有产品的原有成本。从分配结果看，各功能区新分配成本与原分配成本之间有差异。正确分析和处理这些差异，就能合理确定各功能区的功能评价值，求出产品功能区的目标成本。

表 5-15 中第（3）栏是将产品的现实成本 $C=500$，按改进设计方案的新功能重要性系数重新分配给各功能区的结果。此分配结果可能有三种情况：

① 功能区新分配的成本等于现实成本。如 F_3 就属于这种情况。此时应以现实成本作为功能评价值 F。

② 新分配成本小于现实成本。如 F_2 就属于这种情况。此时应以新分配的成本作为功能评价值 F。

③ 新分配的成本大于现实成本。如 F_1 就属于这种情况。为什么会出现这种情况，需进行具体分析。如果是因为功能重要性系数定高了，经过分析后可以将其适当降低。因功能重要性系数确定过高可能会存在多余功能，如果是这样，先调整功能重要性系数，再定功能评价值。如因成本确实投入太少而不能保证必要功能，可以允许适当提高一些。除此之外，即可用目前成本作为功能评价值 F。表 5-15 中，即是假定功能重要性系数合理，且现有 F_1 投入能保证必要功能，故将现有投入作为功能评价值。这样使目标成本降低 105。

表 5-15　既有产品功能评价值计算

功能区	功能现实成本 C/元（1）	功能重要性系数（2）	根据产品现实成本和功能重要性系数重新分配的功能区成本（3）=（2）×500	功能评价值 F（或目标成本）（4）	成本降低幅度 $\Delta C=C-F$（5）
F_1	130	0.47	235	130	0
F_2	200	0.32	160	160	40
F_3	80	0.16	80	80	0
F_4	90	0.05	25	25	65
合计	500	1.00	500	395	105

3. 功能价值 V 的计算及分析

通过计算和分析对象的价值 V，可以分析成本功能的合理匹配程度。功能价值的计算方法可分为两大类，即功能成本法和功能指数法。

（1）功能成本法　功能成本法又称绝对值法，是通过一定的测算方法，测定实现应有功能所必须耗费的最低成本，同时计算为实现应有功能所耗费的现实成本，经过分析、对比，求得对象价值系数和成本降低期望值，确定价值工程的改进对象。一般可采用表 5-16 进行定量分析。

研究对象的价值计算出来后，需要进行分析，以揭示功能与成本之间的内在联系，确定评价对象是否为功能改进的重点，以及其功能改进的方向及幅度，从而为后面的方案创造工作奠定良好的基础。

表 5-16　功能评价值与价值系数计算表

序号	项目					
	子项目	功能重要性系数 ①	功能评价值 ②＝目标成本×①	现实成本 ③	价值系数 ④＝②/③	改善幅度 ⑤＝③－②
1	A					
2	B					
3	C					
⋮	⋮					
合计						

根据上述计算公式，功能的价值系数计算结果有以下三种情况：

1）$V=1$ 即功能评价值等于功能现实成本。这表明评价对象的功能现实成本与实现功能所必需的最低成本大致相当。此时，说明评价对象的价值为最佳，一般无须改进。

2）$V<1$ 即功能现实成本大于功能评价值。表明评价对象的现实成本偏高，而功能要求不高。这时，一种可能是由于存在着过剩的功能，另一种可能是功能虽无过剩，但实现功能的条件或方法不佳，以致实现功能的成本大于功能的现实需要。这两种情况都应列入功能改进的范围，并且以剔除过剩功能及降低现实成本为改进方向，使成本与功能比例趋于合理。

3）$V>1$ 即功能现实成本小于功能评价值，表明该零部件功能比较重要，但分配的成本较少。此时，应进行具体分析，功能与成本的分配问题可能已较理想，或者有不必要的功能，或者应该提高成本。

应注意一个情况，即 $V=0$ 时，要进一步分析。如果是不必要的功能，该零部件应取消，但如果是最不重要的必要功能，则要根据实际情况处理。

【案例 5-19】　某开发公司的某幢公寓建设工程，有 A、B、C、D 四个设计方案，经过有关专家对上述方案进行技术经济分析和论证，得到的资料见表 5-17 和表 5-18，试运用价值工程方法优选设计方案。

表 5-17　功能重要性评分（0~4 评分法）

功能区	功能区				
	F_1	F_2	F_3	F_4	F_5
F_1	—	4	2	3	1
F_2	0	—	0	1	0
F_3	2	4	—	3	1
F_4	1	1	3	—	0
F_5	3	4	3	4	—

表 5-18　方案功能得分及单方造价

功能区	方案功能得分			
	A	B	C	D
F_1	9	10	9	8
F_2	10	10	8	9

（续）

功能区	方案功能得分			
	A	B	C	D
F_3	9	9	10	9
F_4	8	8	8	7
F_5	9	7	9	6
单方造价/(元/m²)	1420.00	1230.00	1150.00	1360.00

【解】　价值工程原理表明，对整个功能领域进行分析和改善比对单个功能进行分析和改善的效果好，上述四个方案各有其优点，如何取舍，可以利用价值工程原理对各个方案进行优化选择，其基本步骤如下：

1）计算各方案的功能重要性系数：

F_1 得分 = 4+2+3+1 = 10　　　功能重要性系数 = 10/40 = 0.25

F_2 得分 = 0+0+1+0 = 1　　　功能重要性系数 = 1/40 = 0.025

F_3 得分 = 2+4+3+1 = 10　　　功能重要性系数 = 10/40 = 0.25

F_4 得分 = 1+1+3+0 = 5　　　功能重要性系数 = 5/40 = 0.125

F_5 得分 = 3+4+3+4 = 14　　　功能重要性系数 = 14/40 = 0.35

总得分 = 10+1+10+5+14 = 40

2）计算功能系数：

ϕ_A = 9×0.25+10×0.025+9×0.25+8×0.125+9×0.35 = 8.90

ϕ_B = 10×0.25+10×0.025+9×0.25+8×0.125+7×0.35 = 8.45

ϕ_C = 9×0.25+8×0.025+10×0.25+8×0.125+9×0.35 = 9.10

ϕ_D = 8×0.25+9×0.025+9×0.25+7×0.125+6×0.35 = 7.45

总得分 = 8.90+8.45+9.10+7.45 = 33.90

F_A = 8.90/33.90 = 0.263　　　　　F_B = 8.45/33.90 = 0.249

F_C = 9.10/33.90 = 0.268　　　　　F_D = 7.45/33.90 = 0.220

3）计算成本系数：

各方案单方造价之和 = 1420.00+1230.00+1150.00+1360.00 = 5160.00

C_A = 1420.00/5160.00 = 0.275　　　C_B = 1230.00/5160.00 = 0.238

C_C = 1150.00/5160.00 = 0.223　　　C_D = 1360.00/5160.00 = 0.264

4）计算价值系数：

$V_A = F_A/C_A$ = 0.263/0.275 = 0.956

$V_B = F_B/C_B$ = 0.249/0.238 = 1.046

$V_C = F_C/C_C$ = 0.268/0.223 = 1.202

$V_D = F_D/C_D$ = 0.220/0.264 = 0.833

5）优选方案：A、B、C、D 四个方案中，以 C 方案的价值系数最高，故方案 C 为最优方案。

（2）功能指数法　功能指数法又称相对值法。在功能指数法中，功能的价值用价值指数表示，它是通过评定各对象功能的重要程度，用功能指数来表示其功能程度的大小，然后将评价对象的功能指数与相对应的成本指数进行比较，得出该评价对象的价值指数，从而确定改进对象，并求出该对象的成本改进期望值。

第 i 个评价对象的价值指数 V_i = 第 i 个评价对象的功能指数 F_i/成本指数 C_i

价值指数的计算结果有以下三种情况，见表 5-19。

表 5-19　价值指数的计算结果

$V_i = 1$	功能比重与成本比重大致平衡，功能的现实成本合理
$V_i < 1$	评价对象的成本比重大于其功能比重，目前所占的成本偏高，将评价对象列为改进对象，改善方向主要是降低成本
$V_i > 1$	评价对象的成本比重小于其功能比重。原因：①现实成本偏低，不能满足应具有的功能要求，改善方向是增加成本；②存在过剩功能，改善方向是降低功能水平；③功能很重要而消耗的成本却很少的情况，不列为改进对象

【案例 5-20】　某产品甲、乙、丙、丁四个零部件的功能重要性系数分别为 0.25、0.30、0.38、0.07，现实成本分别为 200 元、220 元、350 元、30 元。按照价值工程原理，应优先改进的零部件是丙。

【解】　成本系数分别为 $200/800 = 0.25$，$220/800 = 0.275$，$350/800 = 0.4375$，$30/800 = 0.0375$。价值指数分别为：$0.25/0.25 = 1$，$0.30/0.275 = 1.09$，$0.38/0.4375 = 0.87$，$0.07/0.0375 = 1.87$，丙零部件价值系数最小，应优先改进。

【案例 5-21】　在价值工程活动中，通过分析求得某研究对象的价值指数 V_i，对该研究对象可采取的策略是（$V_i < 1$ 时，降低现实成本）。

【解】　第 i 个评价对象的价值指数 V_i = 第 i 个评价对象的功能指数 F_i/成本指数 C_i。①$V_i = 1$，评价对象的功能比重与成本比重大致平衡，合理匹配，功能的现实成本合理。②$V_i < 1$，评价对象的成本比重大于其功能比重，目前所占的成本偏高，将评价对象列为改进对象，改善方向主要是降低成本。③$V_i > 1$，评价对象的成本比重小于其功能比重。原因有三种：第一，现实成本偏低，不能满足应具有的功能要求，改善方向是增加成本；第二，存在过剩功能，改善方向是降低功能水平；第三，功能很重要而需要消耗的成本却很少的情况，不列为改进对象。

4. 确定 VE 对象的改进范围

对产品零部件进行价值分析，就是使每个零部件的价值指数（或价值系数）尽可能趋近于 1，根据此标准，就明确了改进的方向、目标和具体范围。确定对象改进范围的原则如下：

（1）F/C 值低的功能区域　计算出来的 $V < 1$ 的功能区域，基本上都应进行改进，特别是 V 值比 1 小得较多的功能区域，应力求使 $V = 1$。

（2）$C - F$ 值大的功能区域　通过核算和确定对象的实际成本和功能评价值，分析、测算成本改善期望值，从而排列出改进对象的重点及优先次序。成本改善期望值的表达式为

$$\Delta C = C - F \tag{5-51}$$

式中　ΔC 为成本改善期望值，即成本降低幅度。

当 n 个功能区域的价值指数同样低时，就要优先选择 ΔC 数值大的功能区域作为重点对象。一般情况下，当 ΔC 大于零时，大者为优先改进对象。

（3）复杂的功能区域　复杂的功能区域，说明其功能是通过采用很多零件来实现的。一般情况下，复杂的功能区域其价值指数也较低。

【案例 5-22】　某工程有甲、乙、丙、丁四个设计方案，各方案的功能系数和单方造价见表 5-20，按价值指数应优选设计方案丁。

表 5-20　各方案功能的权重及得分（一）

项　目	方　案			
	甲	乙	丙	丁
功能系数	0.26	0.25	0.20	0.29
单方造价/（元/m²）	3200	2960	2680	3140

【解】　总造价 = 3200 + 2960 + 2680 + 3140 = 11980。成本系数：甲 = 3200/11980 = 0.27；乙 = 2960/11980 = 0.25；丙 = 2680/11980 = 0.22；丁 = 3140/11980 = 0.26。价值指数：甲 = 0.26/0.27 = 0.96；乙 = 0.25/0.25 = 1；丙 = 0.20/0.22 = 0.91；丁 = 0.29/0.26 = 1.12。进行方案比选时，价值指数大的为优选方案。

【案例 5-23】　背景：某市高新技术开发区拟开发建设集科研和办公于一体的综合大楼，其主体工程结构设计方案对比如下：

A 方案：结构方案为大柱网框架剪力墙轻墙体系，采用预应力大跨度叠合楼板，墙体材料采用多孔砖及移动式可拆装式分室隔墙，窗户采用中空玻璃断桥铝合金窗，面积利用系数为 93%，单方造价 1438 元/m²。

B 方案：结构方案同 A 方案，墙体采用内浇外砌，窗户采用双玻塑钢窗，面积利用系数为 87%，单方造价为 1108 元/m²。

C 方案：结构方案采用框架结构，采用全现浇楼板，墙体材料采用标准黏土砖，窗户采用双玻铝合金窗，面积利用系数为 79%，单方造价为 1082 元/m²。

方案各功能的权重及各方案的功能得分见表 5-21。

表 5-21　各方案功能的权重及得分（二）

功能项目	功能权重	各方案功能得分		
		A	B	C
结构体系	0.25	10	10	8
楼板类型	0.05	10	10	9
墙体材料	0.25	8	9	7
面积系数	0.35	9	8	7
窗户类型	0.10	9	7	8

问题：

1. 试应用价值工程方法选择最优设计方案。

2. 为控制工程造价和进一步降低费用，拟针对所选的最优设计方案的土建工程部分，以分部分项工程费用为对象开展价值工程分析。将土建工程划分为四个功能项目，各功能项目得分值及其目前成本见表 5-22。按限额和优化设计要求，目标成本额应控制为 12170 万元。

试分析各功能项目的目标成本及其可能降低的额度，并确定功能改进顺序。

表 5-22　各功能项目得分及目前成本

功能项目	功能得分	目前成本/万元
桩基围护工程	10	1520
地下室工程	11	1482
主体结构工程	35	4705
装饰工程	38	5105
合计	94	12812

【解】

问题1：确定各项功能的功能重要性系数→计算各方案的功能加权得分→计算各方案的功能指数（F_i）→计算各方案的成本指数（C_i）→计算各方案的价值指数（V_i）→方案选择。分别见表 5-23～表 5-25。

表 5-23　功能指数计算

方案功能	功能权重	方案功能加权得分		
		A	B	C
结构体系	0.25	10×0.25＝2.50	2.50	2.00
楼板类型	0.05	10×0.05＝0.50	0.50	0.45
墙体材料	0.25	8×0.25＝2.00	2.25	1.75
面积系数	0.35	9×0.35＝3.15	2.80	2.45
窗户类型	0.10	9×0.10＝0.90	0.70	0.80
合计		9.05	8.75	7.45
功能指数		9.05/25.25＝0.358	8.75/25.25＝0.347	7.45/25.25＝0.295

注：表 5-23 中各方案功能加权得分之和为：9.05+8.75+7.45＝25.25。

表 5-24　成本指数计算

项　　目	方　　案			合　　计
	A	B	C	
单方造价/(元/m²)	1438	1108	1082	3628
成本指数	0.396	0.305	0.298	0.999

表 5-25　价值指数计算

项　　目	方　　案		
	A	B	C
功能指数	0.358	0.347	0.295
成本指数	0.396	0.305	0.298
价值指数	0.904	1.138	0.990

由表 5-25 的计算结果可知，B 方案的价值指数最高，为最优方案。

问题 2：目标成本降低额计算见表 5-26。

表 5-26　功能指数、成本指数、价值指数和目标成本降低额计算

功能项目	功能评分	功能指数 F_i	目前成本 C/万元	成本指数 C_i	价值指数 $V_i=F_i/C_i$	目标成本 F/万元	成本降低额 $\Delta C=C-F$ /万元	功能改进顺序
桩基围护工程	10	0.1064	1520	0.1186	0.8971	1295	225	（1）
地下室工程	11	0.1170	1482	0.1157	1.0112	1424	58	（4）
主体结构工程	35	0.3723	4705	0.3672	1.0139	4531	174	（3）
装饰工程	38	0.4043	5105	0.3985	1.0146	4920	185	（2）
合计	94	1.0000	12812	1.0000		12170	642	

四、方案创造与评价

价值工程能否取得成效，关键在于针对产品存在的问题提出解决的方法，创造新方案，完成产品的改进。

（一）方案创造

方案创造就是在前面的功能分析的基础上，根据产品存在的功能和成本上的问题，寻找使得功能与成本相匹配的新的实现功能的技术方案。这一过程将根据已建立的功能系统图和功能目标成本，运用创造性的思维方法，加工已获得的资料，在设计思想上产生质的飞跃，创造出实用效果好、经济效益高的新方案。这一过程要具备创新精神和创新能力，要依靠价值工程小组内外的集体智慧。价值工程中常用的方案创造的方法有头脑风暴（Brain Storming，BS）法、哥顿（Gorden）法、专家意见法和专家检查法等。

（1）头脑风暴（Brain Storming，BS）法　头脑风暴法是指自由奔放地思考问题。具体地说，就是由对改进对象有较深了解的人员组成的小集体在非常融洽和不受任何限制的气氛中进行讨论、座谈，打破常规、积极思考、互相启发、集思广益，提出创新方案。这种方法可使获得的方案新颖、全面、富于创造性，并可以防止片面和遗漏。

（2）哥顿（Gorden）法　哥顿法也是在会议上提方案，但究竟研究什么问题，目的是什么，只有会议的主持人知道，以免其他人受约束。例如，想要研究试制一种新型剪板机，主持会议者请大家就如何把东西切断和分离提出方案，当会议进行到一定时机，再宣布会议的具体要求，在此联想的基础上研究和提出各种新的具体方案。

这种方法的指导思想是把要研究的问题适当抽象，以利于拓展思路。在研究新方案时，会议主持人开始并不全部摊开要解决的问题，而是只对大家做一番抽象笼统的介绍，要求大家提出各种设想，以激发出有价值的创新方案。这种方法要求会议主持人机智灵活、提问得当。提问太具体，容易限制思路；提问太抽象，则方案可能离题太远。

（3）专家意见法　专家意见法又称德尔菲（Delphi）法，是由组织者将研究对象的问题和要求函寄给若干有关专家，使他们在互不商量的情况下提出各种建议和设想，专家返回设想意见，经整理分析后归纳出若干较合理的方案和建议，再函寄给有关专家征求意见，再回收整理，如此经过几次反复后专家意见趋向一致，从而最后确定出新的功能实现方案。这种方法的特点是专家们彼此不见面，研究问题时间充裕，可以无顾虑、不受约束地从各种角度提出意见和方案。缺点是花费时间较长，缺乏面对面的交谈和商议。

（4）专家检查法　专家检查法不是靠大家想办法，而由主管设计的工程师作出设计，提出完成所需要功能的办法和生产工艺，然后顺序请各方面的专家（材料方面的、生产工艺的、工艺装备的、成本管理的、采购方面的）审查。这种方法先由熟悉的人进行审查，以提高效率。

（二）方案评价

方案创造阶段所产生的大量方案需要进行评价和筛选，从中找出有实用价值的方案付诸实施。方案评价可以视具体情况从技术、经济和社会三方面进行评价。

1. 技术评价

技术评价围绕功能进行，考察方案能否实现所需要的功能及实现程度。它是以用户的功能需要为依据，评价内容包括功能的实现程度（性能、质量、寿命等）、可靠性、可维修性、易操作性、使用安全性、与整个产品系统的匹配性、与使用环境条件的协调性等。

2. 经济评价

经济评价是在技术评价的基础上考察方案的经济性，评价内容主要是确定新方案的成本是否满足目标成本的要求。另外，对于销售类的产品对象，还可以从市场销售量的增加、市场竞争力的增强等方面进行全面的经济评价。可采用本书介绍的其他经济评价方法对创新的方案与原方案进行经济比较分析。

3. 社会评价

对于涉及环境、生态、国家法规约束、国防、劳动保护、耗用稀缺资源、民风民俗等方面的新方案，还需要对新方案进行社会评价。

方案评价分为概略评价和详细评价两个阶段。概略评价是对创造出的方案从技术、经济和社会 3 个方面进行初步研究，其目的是从众多的方案中粗略地筛选出一些优秀的方案，为详细评价做准备。详细评价是在掌握大量数据资料的基础上，对概略评价获得的少数方案进行详尽的技术评价、经济评价、社会评价和综合评价，为方案的编写和审批提供依据。

第三节　工程量清单编制技巧示例

工程量清单是工程量清单计价的基础和核心内容，由分部分项工程项目清单、措施项目清单、其他项目清单、不可竞争费（或规费）和税金项目清单组成。它是建设工程招标文件的组成部分，应包括由投标人完成工程施工的全部项目，是投标人投标报价的基础，是签订合同、调整工程量、支付工程进度款、竣工结算、索赔的依据。

一、工程量清单的编制依据

工程量清单的编制依据主要包括工程施工图、计价规范、招标文件、施工验收规范以及拟采用的施工技术和施工组织方案等资料。

1）造价咨询任务委托书。

2）《建设工程工程量清单计价规范》（GB 50500—2013），当地建设主管部门颁发的计价规范及配套消耗量定额（计价定额）、费用定额、政策文件等。

3）招标文件、招标答疑及回复。

4）设计文件（施工图及审图文件、技术规范书）、地质勘察资料。

5）招标项目工程特点、现场勘察情况。

6）与招标项目相关的标准、规范和技术资料。

7）拟采用的施工技术和组织方案等数据资料。

二、工程量清单的编制程序

（一）成立编制小组

根据项目特点和要求，合理组织并配置人力资源，确定项目负责人，并进行人员专业分工和职责划定。

（二）编制实施方案

重大或复杂咨询项目，为保证清单编制顺利，需编制专项实施方案，以确定编制进度计划、编制要求。根据实施方案，对参加人员进行编制交底。

（三）收集整理编制资料

1）招标文件、招标图样及图审文件、地质勘察报告。

2）计价规范、计价依据、市场价格信息、主管部门发布的各项工程造价政策文件等。

3）相关标准及图集。

（四）熟悉施工图和有关资料

1）阅读招标文件，明确招标需求、招标内容和招标范围。

2）阅读并熟悉招标图样。

3）熟悉施工技术和组织方案。

4）参加委托单位组织的设计交底会议。

（五）踏勘拟建项目现场，全面掌握施工现场情况

为了编制出符合拟建项目施工实施情况的工程量，必须全面掌握施工现场情况，通过对施工现场的踏勘，全面掌握施工现场的第一手资料，如对地理位置、周围环境、水源电源、交通状况、施工道路、现场土方开挖、排水降水、管线保护、苗木迁移及保护、构筑物建筑物保护、道路及管线迁改、拟建项目场地情况（三通一平实施状况）等进行全面详细勘察，并形成现场踏勘记录（建设、设计、编制单位签字），作为编制工程量清单和招标控制价的依据。

（六）提出编制疑问

根据对前期编制资料的阅读和熟悉，提出初步清单编制疑问，主要包括编制范围、编制要求、综合项目主专业确定、是否存在甲供材、重大措施项目方案的确定、现场三通一平的状况等。

（七）计算工程量，编制工程量清单初步成果文件

根据清单计价工程量计算规则，计算出分部分项工程工程量清单的工程量，形成工程量清单初步成果文件。在计算工程量过程中对图样提出疑问，分专业汇总后提交招标人组织回复，编制清单和计算工程量过程要根据答疑回复文件及时调整清单和工程量。

（八）三级复核

为了保证清单成果文件的质量，初步成果文件经编制单位三级复核。

（九）出具清单成果文件

出具最终的工程量清单成果文件。

三、工程量清单的编制方法

（一）工程量清单编制基本步骤

1）分部分项工程项目清单必须根据现行国家计量规范规定的项目编码、项目名称、项目特征、计量单位和工程量计算规则进行编制。

2）编制前首先要根据设计文件和招标文件，认真读取拟建工程项目的内容和招标人需求。

3）根据项目具体情况，对照计价规范的项目名称和项目特征，逐项确定具体的分部分项工程名称及项目特征。

4）根据已确定的项目名称，对照计价规范查找并设置12位项目编码。

5）接着参考计价规范中列出的工程内容，确定分部分项工程工程量清单的综合工程内容，选用正确的编制数据、计算程序和计价规范中规定的计量单位和工程量计算规则，计算出该分部分项工程工程量清单的工程量。

6）填制分部分项工程工程量清单表格。

7）根据拟建项目情况填制措施项目清单表格。

8）根据拟建项目情况和招标人需求，填列主要材料表。

9）根据招标人要求填列其他项目清单。

10）填写工程量清单编制总说明。

11）根据计价规范和招标文件要求，形成工程量清单成果文件。

（二）工程量计算

依据招标单位提供的招标文件、设计图样、设计说明、招标范围、答疑；现场踏勘情况；现行的建设工程工程量清单计价规范、本地有关造价文件、现行市场材料价格等要素，工程量要执行工程量清单计价规范的计算规则。工程量计算要求数量准确、项目完整，避免错项和漏项，防止投标人利用清单中工程量的可能变化进行不平衡报价。

（三）工程量清单项目编列

工程量清单编制的关键在于设置工程量清单项目，一般来说，工程量清单项目的确定，土建工程可按计价规范所列项目进行，安装工程按部位和功能分项，装饰工程可按工程做法和部位确定，它应该能够准确反映出拟建工程的实际情况和对具体施工的要求。因此，清单项目的确定应满足以下条件：

1）便于计算工程量和综合单价，同时便于投标人复核工程量。

2）与设计图文件一一对应，并符合施工技术要求和施工流程。

3）便于施工管理和工程进度款的拨付及竣工结算。

4）体现工程"质"和"价"的辩证关系。

5）具有一定的综合程度，一般是体现一个综合实体；不能混同于采用定额计价的方式，每一项只包括单一的工序内容。

（四）清单项目特征描述

严格按照《建设工程工程量清单计价规范》（GB 50500—2013）所涉及的各个子目项目特征描述的要求，对照相应的设计图和现场条件编制项目特征。

要充分考虑项目的部位、特征、规格、型号、主要材料、质量要求、各子项工程的工程量、主要技术参数等影响工程造价的主要因素。

要充分考虑拟建工程的实际情况、招标文件、设计文件、施工组织设计、施工规范、工程验收规范。

工程量清单对项目特征描述要具体、特征清晰、界限分明，否则会使投标人无法准确理解工程量清单项目的构成要素和确定综合单价，导致评标时难以合理地评定中标价，结算时，发、承包双方引起争议。在描述清单项目特征时要规范、简洁、准确、全面。

（五）计量单位选择

应采用基本单位，不能使用扩大单位。按照相关规定的计量单位确定，当有两个或两个以上时，根据所编制的工程量清单项目的特征要求，选择最适宜表现该项目特征并方便计算的单位。

（六）措施项目编列

措施项目中可以计算工程量的项目清单采用分部分项工程工程量清单的方式编制，列出项目编码、项目名称、项目特征、计量单位和工程量计算规则；不能计算工程量的措施项目清单，以"项"为计量单位，按设计技术方案分别计算工程量，套用相应消耗量定额，形成该项措施项目清单。

1）措施项目的开项要满足相关规范及施工组织设计的要求。

2）组织措施严格按规范要求设置。

3）技术措施要考虑施工工艺、施工方案的选择，要考虑现场施工场地条件、道路运输条件、周边居民居住状况，以及水电路的开通条件。

4）既要全面考虑，也不能盲目设置或提高标准增加造价；措施项目设置要做到全面、合理。

（七）编制疑问及回复

1）对于设计深度不足，在编制清单过程中及时提出，由设计院完善设计内容。这样能减少施工过程变更，减少合同价款的调整。

2）对于招标范围、编制要求、土方运距、主要材料设备的品牌设置要求、甲供材或甲控材价格设置、暂定材料价设置、暂列金暂列项设置、图样设计问题等，都要提出疑问，由业主或设计单位予以解决回复。

3）答疑是招标文件的一个重要组成部分。要做到问、答统一，与清单统一，与组价统一。

（八）工程量清单编制注意事项

1）清单编制内容和范围与招标文件一致。

2）工程量计算要准确。

3）清单开项要合理。

4）清单项目特征描述与设计文件要一致，要规范准确、清晰完整。

5）措施项目设置要做到项目全面。

6）答疑问和答统一、答疑与清单特征描述统一。

四、工程量清单的编制示例（以某项目工程量清单编制成果文件为示例）

（一）项目概况

某学校学生宿舍工程，包括 4 栋宿舍楼，1 个地下机动车库。总建筑面积 65043m²，其中 1 号宿舍楼 12859.2m²，2 号宿舍楼 12930.2m²，3 号宿舍楼 12930.2m²，4 号宿舍楼 14184.27m²，地下机动车库（地下 1 层）建筑面积 12139m²，含人防 9900m²。具体内容详见招标文件、工程量清单、图样以及补充答疑文件全部内容。

（二）图样目录及图样：

图样目录见表 5-27，图样详见图 5-10～图 5-13。

表 5-27　建设项目招标图样目录

招标人		某大学		联系人	
项目名称		某学校学生宿舍工程		招标编号	
施工图目录	序号	资料签发单位	版本（次）/出图时间	专业/图名	（图号/页）
	1	4 号宿舍楼			
	1.1	××设计研究院	0/2020. 10	建设设计统一说明	01～13 共 13 页
	1.2		0/2020.7	建施（含外保温图样）	14～42 共 29 页
	1.3		0/2020. 10	结施	01～32 共 32 页
补充图样	1	××设计研究院			1 份
	2	××设计研究院			1 份
审查意见告知书	1				
其他资料	1				
地勘报告	1	××勘察院		某学校学生宿舍工程岩土工程勘察报告	共 1 份
招标人或设计答疑	1	某大学		某学校学生宿舍工程工程量清单、最高投标限价编制答疑文件	1 份
工程概况及各专业招标范围		某学校学生宿舍工程,详见招标文件、工程量清单及图样			
招标人		（签章）		日期	
造价咨询单位		（签章）		日期	

（三）设计说明

（1）单体概况　本工程为 4 栋学生宿舍楼，单体概况见表 5-28。

（2）结构形式　本工程采用钢筋混凝土现浇框架-剪力墙结构，地上 2～12 层为预制装配，屋顶及其余均为现浇。预制构件类型有：预制楼板、预制楼梯。预制楼板为叠合板 60mm+70mm 现浇。

（3）结构主要材料情况

1）钢筋采用 HPB300、HRB400 钢筋，钢板和型钢采用 Q235B 热轧普通钢。

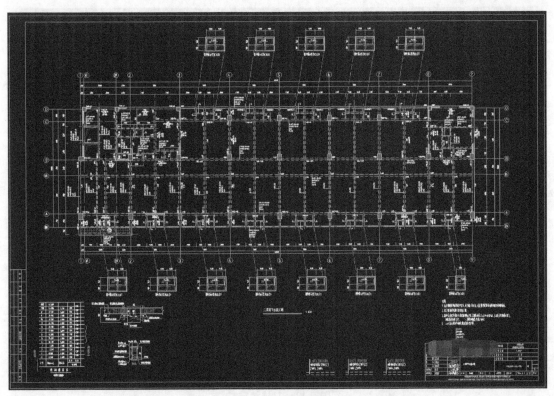

图 5-10　二层结构梁

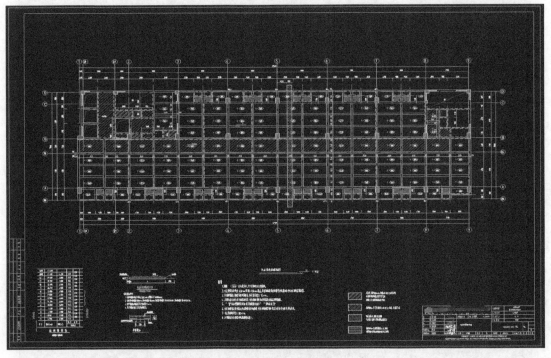

图 5-11　二层结构板

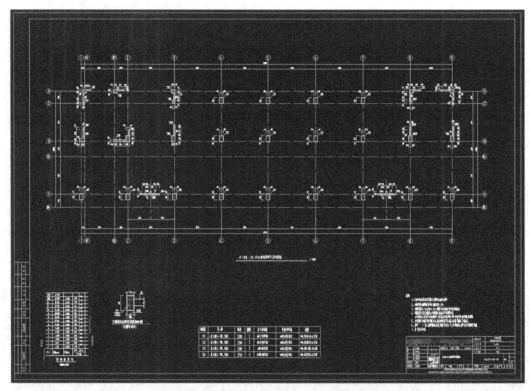

图 5-12　二层结构柱

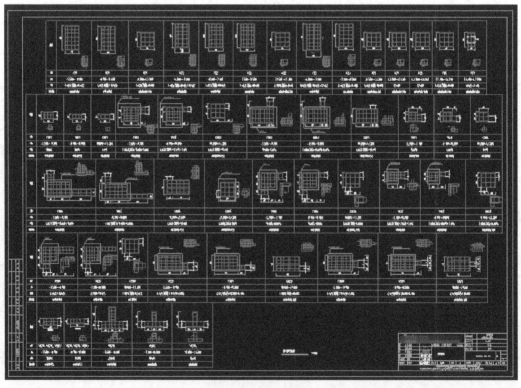

图 5-13　结构柱表

表 5-28 单体概况表

楼号	建筑面积 /m²	地上面积 /m²	建筑占地面积/m²	结构形式	建筑层数	耐火等级	屋面防水等级	建筑高度 /m	±0.000 绝对标高
1号宿舍楼	12859.20	12859.20	1068.55	框架-剪力墙	地上12层	二级	屋面一级	43.5	36.000(吴淞高程)
2号宿舍楼	12930.20	12930.20	1068.55	框架-剪力墙	地上12层	二级	屋面一级	43.5	36.000(吴淞高程)
3号宿舍楼	12930.20	12930.20	1068.55	框架-剪力墙	地上12层	二级	屋面一级	43.5	36.000(吴淞高程)
4号宿舍楼	14184.27	14184.27	1169.02	框架-剪力墙	地上12层	二级	屋面一级	43.5	36.000(吴淞高程)

2）混凝土主体结构：墙柱 7.2m 标高以下为 C50，7.2~17.9m 为 C45，17.9~28.7m 为 C40，28.7~39.5m 为 C35，其余标高及现浇梁板为 C30。

（4）墙体工程 本工程所选用墙体应满足《墙体材料应用统一技术规范》（GB 50574—2010）及《烧结空心砖和空心砌块》（GB/T 13545—2014）的技术要求，煤矸石空心砖密度等级 1000 级，墙体砌筑方法等见国家建筑标准设计图集《砖墙建筑、结构构造》（15J101 15G612）及其他相关图集。粉煤灰蒸压加气混凝土砌块执行《蒸压加气混凝土制品应用技术标准》（JGJ/T 17—2020），墙体砌筑方法等见国家建筑标准设计图集《蒸压加气混凝土砌块、板材构造》（13J104）及其他相关图集，施工时根据需要，内墙体如采用其他材料，必须与设计单位及建设单位共同商定，必须满足建筑的防火、保温、隔热、隔声、抗震要求，同时墙体荷载不应有所增加。

外围护墙：本工程外围护墙采用 200mm 厚非承重煤矸石空心砖（MU5.0）。

内分隔墙：本工程内分隔墙除注明外其余均为 200mm 厚非承重煤矸石空心砖（MU5.0）。

（5）外墙保温及装饰工程 外墙采用保温装饰一体化板及真石漆饰面，其分色及选用颜色详见立面图说明。所有饰面色彩应先做样板，待设计单位、建设单位、施工单位三方认可后方可施工；所有外墙面砖、金属或石材幕墙选用颜色、规格均需看样后确定。选用产品应有国家有关部门鉴定证书，以确保工程质量。

保温装饰一体化板饰面：一体化板应严格执行《保温装饰板外墙外保温系统材料》（JG/T 287—2013）、《外墙保温复合板通用技术要求》（JG/T 480—2015）、《保温防火复合板应用技术规程》（JGJ/T 350—2015）、《保温装饰板外墙外保温工程技术导则》（RISN-TG028-2017）、《保温装饰板外墙外保温系统应用技术规程》（DB34/T 5080—2018）等现行相关标准。蒸压加气混凝土砌块墙体部位应采用穿墙对拉锚栓等提高锚固组件抗拉承载力的措施。保温装饰一体化板面板固定点（后切槽处）应进行防腐处理。

（6）室内装修工程 本设计只含一般室内装饰设计。室内高级装饰及顶棚应见内装饰设计图样。

本工程所选用建筑装修材料必须符合《建筑内部装修设计防火规范》（GB 50222—2017）的要求。其中楼梯间、封闭楼梯间、防烟楼梯间及其前室，高层住宅顶棚，地下车库墙面、顶棚，水、暖、电设备用房等场所所有装修材料应采用燃烧性能等级 A 级的材料。

（四）成果文件

1. 封面和扉页

招标工程量清单封面见表 5-29，扉页见表 5-30。

表 5-29　招标工程量清单封面

A.1　招标工程量清单封面

_____某学校学生宿舍_____工程

招标工程量清单

招　标　人：_____
　　　　　　　（单位盖章）

造价咨询人：_____
　　　　　　　（单位盖章）

××年×月×日

表 5-30　招标工程量清单扉页

B.1　招标工程量清单扉页

<u>　　　　某学校学生宿舍　　　　　</u>工程

招标工程量清单

招　标　人：_____　　　造价咨询人：_____
　　　　　　（单位盖章）　　　　　　　　　　（单位资质专用章）

法定代表人　　　　　　　　　　　　　法定代表人
或其授权人：_____　　　或其授权人：_____
　　　　　　（签字或盖章）　　　　　　　　　（签字或盖章）

编　制　人：_____　　　复　核　人：_____
　　（造价人员签字盖专用章）　　　　　　（造价工程师签字盖专用章）

编 制 时 间：××年×月×日　　　　　复 核 时 间：××年×月×日

2. 工程量清单总说明

工程量清单总说明见表 5-31。

表 5-31　工程量清单总说明

工程名称：某学校学生宿舍工程　　　　　　　　　　　　　　　　　招标项目编号：

一、工程概况

某学校学生宿舍工程，该项目包括 4 栋宿舍楼和 1 个地下机动车库。总建筑面积 65043m²，具体内容详见招标文件、工程量清单、图样以及补充答疑文件全部内容。

二、工程招标范围

见本项目招标清单编制答疑文件中的招标范围。

三、工程量清单编制依据

1）某学校学生宿舍工程施工招标文件。

2）××设计研究院施工图设计文件。

3）某学校学生宿舍工程施工招标清单编制答疑文件。

4）执行《××建设工程计价依据》，以及《关于贯彻执行××建设工程计价依据的通知》（××造价【2018】×号文）。

四、工程量清单编制及报价要求

1）工程量清单列出的每个细目已包含涉及与该细目有关的全部工程内容，投标人应将工程量清单与投标人须知、合同通用条款、专用条款以及技术规范和图样一起对照阅读。

2）除非合同另有规定，分部分项工程工程量清单中每一项综合单价均已包括完成一个规定计量单位项目所需的人工费、材料费、机械费和综合费。

3）本工程量清单依据《××建设工程计价依据》规定的编码列项；项目特征只描述主要、关键特征，未描述或不完整之处，详见图样、施工规范及相关说明要求。投标人必须注意，投标报价中的综合单价须包含完成分部分项工程的所有内容（含所需采取的技术措施、施工方案等费用）的报价。

4）投标人须认真阅读与项目有关的招标文件、设计图样、地勘报告等，并通过现场勘察，考虑周边环境及施工期间可能出现的事宜，确定其各项可能产生的费用，且已包含在投标报价中，工程结算时不再调整该部分的费用。

5）措施项目费是指为完成建设工程施工，发生于该工程施工前和施工过程中的技术、生活等方面的费用。本项目工程量清单中未列明的其他措施项目费，投标人可根据各专业特点、地区和工程特点，考虑所需要的措施费用。

五、税率计算

本项目采用一般计税方法，增值税税率执行《关于调整××建设工程计价依据增值税税率的通知》（××造价【2019】×号）第一条规定，按照 9% 计算，建设工程造价=税前工程造价×（1+9%）。

六、其他需要说明的问题

1）工程量清单及其计价格式中所有要求签字、盖章的地方，必须由规定的单位和人员签字、盖章。

2）工程量清单及其计价格式中的任何内容不得随意删除或涂改。

3）金额（价格）均应以**人民币**表示。

3. 工程量清单内容

工程量清单内容见表 5-32～表 5-42。

表 5-32　分部分项工程工程量清单计价表

工程名称：某学校学生宿舍工程【土建】　　　　　　　　　　　　　标段：

序号	项目编码	项目名称	项目特征描述	计量单位	工程量	综合单价	合价	定额人工费	定额机械费	暂估价
						金额/元			其中	
	0104		砌筑工程							
1	010401004001	多孔砖墙	1. 楼梯防火墙 2. 砖品种、规格、强度级：MU5.0 煤矸石空心砖 3. 墙体类型：内墙 100mm 厚 4. 砂浆强度等级：墙体采用 M5 预拌砂浆砌筑 5. 设计耐火极限≥3（h） 6. 其他：具体详见图样、图集、答疑、招标文件、政府相关文件、规范等其他资料，满足验收要求	m³	2.840					

（续）

序号	项目编码	项目名称	项目特征描述	计量单位	工程量	综合单价	合价	定额人工费	定额机械费	暂估价
							金额/元			
								其中		
2	010401003001	实心砖墙	1. 墙厚：200mm 及以上 2. 砖品种、规格、强度等级：混凝土实心砖 3. 砂浆强度等级：M5 混合砂浆，采用预拌砂浆 4. 具体详见图样、图集、答疑、招标文件、政府相关文件、规范等其他资料，满足验收要求	m³	266.820					
3	010401008001	填充墙	1. 部位：填充墙（含楼梯间墙） 2. 砖品种、规格、强度等级：烧结类煤矸石空心砖（MU5.0），密度等级 1000 级 3. 墙体厚度：100mm 4. 墙体类型：直行 5. 砂浆强度等级、配合比：M5 砂浆砌筑 6. 具体详见图样、图集、答疑、招标文件、政府相关文件、规范等其他资料，满足验收要求	m³	92.220					

表 5-33 措施项目清单与计价表

工程名称：某学校学生宿舍工程【土建】　　　　标段：

序号	项目编码	项目名称	计算基础	费率（%）	金额/元
1	JC-01	夜间施工增加费		×××	
2	JC-02	二次搬运费		×××	
3	JC-03	冬雨期施工增加费		×××	
4	JC-04	已完工程及设备保护费		×××	
5	JC-05	工程定位复测费		×××	
6	JC-06	非夜间施工照明费		×××	
7	JC-07	临时保护设施费		×××	
8	JC-08	赶工措施费		×××	
合　　计					

表 5-34 不可竞争项目清单与计价表

工程名称：某学校学生宿舍工程【土建】　　　　标段：

序号	项目编码	项目名称	计算基础	费率(%)	金额/元
1	JF-01	环境保护费		×××	
2	JF-02	文明施工费		×××	
3	JF-03	安全施工费		×××	
4	JF-04	临时设施费		×××	
5	JF-05	工程排污费		×××	
合　　计					

表 5-35 其他项目清单与计价汇总表

工程名称：某学校学生宿舍工程【土建】　　　　标段：

序号	项目名称	金额/元
1	暂列金额	
2	专业工程暂估价	
3	计日工	
4	总承包服务费	
合　　计		

表 5-36 暂列金额明细表

工程名称：某学校学生宿舍工程【土建】　　　　标段：

序号	项目名称	计量单位	暂定金额/元	备注
合　　计				

说明：此表由招标人填写，如不能详列，也可只列暂定金额总额，投标人应将上述暂列金额计入投标总价中。

表 5-37 专业工程暂估价计价表

工程名称：某学校学生宿舍工程【土建】　　　　标段：

序号	工程名称	工程内容	金额/元	备注
合　　计				

说明：此表中"金额"由招标人填写。投标时，投标人应按招标人所列金额计入投标总价中。结算时按合同约定结算金额填写。

表 5-38 计日工表

工程名称：某学校学生宿舍工程【土建】　　　　　标段：

编码	项目名称	单位	数量	综合单价	合价/元
一	人工				
		人工费小计			
二	材料				
		材料费小计			
三	施工机械				
		施工机械费小计			
		合　计			

说明：此表项目名称、数量由招标人填写，编制最高投标限价时，综合单价由招标人按有关计价规定确定；投标时，综合单价由投标人自主报价，按招标人所列数量计算合价计入投标总价中。结算时，按发承包双方确认的实际数量计算。

表 5-39 总承包服务费计价表

工程名称：某学校学生宿舍工程【土建】　　　　　标段：

序号	工程名称	项目价值/元	服务内容	费率(%)	金额/元
1	发包人发包专业工程				
2	发包人供应材料				
	合　计				

表 5-40 税金计价表

工程名称：某学校学生宿舍工程【土建】　　　　　标段：

序号	项目名称	计算基础	计算基数	费率(%)	金额/元
1	增值税	分部分项工程费+措施项目费+不可竞争费+其他项目费		9.000	
	合　计				

表 5-41 材料（工程设备）暂估单价一览表

工程名称：某学校学生宿舍工程【土建】　　　　　标段：

序号	材料(工程设备)名称、规格、型号	计量单位	数量	单价/元

说明：此表由招标人填写，投标人应将上述材料（工程设备）暂估单价计入工程量清单综合单价报价中。

表 5-42　发包人提供材料（工程设备）一览表

工程名称：某学校学生宿舍工程【土建】　　　　　标段：

序号	材料(工程设备)名称、规格、型号	计量单位	数量	单价/元	合价/元	备注

说明：此表由招标人填写，供投标人在投标报价、确定总承包服务费时参考。

五、工程量计算式

工程量计算采用图形算量法。（建模部分构件如图 5-14～图 5-17 所示。绘图输入工程量汇总表详见表 5-43～表 5-45）

图 5-14　梁板柱总体图建模

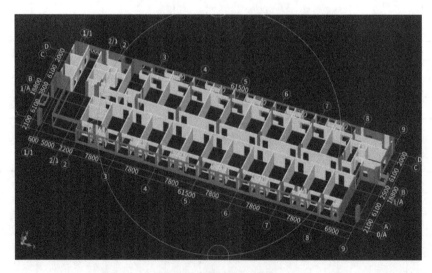

图 5-15　首层墙柱建模

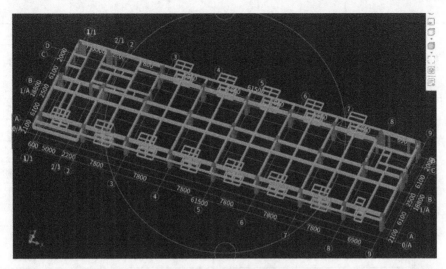

图 5-16 首层梁板建模

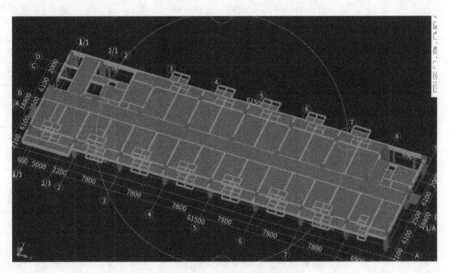

图 5-17 首层板建模

表 5-43 绘图输入工程量汇总表——柱

项目名称：某学校学生宿舍楼

截面形状	截面周长/m	混凝土强度等级	楼层	名称	工程量名称							
					周长/m	体积/m³	模板面积/m²	超高模板面积/m²	数量/根	脚手架面积/m²	高度/m	截面面积/m²
矩形柱	≤2.4	C30	第12层	KZ1	9.6	5.328	31.194	0	4	88.8	14.8	1.44
				KZ1*	4.8	2.664	16.104	0	2	44.4	7.4	0.72
				KZ2	7.2	3.996	23.388	0	3	66.6	11.1	1.08
				KZ3	19.2	10.656	62.988	0	8	177.6	29.6	2.88
				小计	40.8	22.644	133.674	0	17	377.4	62.9	6.12

（续）

截面形状	截面周长/m	混凝土强度等级	楼层	名称	工程量名称							
					周长/m	体积/m³	模板面积/m²	超高模板面积/m²	数量/根	脚手架面积/m²	高度/m	截面面积/m²
矩形柱	≤2.4	C30	第13层	KZ4	19.2	12.096	74.01	2.88	8	126	33.6	2.88
				KZ4*	9.6	6.048	37.34	0	4	0	16.8	1.44
				KZ5	9.6	5.4528	33.5912	0	4	90.88	15.1468	1.44
				KZ6	12	6.8235	42.043	0	5	113.7275	18.9545	1.8
				KZ6*	4.8	2.7294	17.2406	0	2	45.491	7.5818	0.72
				KZ7	1.8	0.54	4.904	0	1	0	4.2	0.18
				小计	57	33.6897	209.1288	2.88	24	376.0985	96.2831	8.46
			小计		97.8	56.3337	342.8028	2.88	41	753.4985	159.1831	14.58
		C35	第9层	KZ1	9.6	5.184	30.576	0	4	86.4	14.4	1.44
				KZ1*	4.8	2.592	15.786	0	2	43.2	7.2	0.72
				KZ2	7.2	3.888	22.932	0	3	64.8	10.8	1.08
				KZ3	19.2	10.368	61.632	0	8	172.8	28.8	2.88
				小计	40.8	22.032	130.926	0	17	367.2	61.2	6.12
			第10层	KZ1	9.6	5.184	30.576	0	4	86.4	14.4	1.44
				KZ1*	4.8	2.592	15.786	0	2	43.2	7.2	0.72
				KZ2	7.2	3.888	22.932	0	3	64.8	10.8	1.08
				KZ3	19.2	10.368	61.632	0	8	172.8	28.8	2.88
				小计	40.8	22.032	130.926	0	17	367.2	61.2	6.12
			第11层	KZ1	9.6	5.184	30.576	0	4	86.4	14.4	1.44
				KZ1*	4.8	2.592	15.786	0	2	43.2	7.2	0.72
				KZ2	7.2	3.888	22.932	0	3	64.8	10.8	1.08
				KZ3	19.2	10.368	61.632	0	8	172.8	28.8	2.88
				小计	40.8	22.032	130.926	0	17	367.2	61.2	6.12
			小计		122.4	66.096	392.778	0	51	1101.6	183.6	18.36
	≤3.2	小计			321.6	215.136	1046.06	0	102	1726.56	367.2	59.76
	小计				623.4	381.6297	2043.4928	2.88	228	4316.0585	832.3831	104.94
异形柱	≤2.4	C30	第13层	LZ1	14	3.808	44.816	0	7	0	23.8	1.12
				小计	14	3.808	44.816	0	7	0	23.8	1.12
			小计		14	3.808	44.816	0	7	0	23.8	1.12
	小计				14	3.808	44.816	0	7	0	23.8	1.12
	小计				14	3.808	44.816	0	7	0	23.8	1.12
合计					637.4	385.4377	2088.3088	2.88	235	4316.0585	856.1831	106.06

注：带"*"表示特殊识别内容，一般表示箍筋加密。

表 5-44　绘图输入工程量汇总表——梁

项目名称：某学校学生宿舍楼

混凝土强度等级	楼层	名称	土建汇总类别	工程量名称									
				体积 /m³	模板面积 /m²	超高模板面积 /m²	截面周长 /m	梁净长 /m	轴线长度 /m	梁侧面面积 /m²	截面面积 /m²	截面高度 /m	截面宽度 /m
C30	首层	KL1(8)	梁	0.0053	31.2627	0	1.2	33.85	40	26.92	0.08	0.4	0.2
			小计	0.0053	31.2627	0	1.2	33.85	40	26.92	0.08	0.4	0.2
		KL1(8)-1	梁	3.552	37.0085	0	4.4	20.4	21.5	32.88	0.48	1.6	0.6
			小计	3.552	37.0085	0	4.4	20.4	21.5	32.88	0.48	1.6	0.6
		KL10(2B)	梁	0.12	84.656	0	28	61.2	76	79.8	2.76	9.2	4.8
			小计	0.12	84.656	0	28	61.2	76	79.8	2.76	9.2	4.8
		KL11(2A)	梁	0.015	20.514	0	5.6	15.3	16.8	20.7	0.57	1.9	0.9
			小计	0.015	20.514	0	5.6	15.3	16.8	20.7	0.57	1.9	0.9
		KL12(2A)	梁	0.925	28.7721	0	6.1	17.05	18.4	26.72	0.67	2.1	0.95
			小计	0.925	28.7721	0	6.1	17.05	18.4	26.72	0.67	2.1	0.95
		KL13(2)	梁	0	5.83	0	1.4	5.65	6.125	5.59	0.1	0.5	0.2
			小计	0	5.83	0	1.4	5.65	6.125	5.59	0.1	0.5	0.2
		KL14(2A)	梁	0.015	20.1265	0	5	17.65	18.95	18.43	0.48	1.6	0.9
			小计	0.015	20.1265	0	5	17.65	18.95	18.43	0.48	1.6	0.9
		KL15(2B)	梁	0.03	18.74	0	1.6	17.3	19	17.44	0.15	0.5	0.3
			小计	0.03	18.74	0	1.6	17.3	19	17.44	0.15	0.5	0.3
		KL2(6)	梁	0.024	61.856	0	3.8	36.05	43	56.41	0.39	1.3	0.6
			小计	0.024	61.856	0	3.8	36.05	43	56.41	0.39	1.3	0.6
		KL3(8)	梁	0	67.5065	0	1.8	54.75	61.5	64.46	0.18	0.6	0.3
			小计	0	67.5065	0	1.8	54.75	61.5	64.46	0.18	0.6	0.3
		KL4(8)	梁	0	88.302	0	2.2	53.1	61.8	84.12	0.24	0.8	0.3
			小计	0	88.302	0	2.2	53.1	61.8	84.12	0.24	0.8	0.3
		KL5(1)	梁	1.752	13.21	0	2.2	6.9	7.3	11.2	0.24	0.8	0.3
			小计	1.752	13.21	0	2.2	6.9	7.3	11.2	0.24	0.8	0.3
		KL5(1A)	梁	0.144	20.346	0	4.4	10.9	12.35	16.94	0.48	1.6	0.6
			小计	0.144	20.346	0	4.4	10.9	12.35	16.94	0.48	1.6	0.6
		KL6(1)	梁	0	10.027	0	1.7	7.1	8	8.46	0.15	0.6	0.25
			小计	0	10.027	0	1.7	7.1	8	8.46	0.15	0.6	0.25
		KL7(1)	梁	0	2.21	0	1.4	1.9	2	1.9	0.1	0.5	0.2
			小计	0	2.21	0	1.4	1.9	2	1.9	0.1	0.5	0.2
		KL8(1A)	梁	0.0371	16.0725	0	4.2	10.6	11.75	14.96	0.45	1.5	0.6
			小计	0.0371	16.0725	0	4.2	10.6	11.75	14.96	0.45	1.5	0.6

（续）

混凝土强度等级	楼层	名称	土建汇总类别	工程量名称									
				体积/m³	模板面积/m²	超高模板面积/m²	截面周长/m	梁净长/m	轴线长度/m	梁侧面面积/m²	截面面积/m²	截面高度/m	截面宽度/m
C30	首层	KL9(2A)	梁	0.015	20.369	0	3.6	15.3	16.8	20.58	0.36	1.2	0.6
			小计	0.015	20.369	0	3.6	15.3	16.8	20.58	0.36	1.2	0.6
		L1(1)	梁	0.352	4.4	0	2.4	4.4	4.9	3.52	0.16	0.8	0.4
			小计	0.352	4.4	0	2.4	4.4	4.9	3.52	0.16	0.8	0.4
		L10(1)	梁	0	3.103	0	1.4	2.9	3.2	2.9	0.1	0.5	0.2
			小计	0	3.103	0	1.4	2.9	3.2	2.9	0.1	0.5	0.2
		L11(1)	梁	0	9.952	0	1.6	7.5	8.2	9	0.12	0.6	0.2
			小计	0	9.952	0	1.6	7.5	8.2	9	0.12	0.6	0.2

表 5-45　绘图输入工程量汇总表——现浇板

项目名称：某学校学生宿舍楼

厚度	混凝土强度等级	楼层	名称	工程量名称					
				体积/m³	底面模板面积/m²	侧面模板面积/m²	数量/块	投影面积/m²	板厚/m
100mm	C30	首层	B-1[100]	10.8	31.2	5.62	25	27.433	2.5
			B-3[100]	16.6796	52.7562	0	33	52.4312	3.3
			窗下板 1.2m	0.218	1.49	0	1	1.49	0.1
			空调板 [100]	3.1916	18.768	0	23	18.768	2.3
			小计	30.8892	104.2142	5.62	82	100.1222	8.2
		第2层	B-1[100]	14.5087	42.7216	9.248	37	37.4358	3.7
			B-3[100]	13.0265	43.1512	0	21	42.8162	2.1
			窗下板 1.2m	0.218	1.49	0	1	1.49	0.1
			空调板 [100]	3.461	20.4	0	25	20.4	2.5
			小计	31.2142	107.7628	9.248	84	102.142	8.4
		第3层	B-1[100]	10.8	31.2	5.62	25	31.2	2.5
			B-3[100]	16.766	52.8112	0	33	52.8112	3.3
			小计	27.566	84.0112	5.62	58	84.0112	5.8
		第4层	B-1[100]	10.8	31.2	5.62	25	31.2	2.5
			B-3[100]	16.6766	52.8113	0	33	52.8113	3.3
			小计	27.4766	84.0113	5.62	58	84.0113	5.8

（续）

厚度	混凝土强度等级	楼层	名称	工程量名称					
				体积/m³	底面模板面积/m²	侧面模板面积/m²	数量/块	投影面积/m²	板厚/m
100mm	C30	第5层	B-1[100]	10.8	31.2	5.62	25	31.2	2.5
			B-3[100]	16.6766	52.8113	0	33	52.8113	3.3
			小计	27.4766	84.0113	5.62	58	84.0113	5.8
		第6层	B-1[100]	10.8	31.2	5.62	25	31.2	2.5
			B-3[100]	16.6766	52.8113	0	33	52.8113	3.3
			小计	27.4766	84.0113	5.62	58	84.0113	5.8
		第7层	B-1[100]	10.689	31.5	5.65	25	31.5	2.5
			B-3[100]	16.5264	53.1125	0	33	53.1125	3.3
			小计	27.2154	84.6125	5.65	58	84.6125	5.8
		第8层	B-1[100]	10.689	31.5	5.65	25	31.5	2.5
			B-3[100]	16.5264	53.1125	0	33	53.1125	3.3
			小计	27.2154	84.6125	5.65	58	84.6125	5.8
		第9层	B-1[100]	10.689	31.5	5.65	25	31.5	2.5
			B-3[100]	16.5264	53.1125	0	33	53.1125	3.3
			小计	27.2154	84.6125	5.65	58	84.6125	5.8
		第10层	B-1[100]	10.8	31.2	5.62	25	31.2	2.5
			B-3[100]	16.6156	52.9025	0	33	52.9025	3.3
			小计	27.4156	84.1025	5.62	58	84.1025	5.8
		第11层	B-1[100]	10.8	31.2	5.62	25	31.2	2.5
			B-3[100]	16.6156	52.9025	0	33	52.9025	3.3
			小计	27.4156	84.1025	5.62	58	84.1025	5.8
		小计		308.5766	970.0646	65.538	688	960.3518	68.8
	C35	首层	二次浇筑[100]	2.047	6.145	0	3	6.145	0.3
			小计	2.047	6.145	0	3	6.145	0.3
		第2层	二次浇筑[100]	1.945	6.2	0	3	6.2	0.3
			小计	1.945	6.2	0	3	6.2	0.3

第四节　招标控制价编审示例

一、招标控制价（最高投标限价）的编制依据

1）造价咨询协议书、造价咨询任务委托书。

2）《建设工程工程量清单计价规范》（GB 50500—2013），当地建设主管部门颁发的计价规范及配套消耗量定额（计价定额）、费用定额、政策文件等。

3）当地造价管理部门发布的工程造价信息（未发布的参照市场价）。

4）招标文件及招标工程量清单、招标答疑及回复。

5）设计文件（招标图样及审图文件、技术规范书）、地质勘察资料。

6）招标项目工程特点、现场勘察情况。

7）与招标项目相关的标准、规范和技术资料。

8）拟采用的施工技术和组织方案等数据资料。

二、招标控制价的编制程序

（一）编制准备

1）合理组织并配置人力资源，确定项目负责人，并进行人员专业分工和职责划定。

2）编制实施方案，确定编制进度计划、编制要求，并对参加人员进行编制交底。

3）收集整理编制资料，包括：招标文件、招标图样及图审文件、地质勘察报告、计价规范、计价依据、市场价格信息、主管部门发布的各项工程造价政策文件等。

4）熟悉招标图样和有关资料。

（二）编制控制价初步成果文件

1）提出控制价编制疑问，对于重大专项施工措施要求设计出具详细设计方案，用于专项措施项目计算。

2）计算定额消耗量，根据设计图样、清单特征描述、施工工艺等，套用相应计价定额，主材设备价格依据材料信息价格（信息价没有的进行市场询价），进行组价。

（三）三级复核出具控制价成果文件

为了保证控制价成果文件的质量，初步成果文件经三级复核，出具最终的清单成果文件。

三、招标控制价的编制方法

（一）综合单价确定

按照当地工程量清单计价规范、造价管理部门公布的材料价格、市场调查价格、当地建设主管部门发布的政策，根据项目不同类别确定管理费、利润等相应费率。

1）综合单价包括完成一个工程量清单项目所需的人工费、材料和工程设备费、施工机具使用费和企业管理费、利润以及一定范围内的风险费用。招标文件应明确划分应由投标人承担的风险范围及其费用。

2）根据工程量清单编制的全部资料，采用消耗量定额组价，合理确定分部分项的综合单价。

3）组价既要考虑定额人材机内容，也要考虑施工工艺、施工方案，合理选择消耗量定额。

4）组价过程要按消耗量定额的计算规则计算出定额消耗数量，很多消耗量定额与清单计量单位、计算方法差异很大；组价要做到不少量、不增项，组价内容与工程量清单特征、设计图样、答疑一致。

5）综合单位既不能高估冒算，也不能少计漏计。

6）要确定主要材料价格，根据招标文件要求，对主材价格确定一般采用当地建设工程材料信息价格，信息价未列入的，采用询价计入。

7）同时要严格确定补充子目、换算子目。综合单价要合理确定、严格控制。

（二）措施项目费用确定

组织措施费用严格按招标文件要求的内容，取值全面合理；技术措施费用要依据设计图样，并综合考虑施工工艺、施工方案的选择，以及现场施工条件，包括支撑防护、垂直运输、排

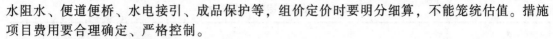

水阻水、便道便桥、水电接引、成品保护等，组价定价时要明分细算，不能笼统估值。措施项目费用要合理确定、严格控制。

（三）其他项目费用确定

结合本工程实际情况进行暂定金额、暂估价、计日工列项，总承包服务费按标准计取；对材料暂估单价和专业工程暂估价合理设置。

（四）不可竞争项目费用确定

严格按招标文件、本地建设主管部门发布的相关政策文件，不得少漏偏离。

（五）招标控制价编制要求

1）分部分项综合单价组价要与设计图样统一、要与答疑回复统一、要与清单特征描述统一。

2）措施项目费用要与措施方案统一、要与设计图样统一、要与答疑回复统一、要与技术规范统一。

（六）三级复核，出具招标控制价成果文件

初步成果文件经编制单位三级复核，分析各种造价指标，出具最终的招标控制价成果文件。

根据成果文件，对项目各项指标进行整理分析，通过指标分析，进一步验证成果文件的合理性。执行三级复核制度。

四、招标控制价的审核方法

（一）概算限额审查法

首先审查招标控制价是否在批准的初步设计概算范围内。我国对国有资金投资项目控制实行投资概算审批制度，国有资金投资的工程原则上不能超过批准的投资概算。因此，在工程招标发包时，当编制的招标控制价超过批准的概算，招标人应当将其报原概算审批部门重新审核。

（二）技术经济指标复核法

从工程造价主要分项指标、主要材料消耗量指标、主要工程量指标等方面与同类建筑工程进行比较分析。在复核时要选择与此工程具有相同或相似结构类型、建筑形式、装修标准的以往工程，将上述几种技术经济指标逐一比较，比较常用的指标有：钢筋含量、混凝土含量、模板含量、单位造价等，如果出入不大，可判定清单基本正确，如果出入较大须进一步核实调整。

（三）综合单价复核法

复核综合单价与市场价是否存在较大偏离，复核综合单价组价定额套用是否与清单特征描述一致，复核主要材料是否与清单描述主材特性一致。复核是否重复套项、人材机价格是否符合招标文件要求，即人工单价是否符合政府文件规定。材料价是否取自招标文件规定的造价信息、机械单价是否取自招标文件规定的价目表；人材机含量是否合理。

五、招标控制价的编制示例（以某项目工程量清单编制成果文件为示例）

（一）项目概况

参见本章第三节工程量清单编制示例项目概况内容。

（二）成果文件

成果文件内容包括：最高投标限价文件封面和扉页、总说明、计价表，见表5-46~表5-58。

表 5-46 最高投标限价文件封面

A.2 最高投标限价封面

<u>   某学校学生宿舍   </u>工程

最高投标限价

招　标　人：_____

（单位盖章）

造价咨询人：_____

（单位盖章）

年/月/日

表 5-47 最高投标限价文件扉页

B.2 最高投标限价扉页

_____某学校学生宿舍_____工程

最高投标限价

最高投标限价(小写)：_____×××元_____
　　　　　　(大写)：_____×元×角×分_____

招 标 人：_____　　造价咨询人：_____
　　　　　(单位盖章)　　　　　　　　　　　　(单位资质专用章)

法定代表人　　　　　　　　　　　　法定代表人
或其授权人：_____　　或其授权人：_____
　　　　　(签字或盖章)　　　　　　　　　　　(签字或盖章)

编 制 人：_____　　复 核 人：_____
　　　　(造价人员签字盖专用章)　　　　　　(造价工程师签字盖专用章)

编 制 时 间： 　年/月/日　　复 核 时 间： 　年/月/日

表 5-48 最高投标限价总说明

工程名称：某学校学生宿舍工程（土建）

一、采用的计价依据

1）某学校学生宿舍工程施工招标文件。

2）某学校学生宿舍工程工程量清单。

3）××设计研究总院某学校学生宿舍工程施工图设计文件；具体详见本项目招标图样目录。

4）某学校学生宿舍工程施工招标答疑回复。

5）某地 2018 版建设工程计价依据及其配套费用定额，以及当地造价管理部门计价政策文件。

二、采用的价格信息来源

1）主要材料价格：采用 ___×__ 年 __×__ 月某地区建设工程市场价格信息（主刊）不含进项税价格；信息价没有的材料、设备按照市场询价（不含进项税价格）计入。

2）人工费执行当地人工费政策调整文件，其中定额人工费参与取费、取税，其相对于定额人工费增加的部分 ___×___ 元只计取税金。

3）机械费价差按规定计取。

三、工程取费

本工程取费按" ___建筑___ 工程取费标准"中" ___民用建筑___ "的费率计取。其中房屋建筑、市政工程中挖或填土石方量大于 5000m³ 的大型土石方工程，其企业管理费费率 8%、利润率 8%，措施项目费费率和不可竞争费费率按房屋建筑工程相应费率乘 0.6 系数。

四、税率计算

本工程采用一般计税方法，增值税税率执行当地计价政策文件规定，按照 9% 计算，建设工程造价 = 税前工程造价 × （1+9%）。

五、其他说明

1）总承包服务费：详见招标文件及其答疑回复文件。

2）实行暂估价的材料、设备、专业工程及其价格：详见招标文件及其答疑回复文件。

实行暂估价材料、设备、专业工程的采购、保管费：详见招标文件及其答疑回复文件。

3）建设单位自行采购的材料、工程设备及其价格：详见招标文件及其答疑回复文件。

建设单位自行采购材料、工程设备的采购、保管费：详见招标文件及其答疑回复文件。

4）暂列金额：详见招标文件及其答疑回复文件。

表 5-49 单项工程最高投标限价汇总表

工程名称：某学校学生宿舍工程（土建安装）

序号	单位工程名称	金额/元	其中/元	
			暂估价	不可竞争费
1	×××宿舍楼工程【土建】	×××		×××
2	×××宿舍楼工程【安装】	×××		×××
3	×××宿舍楼工程【土石方】	×××		×××
	合计			

说明：本表适用于单项工程最高投标限价或投标报价的汇总。暂估价包括分部分项工程中的材料、设备暂估价和专业工程暂估价。

表 5-50　单位工程最高投标限价汇总表

工程名称：某学校学生宿舍工程（土建）

序号	汇总内容	金额/元	其中:材料、设备暂估价/元
1	分部分项工程费	28222689.57	
1.1	定额人工费	4020060.24	
1.2	定额机械费	735006.21	
1.3	综合费	1236453.84	
2	措施项目费	271113.34	
3	不可竞争费	673108.97	
3.1	安全文明施工费	673108.97	
3.2	工程排污费		
4	其他项目		
4.1	暂列金额		
4.2	专业工程暂估价		
4.3	计日工		
4.4	总承包服务费		
5	税金	2625022.07	
	工程造价 = 1+2+3+4+5	31791933.95	

表 5-51　分部分项工程工程量清单计价表

工程名称：某学校学生宿舍工程（土建）　　　　　标段：

序号	项目编码	项目名称	项目特征描述	计量单位	工程量	综合单价	合价	定额人工费	定额机械费	暂估价
						金额/元		其中		
	0105		混凝土工程							
1	010502001006	矩形柱	1. 柱高度:详见设计图样 2. 柱截面尺寸:周长2.4m 内 3. 混凝土种类:商品混凝土 4. 混凝土强度等级:C30 5. 具体详见图样、图集、答疑、招标文件、政府相关文件、规范等其他资料,满足验收要求	m³	56.330	629.85	35479.45	1440.92		

（续）

序号	项目编码	项目名称	项目特征描述	计量单位	工程量	综合单价	合价	定额人工费	定额机械费	暂估价
							金额/元	其中		
2	010502001007	矩形柱	1. 柱高度:详见设计图样 2. 柱截面尺寸:周长2.4m内 3. 混凝土种类:商品混凝土 4. 混凝土强度等级:C35 5. 具体详见图样、图集、答疑、招标文件、政府相关文件、规范等其他资料,满足验收要求	m³	66.100	648.15	42842.72	1690.84		
3	010505001001	有梁板	1. 部位:详见设计图样 2. 板厚:100mm(含节点) 3. 混凝土种类:商品混凝土 4. 混凝土强度等级:C30 5. 具体详见图样、图集、答疑、招标文件、政府相关文件、规范等其他资料,满足验收要求	m³	427.390	633.89	270918.25	11009.57		

表 5-52　分部分项工程工程量清单综合单价分析表

工程名称：某学校学生宿舍工程　　　　　　标段：

项目编码	010502001006	项目名称	矩形柱	计量单位	m³	工程量	56.33

清单综合单价组成明细

定额编码	定额项目名称	定额单位	数量	单价/元				合价/元			
				人工费	材料费	机械费	综合费	人工费	材料费	机械费	综合费
J2-13	矩形柱 周长2.4以内(预拌)	m³	1	25.58	597.62		6.65	25.58	597.62		6.65
	人工单价		小计					25.58	597.62		6.65
	140.00 元/工日		未计价材料费								
			清单项目综合单价					629.85			

（续）

	主要材料名称、规格、型号	单位	数量	单价/元	合价/元	暂估单价/元	暂估合价/元
材料费明细	商品混凝土 C30（泵送）	m³	0.991	583.11	577.86		
	水	m³	0.143	7.97	1.14		
	DP M20（预拌砂浆）	m³	0.031	584.91	18.13		
	电	kW·h	0.404	1.2	0.48		
	其他材料费			—		—	
	材料费小计			—	597.61	—	

表 5-53　措施项目清单与计价表

工程名称：某学校学生宿舍工程（土建）　　　　　标段：

序号	项目编码	项目名称	计算基础	费率(%)	金额/元
1	JC-01	夜间施工增加费	4674367.82	0.500	23371.84
2	JC-02	二次搬运费	4674367.82	1.000	46743.68
3	JC-03	冬雨期施工增加费	4674367.82	0.800	37394.94
4	JC-04	已完工程及设备保护费	4674367.82	0.100	4674.37
5	JC-05	工程定位复测费	4674367.82	1.000	46743.68
6	JC-06	非夜间施工照明费	4674367.82		
7	JC-07	临时保护设施费	4674367.82	0.200	9348.74
8	JC-08	赶工措施费	4674367.82	2.200	102836.09
		合　　计			271113.34

表 5-54　不可竞争项目清单与计价表

工程名称：某学校学生宿舍工程（土建）　　　　　标段：

序号	项目编码	项目名称	计算基础	费率(%)	金额/元
1	JF-01	环境保护费	4674367.82	1.000	46743.68
2	JF-02	文明施工费	4674367.82	4.000	186974.71
3	JF-03	安全施工费	4674367.82	3.300	154254.14
4	JF-04	临时设施费	4674367.82	6.100	285136.44
5	JF-05	工程排污费	4674367.82		
		合　　计			673108.97

表 5-55　其他项目清单与计价汇总表

工程名称：某学校学生宿舍工程（土建）　　　　　标段：

序号	项目名称	金额/元
1	暂列金额	
2	专业工程暂估价	
3	计日工	
4	总承包服务费	
	合　计	

表 5-56　税金计价表

工程名称：某学校学生宿舍工程（土建）　　　　　标段：

序号	项目名称	计算基础	计算基数	费率(%)	金额/元
1	增值税	分部分项工程费+措施项目费+不可竞争费+其他项目费	29166911.88	9.000	2625022.07
		合　计			2625022.07

表 5-57　材料（工程设备）暂估单价一览表

工程名称：某学校学生宿舍工程（土建）　　　　　标段：

序号	材料(工程设备)名称、规格、型号	计量单位	数量	单价/元

说明：此表由招标人填写，投标人应将上述材料（工程设备）暂估单价计入工程量清单综合单价报价中。

表 5-58　发包人提供材料（工程设备）一览表

工程名称：某学校学生宿舍工程（土建）　　　　　标段：

序号	材料(工程设备)名称、规格、型号	计量单位	数量	单价/元	合价/元	备注

说明：此表由招标人填写，供投标人在投标报价、确定总承包服务费时参考。

第五节　项目成本控制案例

一、项目成本控制概述

(一) 基本概念

1. 施工项目成本与企业成本

施工项目成本是指工程项目在施工过程中发生的施工费用的总和。包括消耗的主要材料、结构配件、辅助材料费，周转材料的摊销费或租赁费，施工机械的台班费或租赁费，支付给施工工人的工资、奖金、津贴，进行施工组织与管理发生的全部费用支出等，是施工项目成本管理的对象。

企业成本是指企业为实现生产经营目的而取得的各种特定资产、固定资产、流动资产、无形资产和制造产品或劳务所发生的费用支出，包含了企业生产经营过程中一切对象化的费用支出。所谓对象化是指成本以特定的承受载体来归集和计算。

施工项目成本从不同的角度可划分为不同的形式：

(1) 按照施工项目成本发生的时间划分

1) 合同成本。合同成本也可称为承包成本或预算成本，是能够反映企业竞争水平的成本，主要根据招标文件、工程量清单计价范围、投标企业的施工方案和报价策略、企业自身的工料消耗及费用指标、地区定额及指导价和取费指导费率等进行计算，即工程承包合同价中扣除利润和税金的剩余部分，合同成本根据工程估价的方法进行计算。

2) 目标成本。目标成本是以合同价为依据，按照企业的预算定额标准和管理水平，在选派项目经理阶段制定的，是项目经理的责任成本目标。目标成本可参照本企业已完成的同类项目或其他建筑企业的类似项目较先进的成本水平确定。

3) 计划成本。计划成本是在施工准备阶段，在实际成本发生之前，以项目实施方案为依据，在目标成本的基础上，采用企业施工定额和地方综合定额计算，再采取各种降低成本的技术与组织措施之后计算出来的成本。计划成本能反映项目经理部所规划的施工项目应该达到的成本水平。计划成本是通过编制多种类型、各个层级的成本计划来加以规划和落实的，相关节约和控制成本的开支制度措施是制定成本计划的重点。

4) 实际成本。实际成本是施工项目在施工过程中实际发生的各项费用的总和。

(2) 按照生产费用计入成本的方法划分

1) 直接成本。直接成本是指在工程项目实施过程中，用于形成或者有助于形成工程项目实体的各项费用的支出，主要是由人工费、机械使用费、材料费、其他直接费所组成。

2) 间接成本。间接成本是指不直接使用于建设工程，而是为准备施工以及组织和管理施工生产的费用支出，主要由管理人员的工资、差旅交通费、办公费等构成。

(3) 按生产费用与工程量的关系划分

1) 固定成本。固定成本是指成本总额在一定时期和一定工程量范围内，不受工程量增减变动影响而相对固定的成本。如折旧费、大修理费、管理人员工资等。是维持生产能力所必需的费用。

2) 变动成本。变动成本是指成本总额随着工程量的增减而变化的成本。如施工过程中的人工费、机械费、材料费等。

2. 施工项目成本管理

（1）施工项目成本管理的概念　施工项目成本管理是工程项目实施过程中为实现经济利益最大化的一项科学的管理活动，是在确保工程项目的施工质量和工期满足工程合同约定的前提下，通过采取各种相关措施，包括经济措施、组织措施、技术措施、合同措施等实现施工项目的目标成本，并尽最大努力降低施工项目的各项费用，寻求最大程度的成本节约，以实现利润最大化。施工项目成本管理从施工项目投标开始，至项目保证金返还为止，贯穿于项目实施的全过程。

随着建筑工业化推进，在新型复杂项目管理过程中，施工企业成本管控问题比较突出，主要集中在工程计量复杂烦琐；材料品类规格众多，领用与库存管理难度较大；签证变更频发，风险防范难度较大；结算工作耗时费力；从成本角度对方案优化缺乏量化分析。

从项目全寿命周期的各参与方的工作重点出发，《国务院办公厅关于促进建筑业持续健康发展的意见》（国办发【2017】19号）就推进建筑信息模型（BIM）应用提出指导意见，制定分阶段的发展目标与规划，改进传统的管理模式，建立适用于BIM技术的新模式。全国所有新增立项的勘察、设计、施工、运营、维护项目，集成应用BIM技术的项目占比逐年提高。将BIM技术引入到施工成本控制当中，通过对目标的精准定位、资源合理配置、进度实时跟进等加强对施工成本的控制，提高企业的管理水平和核心竞争力。

基于BIM技术的施工成本管控，是站在项目全寿命周期的角度，对项目各环节各参与方的集成化、规范化管理，充分考虑项目各项影响因素，通过在建设项目整个周期应用BIM技术，达到建设项目质量、工期、经济效益的最优化均衡。使用BIM技术进行施工成本管理，可得到解决新型复杂项目在施工过程中的预算管理、材料管理、变更管理、结算管理等方面问题的方案，还可对方案进行优化。从而弥补传统成本控制的工程计量不够精准及时、材料成本不受控制、变更签证频繁发生、结算烦琐、方案优化过程中成本缺乏量化分析等不足。

（2）施工项目成本管理的内容　施工项目成本管理具有管理一般特性和职能，具有自身的独特性和内容。施工企业对项目成本管理的主要环节和内容包括：成本预测、成本决策、成本计划、成本控制、成本核算、成本分析和成本考核等。其每个环节都是相互联系和相互作用的。

成本预测是对成本决策的前提，是实现成本控制的重要手段；成本决策是根据成本预测情况，经过科学的分析、判断，决策出建筑施工项目的最终成本；成本计划是成本决策所确定目标的具体化，是成本控制的依据，成本计划一经批准，其各项指标就可以成为成本控制、成本分析和成本考核的依据；成本控制则是对成本计划的实施监督，保证成本目标的实现；而成本核算又是成本计划是否实现的最后检验，它所提供的成本信息又为本项目成本计划偏差调整以及下一个施工项目的成本预测和决策提供基础资料；成本考核是实现项目成本目标责任制的保证和实现决策目标的重要手段。

1）成本预测。施工项目成本预测是通过成本信息和施工项目的具体情况，运用定性分析和定量计算的方法，对未来的成本水平及其可能发展趋势做出科学的估算，其实质就是工程项目在施工以前对成本进行核算。进行成本预测，可以使项目经理部明确管理目标，促使挖掘成本潜力，促使项目管理各环节积极参与，并在本环节实现自己的目标，履行自己的职责，为降低成本做出贡献。

成本预测是成本决策的基础。只有在成本预测的基础上，提供多个不同成本控制的思路方案，才可能有决策的优选。成本预测同时也是成本计划的基础，是编制成本计划的依据。没有成本预测，成本控制计划也就必然是主观臆断。这种计划，以及建立在这种计划基础上的预算也没有作用。

2）成本决策。成本决策根据成本预测情况，经过科学的分析、判断，决策出建筑施工项目的最终成本。它是以提高经济效益为最终目标，强调分清可控与不可控因素，在全面分析方案中的各种约束条件，分析比较费用和效果的基础上，进行的一种优化选择，也是企业对施工项目进行成本计划数额控制的一个非常重要步骤。参与决策的人员要根据成本预测的情况来进行认真仔细的分析，避免盲目性和减少风险性。

成本决策是成本管理工作的核心，成本管理的思路、方法都由成本决策确定。

3）成本计划。施工项目成本计划是以货币形式编制施工项目在计划期内的生产费用、成本水平、成本降低率以及为降低成本所采取的主要措施和规划的书面方案。它是建立施工项目成本责任制、开展成本控制和核算的基础。成本计划一经批准，其各项指标就可以成为成本控制、成本分析和成本考核的依据。一个施工项目成本计划包括从开工到竣工所必需的施工成本，它是该施工项目降低成本的指导文件，是设立目标成本的依据。

成本计划是施工项目成本管理的重要一步，从某种意义上来说，编制施工项目成本计划也是施工项目成本预测的基础。如果对承包项目所编制的成本计划达不到目标成本要求时，就必须组织施工项目管理班子的有关人员重新研究寻找降低成本的途径，再进行重新编制，经多次修改，直至最终定案，实际意味着进行了一次次的成本预测，同时编制成本计划的过程也是一次动员施工项目经理部全体职工挖掘降低成本潜力的过程；也可检验施工、技术质量管理，工期管理，物资消耗和劳动力消耗管理等的效果。

4）成本控制。成本控制是对成本计划的实施监督，保证决策成本目标的实现。

成本控制的执行依据，是按成本计划的人、材、机消耗定额，加以实际考核的完成情况，及时调整其定额，使其趋近真实可行，从而满足成本控制得以实现和正确指导。成本计划的有效完善，成本控制的实现靠的是每天的实际统计人、材、机及其他构成成本的费用，日报、旬报、月报，即反映了每个月的实际成本，实际成本与成本计划的差值，反映了企业的实际管理水平和企业成本计划编制水平。加强成本计划与成本控制的统一管理，是每个企业必须实施的两大管理程序，加强了管理，就能促进发展。

5）成本核算。成本核算是成本计划是否实现的最后检验，它所提供的成本信息又为下一个施工项目的成本预测和决策提供基础资料。

成本核算是项目部运用经济手段履行职责的前提条件。加强成本管理，必须建立独立的项目成本核算机制，用制度规定成本核算的内容，并按规定程序进行核算。只有通过严肃认真、切实可行的项目成本核算，才能驱动各方面利益，使成本控制取得良好效果。

6）成本分析。建筑施工成本分析，就是根据成本核算所提供的信息，通过同行比较和关联分析，包括对成本指标和目标成本的实际完成情况、成本计划和成本责任的落实情况，上年的实际成本、责任成本，国内外同类产品成本的平均水平、最好水平，进行比较，分析确定导致成本目标、计划执行差距的原因，以及可挖潜的空间。同时通过分析，把握成本变动规律，总结经验教训，寻求降低成本的途径，另一方面通过成本分析可从账本、报表反映的成本现象看清成本的实质从而增强项目成本的透明度和可控性，为加强成本控制、实现项目成本目标创造条件。

7）成本考核。在项目施工过程中，项目经理部各部门、各作业层在履行成本控制责任的同时，负有成本控制的权利，同时项目经理要对各部门、各作业层在成本控制中的业绩进行定期的检查和考评，实行有奖有罚。只有真正做好责、权、利相结合的成本控制才能收到预期的效果。其作用是对每个成本责任单位和责任人，在降低成本上所做的努力和贡献给予肯定，并根据贡献的大小，给予相应的奖励，以稳定和提升员工进步努力的积极性。同时对于缺少成本意识，成本控制不到位，造成浪费的单位和个人，给予处罚，以促其改进。

成本考核与奖惩是实现项目成本目标责任制的保证和实现决策目标的重要手段。考核的严格与否，直接影响到目标成本管理的成效。因此，应该建立起"项目经理部→作业队（或项目内部各职能部门）→施工班组→个人"的目标成本考核制度，定期进行考核，做到奖罚分明。对实现成本目标和超额盈利的，要严考核、硬兑现，最大限度地调动企业员工的积极性；对出现项目亏损有责任问题的，要给予相应的经济或行政的处罚。真正形成企业与项目之间的经济责任监督与执行关系，以保证项目高质量、高效益地运行。

为做好企业成本管理各个环节的工作，在施工项目管理过程中建立相适应组织机构，完善成本管理流程和制度是非常重要前提。其基本思路是在施工过程中，对所发生的各种成本信息进行有组织、有系统的预测、计划、控制、核算和分析等一系列工作，做到事前有计划、事中有控制、事后有评价，促使施工项目系统内的各种要素，按照预期的目标运行，使施工项目的实际成本能够控制在预定的计划成本范围内。

（3）施工项目成本管理的作用　成本管理与成本控制在整个项目管理过程中具有重要地位。在施工项目管理中，既不能孤立地追求成本目标，也不能无视成本目标的存在单纯地追求最短工期、最优质量。这些都是不切合实际的。例如，无视成本的存在而无止境地追加成本以达到最短工期、最优质量，结果造成严重超支是工程项目管理的失败；无视成本计划，资金不到位，结果造成施工无法顺利进行一再影响施工进度，甚至中途停工，无法继续完成施工项目，导致业主索赔或者企业信誉的降低也是工程项目管理的失败。所以，在市场经济中，项目的成本管理与成本控制在整个项目管理过程中有着重要的地位，项目的经济效益通常通过成本的最小化实现。

（二）项目成本控制存在的问题分析

1. 成本控制缺乏前馈控制

长期以来，我国施工项目传统的成本控制主要是会计成本核算控制。会计成本核算控制是对已经发生过的成本进行归集和计算，实质上是一种事后控制。作为事后控制主要内容的成本核算只对实际发生的成本进行记录、归类和计算，反映实际执行的结果，并作为对下一循环成本控制的依据。由于建筑工程的生产过程具有一次性的特点，成本的管理重心应当移向事前的预控和事中的过程控制。当前，许多施工企业对项目的成本管理缺乏事前控制和施工过程中的管理，仅仅在项目结束或进行到相当阶段时才对已发生的成本进行核算，显然已经为时过晚，成本控制的效果可想而知。

2. 成本管理意识薄弱

推行项目经理负责制，可以促使项目经理及管理人员提高成本管理意识，并采取有效措施，不断降低成本，提高企业整体经济效益。但是，项目经理与相关管理者成本管理意识不

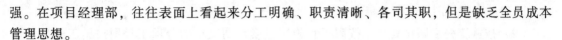

强。在项目经理部，往往表面上看起来分工明确、职责清晰、各司其职，但是缺乏全员成本管理思想。

3. 控制方法不完善

传统的项目成本控制中，成本、进度和质量是分别用不同方法管理的。项目成本应用成本会计的分析方法，把项目进展过程中成本的预计值与实际值进行比较。这一方法应用在项目进程的终点时，无疑是正确的，可以说明最终的费用是节约还是超支。但是，项目成本控制实际是对项目发展过程的控制。一个项目短则数月，长则数年，其间的内外条件千变万化。在项目进展过程中成本预计值与实际值的比较结果，无法确定费用在该时刻产生差异的原因，是由于进度的超前或落后而造成，还是由于成本的超支或节约而造成，不能给项目管理者提供决策的信息依据，以保障项目进展得到有效控制。

二、项目成本控制基本思路

从施工企业角度，施工企业成本控制就是根据需要控制的目标，以不同角度对工程造价进行分解、分析、组合三个步骤的重复循环，并根据事件的发展进程做好事前、事中和事后三阶段成本控制。

（一）事前控制

事前控制是三阶段控制中最重要的部分，是施工企业对项目实施后完成目标的预计与期望，也是成本控制工作最有效的阶段。成本预测、成本决策、成本计划的内容是在事前控制时完成的。

目前，国内施工企业通常实行项目承包制，即施工企业在制定好目标成本的情况下，交由项目实施主体——项目经理部负责实施，项目经管理部通常是在项目施工招标投标阶段由承包商有针对性地组建而成，在公司授权范围内履行总承包合同，公司与项目经理部之间签订目标成本责任书。因此，对承包商而言，施工阶段造价控制的事前控制就是目标成本测算或承包指标的确定。

随着工程量清单计价模式的全面实施，依据现行工程量清单计价规范，工程量清单项、清单量的风险应由发包方承担。但是在实际施工过程中或多或少存在部分清单项、清单量的变化，从而涉及工程造价的相应变化。另外，施工过程中也不可避免地会出现设计变更等影响造价的因素。因此，项目承包制的指标往往是目标成本金额、目标成本指标双重控制。

1. 目标成本形成

从造价构成角度讲，目标成本由直接费（人工费、材料费、机械费）、临时设施费、管理费组成。其中，清单规范中的措施费按费用性质分解计入相应部分；管理费不仅包括了施工企业项目经理部组织施工过程中发生的费用，同时还包括实施过程中发生的劳动保护费、财务经费等与该项目相关的所有费用。

2. 目标成本划分

目标成本划分即把目标成本分解成能够直接确定成本的若干分项目标，其常用的方法有以下两种：

（1）按市场分工划分　随着科学技术的逐渐进步，市场分工越来越细，因此分项目标划分基本上按照现行市场分工模式决定。一般将直接费部分分成劳务分包、专业分包、物资采购、机械设备租赁等几项。同时还会出现水电费、保安费、咨询费、废旧物资处理、临设摊销、固定资产折旧等分项目标。

（2）**按施工先后顺序划分** 按照工程施工进度计划安排的分项工程即按施工先后顺序划分分项目标。如降水、土方工程、护坡、主体结构、水电预埋、二次结构、机电安装等。

需要注意的是分项目标不宜划分过细，主要依据施工组织设计中的施工方案确定，同时考虑分项目标的相对独立性。

3. 目标成本测算

目标成本测算的依据包括：①招标文件及总承包合同；②施工图；③中标预算；④市场询价或相关部门发布的造价信息；⑤类似工程的参考数据或公司内部数据库等经验数据；⑥公司确定的工程目标（包括质量、安全、工期等）；⑦公司内部的管理制度；⑧政府部门的相关法律、法规、规定，企业定额等。

分项目标价格的确定是目标成本确定的最重要环节，单价的准确程度直接关系到整体目标成本的准确程度。

直接费部分的项目价格主要通过公司已有的投标价格（包括项目准备阶段已经实施的招标、其他在建项目施工价格、同地域同行业招标价格）、市场询价及公司内部数据库、企业定额确定，同时要适当注意市场价格变化规律。

临时设施费主要根据项目策划阶段审批确定的平面布置图和施工企业自身形象要求（CIS）确定分项目标，具体方法与直接费部分价格确定相同。结合项目现场情况，一般以每平方米包干方式确定。对于现场特别狭小等特殊情况，外租场地及相关的交通等费用另行计算。

项目管理费的确定主要通过公司的薪酬体系、结合项目工期（若公司要求的实际工期比合同工期提前时以实际工期为准）及项目定编（管理人员数量）确定。一般采取费用总额包干方式计算。

4. 中标预算分解

为便于项目实施过程中的事中控制和事后控制，通常将中标预算收入分解与目标成本支出对比分析。在保证与项目成本项目划分（即分项目标）口径一致的情况下，分解中标预算收入，按施工图工程量清单子目制定目标成本，需要强调的是中标预算整体范围比目标成本大，主要包括企业管理费、利润、税金等。

5. 承包指标确定

目标成本确定即成为项目经理部的成本目标，中标预算收入与目标成本之间的差额占中标预算之比即形成项目承包指标。通过以上测算，准确程度较高，误差率一般能控制在1%~2%以内。

（二）**事中控制**

事中控制的主要目的是检查、督促、指导项目经理部的日常管理，落实、调整、纠偏目标成本的实施过程。目前，各施工企业较常用的控制手段是加强过程成本监督，即过程成本核算和考核，主要包括成本控制和成本核算。

直接费部分是目标成本中最主要部分，主要包括分包采购、物资采购、机械设备租赁三项内容。主要通过合同方式确定和控制实际成本，严格控制成本支出。合同管理和成本管理相结合，加强对内承包和对外采购合同管理。

1. 合同签订阶段

各分项目标实施之前签订各项合同，分包造价尽可能在目标成本的控制范围内，并根据实际造价做好与目标成本之间的差异分析。重点分析实际造价与目标造价的差异点，引起差异点的原因，并根据实际情况将差异按可控因素、不可控因素、风险因素等归类，同时做好相应调整控制措施的准备工作。

2. 合同履行阶段

根据差异分析，重点提炼差异分析中的可控、风险部分，在合同履行中给予重点关注，并根据合同实施情况，按预先的各项调整控制措施做好纠偏工作。

3. 履约结束阶段

根据合同履行过程中的纠偏工作，在合同履行完毕后总结纠偏效果，并最终做好与目标成本的差异总结。同时，根据最终成本形成公司成本数据库的第一手资料。

临时设施费、项目管理费基本上是严格执行分项目标成本，当出现工期、人员等影响要素变化时，根据企业制度作相应的动态调整。在项目实施完成后进行数据分析，构成公司成本数据库资料的一部分。

按施工工序划分的控制方式基本相似，区别在于合同的分解、组合、分析范围不同。

（三）事后控制

通过过程动态的成本管理，完成总承包合同后，对项目部进行全面的总结。为企业后期投标、内部成本控制提供参考。事后控制主要是成本分析和成本考核。

1）整理实施过程的成本数据，剔除人为等主观因素对成本的影响，客观真实地反映正常施工成本，形成数据库。

2）系统整理施工过程中各种影响造价的变更资料，从技术可行性和经济合理性角度修正施工成本。

3）按市场分工和分部分项工程施工顺序分析工程造价各种类型的比例构成。

4）对基础数据进行数学统计，客观分析其变化趋势和变化幅度（剔除非正常状态的变化因素），形成相应的价格指数体系。

收集资料，整理入库是一项非常繁杂的工作，例如同样是栏杆扶手就有木质、不锈钢等不同材料，在整理过程中，这些因素是要记录进去的，还有不同时期的报价也不尽相同。这样导致数据量大，给整理入库带来一定的困难，所以企业可采用主要因素（材料）记录，太过细小的内容就不录入，例如栏杆扶手中的螺钉等就没有录入数据库。

在控制成效方面，事后控制不如事中控制，事中控制不如事前控制。所以从控制的力度和效果来看，最应该做好事前控制，事前控制是预防措施，事中控制是应急措施，事后控制是恢复措施。只有充分做好事前控制工作，才能把成本控制的比例降得尽可能大。

三、项目成本控制方法

从施工企业对项目成本管理流程和环节来看（图 5-18），成本控制应该遵循三阶段成本控制思路，即采用事前、事中和事后这三个阶段。事前控制就是要做好施工项目成本的预测、成本决策和成本计划，要形成施工项目的目标成本和成本控制措施，建立施工项目成本控制体系，其重点在于计划。事中控制就是运用好成本控制方法，加强成本核算，做好成本分析工作，其重点在于监督与控制。事后控制就是要做好成本考核工作，通过对实际成本与

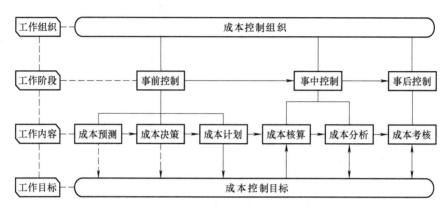

图 5-18　成本控制系统图

计划成本的比较，对产生的偏差进行分析，从而得出改进措施。

（一）项目成本预测

根据成本预测的内容和期限不同，成本预测的方法有所不同，但基本上可以归纳为定性分析与定量分析两类。定性分析法是通过调查研究，利用直观材料，依靠个人经验的主观判断和综合分析能力，对未来成本进行预测的方法，因而称为直观判断预测，或简称为直观法。定性分析法通常包括经验判断法、专家预测法、德尔菲法（函询调查法）和主观概率预测法等。定量分析法是根据历史数据资料，应用数理统计方法来预测事物发展状况，或者利用事物内部因素发展的因果关系，来预测未来变化趋势的方法。定量分析法一般包括简单平均法、最小二乘法（回归分析法）、指数平滑法（修正指数法）、两点法和量本利分析法等。以下介绍几种常见的施工成本预测方法：

1. 专家预测法

专家预测法是依靠专家来预测未来成本的方法。这种预测值的准确性，取决于专家知识和经验的广度与深度。采用专家预测法，一般要事先向专家提供成本信息资料，由专家经过研究分析，根据自己的知识和经验，对未来成本做出个人判断；然后再综合分析专家意见，形成预测结论。专家预测的方式，一般有个人预测和会议预测两种。个人预测的优点是能够最大限度地利用个人的能力，意见易于集中；缺点是受专家的业务水平、工作经验和成本信息的限制，有一定的局限性。会议预测的优点是经过充分讨论，所测数值比较准确；缺点是有时可能出现会议准备不周，走过场，或者屈从领导的意见。

成本预测是进行成本决策和编制成本计划的基础，是选择最佳成本方案的科学依据，同时也是挖掘内部潜力，加强成本控制的重要手段。因此，选择成本预测方法应该综合考虑，提高准确性。

2. 两点法

按照选点的不同，可分为高低点法和近期费用法。所谓高低点法，是指选取的两点是一系列相关值域的最高点和最低点。即以某一时期内的最高工作量与最低工作量的成本进行对比，借以推算成本中的变动费用与固定费用各占多少的一种简便的方法。高低点法理论模型如图 5-19 所示，其表达式为

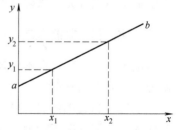

图 5-19　高低点法理论模型

$$Y = a + bX \tag{5-52}$$

式中　Y——总成本；

　　　X——产值；

　　　a——固定成本；

　　　b——变动成本率。

$$b = \frac{\text{最高点总成本} - \text{最低点总成本}}{\text{最高点产值} - \text{最低点产值}} = \frac{Y_1 - Y_2}{X_1 - X_2} \tag{5-53}$$

【案例 5-24】　某项目合同价为 1950 万元，根据本企业同类项目产值和历史成本统计资料（表 5-59），做出本项目成本预测。

表 5-59　企业项目成本资料

期数	1	2	3	4	5
施工产值/万元	1700	1720	1750	1820	2000
总成本/万元	1650	1670	1700	1750	1850

【解】　设该项目总成本方程式为 $Y = a + bX$

$$b = (1850 - 1650) \div (2000 - 1700) = 0.6667$$

则有：$1850 = a + 0.6667 \times 2000$

$a = 1850 - 0.6667 \times 2000 = 516.60$（万元）

得到总成本方程式：$Y = 516.60 + 0.6667X$

该项目的预测成本为：$Y = 516.60 + 0.6667 \times 1950 = 1816.67$（万元）

如果选取的两点，是近期的相关值域，则称为近期费用法。两点法的优点是简便易算，缺点是有一定的误差，预测值不够精确。

3. 最小二乘法

最小二乘法（又称最小平方法）是一种数学优化技术。它通过最小化误差的平方和寻找数据的最佳函数匹配。利用最小二乘法可以简便地求得未知数据，并使这些数据与实际数据之间误差的平方和为最小。最小二乘法为最优的线性回归分析法，在掌握大量观察数据的基础上，利用数理统计方法建立因变量与自变量之间的回归关系函数表达式（称回归方程式），寻求一条直线，使该直线比较接近约束条件，用以预测总成本和单位成本。一元线性回归模型如图 5-20 所示，其基本步骤为：

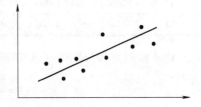

图 5-20　一元线性回归模型

（1）计算回归系数，建立回归方程

$$Y = a + bX \tag{5-54}$$

式中　X——自变量；

　　　Y——因变量；

　　　a、b——回归系数。

回归系数 a、b 的计算式为

$$b = \frac{N \sum (X_i Y_i) - \sum X_i \sum Y_i}{N \sum X_i^2 - \sum X_i \sum X_i} \qquad a = \frac{\sum Y_i - b \sum X_i}{N} \qquad (5\text{-}55)$$

或：

$$b = \frac{\sum (X_i Y_i) - \overline{X_i} \sum Y_i}{\sum X_i^2 - \overline{X_i} \sum X_i} \qquad a = \overline{Y_i} - b \overline{X_i} \qquad (5\text{-}56)$$

（2）计算预测值 Y

【案例 5-25】 已知某房屋建筑工程公司的历史资料，见表 5-60。

表 5-60　成本历史资料

月份	1 月	2 月	3 月	4 月	5 月	6 月	7 月	8 月	9 月	10 月	11 月	12 月
预算成本/万元	180	172	200	248	253	265	257	243	270	284	291	320
实际成本/万元	193	189	202	227	229	240	228	237	242	238	248	271

问题：1）计算该公司实际成本与预算成本的函数关系式。

2）该公司明年 1 月份预算成本为 190 万元，2 月份预算成本为 250 万元，预测实际成本。

【解】

1）实际成本与预算成本的函数关系式为：$Y = a + bX$

依据历史数据统计计算见表 5-61。

表 5-61　成本计算表

月份	1 月	2 月	3 月	4 月	5 月	6 月	7 月	8 月	9 月	10 月	11 月	12 月	合计
预算成本 X	180	172	200	248	253	265	257	243	270	284	291	320	2983
实际成本 Y	193	189	202	227	229	240	228	237	242	238	248	271	2744
X^2	32400	29584	40000	61504	64009	70225	66049	59049	72900	80656	84681	102400	763457
XY	34740	32508	40400	56296	57937	63600	58596	57591	65340	67592	72168	86720	693488

计算回归系数分别为（式中 $N = 12$）：

$$b = \frac{N \sum (X_i Y_i) - \sum X_i \sum Y_i}{N \sum X_i^2 - \sum X_i \sum X_i} = 0.52$$

$$a = 99.4 \text{ 万元}$$

代入实际成本与预算成本的函数关系式，得到回归方程为：

$$y = 99.4 + 0.52x$$

2）根据回归方程，可计算明年 1、2 月份的实际成本分别为：

1 月份实际成本：$y = 99.4 + 0.52 \times 190 = 198.20$（万元）

与预算成本的差值为：$198.20 - 190 = 8.20$（万元）

2 月份实际成本：$y = 99.4 + 0.52 \times 250 = 229.40$（万元）

与预算成本的差值为：$229.40 - 250 = -20.60$（万元）

根据预算成本与实际成本预测值的差值，可初步预测明年 1 月份实际成本超支 8.2 万元，2 月份实际成本节约 20.6 万元。

（二）项目成本计划

施工项目成本计划是在计划期内的费用、成本水平和降低成本的措施与方案，是对成本预测的具体表现，是成本控制的依据。其各项指标和措施的制定应该符合实际，并留有一定的余地。成本计划的常用方法表现为工程预算的方法，如工料单价法、综合单价法，它们以企业定额为标准和依据。另外，还有以项目管理的工作分解结构（Work Breakdown Structure，简称 WBS）为基础进行项目成本控制，以建立标准编码体系为基础的标准成本管理。无论采用哪种方法，都应该编制准确合理的施工项目成本计划，为施工项目成本控制、分析与考核提供标准和依据。

WBS 与因数分解是一个原理，就是把一个项目，按一定的原则分解，项目分解成任务，任务再分解成各项工作，再把各项工作分配到每个人的日常活动中。即：项目→任务→工作→日常活动，如图 5-21 所示。

WBS 以可交付成果为导向，对项目要素进行分组，它归纳和定义了项目的全部工作范围，每下降一层代表对项目工作更详细定义。WBS 总是处于计划过程的中心，也是制定进度计划、资源需求、成本预算、风险管理计划和采

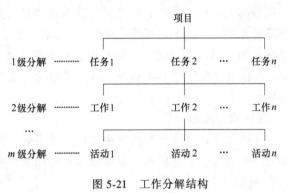

图 5-21　工作分解结构

购计划、控制项目变更的重要基础。项目范围是由 WBS 定义的，所以 WBS 也是个项目的综合工具。

（三）项目成本核算

施工项目成本核算过程实际上是各项成本项目归集和分配的过程。成本归集是指通过一定的会计制度，以有序的方式进行成本数据收集和汇总，而成本的分配是将归集的间接成本分配给成本对象的过程，也称间接成本的分摊或分配。

1. 人工费核算

内包人工费，按月估算计入项目单位过程成本；外包人工费，按月凭项目经济员提供的"包清工工程款月度成本汇总表"预提计入项目单位过程成本。内包、外包合同履行完毕，根据分部分项工程的工期、质量、安全等验收考核情况，进行合同结算，以结账单按实调整项目的实际值。

2. 材料费核算

根据限额领料单、退料单、报损报耗单和大堆材料耗用计算单等，由项目材料员按单位工程编制"材料耗用汇总表"，据以计入项目成本。钢材、水泥的材料价差应列入工程预算账内作为造价的组成部分。单位工程竣工结算，按实际消耗调整实际成本。项目对外自行采购或按定额承包供应的材料，如砖、瓦、砂等，应按照实际采购价或按供应价格结算，由此产生的材料成本差异，相应增减成本。

周转材料实行内部租赁制，以租赁的形式反映消耗情况，按"谁租用谁负担"的原则，核算其项目成本。按照周转材料租赁办法和租赁合同，由出租方与项目经理部按月结算租赁

费。租赁费用按租用的数量、时间和内部租用的单价计入项目成本。

项目结构件的使用必须要有领发手续，并根据这些手续，按照单位工程使用对象编制"结构件耗用月报表"；结构构件单价，以项目经理部与外加工单位签订的合同为准，计算耗用金额计入项目成本。

3. 机械使用费核算

机械设备实行内部租赁制，以租赁形式反映其消耗情况，按"谁租用谁负担"的原则，核算其项目成本。根据机械设备租赁办法和租赁合同，由企业内部机械设备租赁市场与项目经理部按月结算租赁费。租赁费根据机械使用台班、停置台班和内部租赁单价计算，计入项目成本，机械进出场费按照规定由承租项目承担。

4. 其他直接费核算

项目施工生产过程中实际发生的其他直接费，凡能分清受益对象的，应直接计入受益成本核算对象的工程施工"其他直接费"；如果与若干个成本核算对象有关的，可先归集到项目经理部的"其他直接费"总账科目，再按规定的方法分配计入有关成本核算对象的工程施工"其他直接费"成本项目内。其主要包含二次搬运费、临时设施摊销费、生产工具用具使用费等。

（四）项目成本分析

由于施工项目成本涉及的范围很广，需要分析的内容也很多，应该在不同的情况下采取不同的分析方法。综合成本、专项成本和目标成本差异的分析的基本方法如下：

1. 对比分析法

对比分析法也称指标对比分析法，即通过技术经济指标的对比，检查目标的完成情况，找出差异并分析原因。对比分析法成本分析有以下几种方法：

1）通过实际指标与目标指标对比，找出差异，分析影响目标完成的因素及原因，以便及时采取措施纠偏或调整目标，以保证实现成本目标。

2）通过本期实际指标与上期实际指标对比，能够看出各项指标的变化情况，以及施工项目管理水平的变化情况。

3）通过与本行业平均水平、先进水平对比，能够反映出本项目的技术经济管理水平在同行业中的位置，以便找出本企业的优势与劣势，采取相应的赶超措施，不断进步。

例如某项目本年计划节约"三材"100000元，实际节约120000元，上年节约95000元，本企业先进水平节约130000元。实际指标与目标指标、上期指标、先进水平对比，见表5-62。

表5-62 实际指标与目标指标、上期指标、先进水平对比

指标	本年目标数	上年实际数	企业先进水平	本年实际数	差异数		
					与目标比	与上年比	与先进比
"三材"节约额/元	100000	95000	130000	120000	+20000	+25000	−10000

2. 因素分析法

因素分析法又称连环置换法。这种方法可用来分析各种因素对成本的影响程度。在进行分析时，首先要假定众多因素中的一个因素发生了变化，而其他因素不变，然后逐个替换，

分别比较其计算结果，以确定各个因素的变化对成本的影响程度。

因素分析法的步骤如下：

1）确定分析对象（即所分析的技术经济指标），并计算出实际成本与目标成本（或预算成本）的差异。

2）确定该指标是由哪几个因素组成的，并按其相互关系进行排序（排序的规则是：先实物量，后价值量；先绝对值，后相对值）。

3）以目标（或预算）数量为基础，将各因素的目标（或预算）数相乘，作为分析替代的基础。

4）将各个因素的实际数按照上述排列顺序进行替换计算，并将替换后的实际数保留下来。

5）将每次替换计算所得的结果与前一次的计算结果相比较，两者的差异即为该因素对成本的影响程度。

6）各个因素的影响程度之和，应与分析对象的总差异相等。

例如：原计划安装 30000m² 模板，预计劳动消耗标准为 0.2 工日/m²，工日单价为 140 元，则计划人工费 = 140×30000×0.2 = 840000（元）

但最后实际工作量为 32000m²，实际劳动消耗标准为 0.15 工日/m²，工日单价 145 元/m²，则实际人工费 = 32000×145×0.15 = 696000（元）

成本差异 = 696000 - 840000 = -144000（元）

按照因素分析法，计算各因素引起的成本变化分别为：

① 由于工作量增加造成的成本变化：(32000-30000)×140×0.2 = 56000（元）

② 由于工日单价引起的成本变化：32000×(145-140)×0.2 = 32000（元）

③ 由于劳动效率引起的成本变化：32000×145×(0.15-0.2) = -232000（元）

成本差异合计 = 56000+32000-232000 = -144000（元）

更进一步可以分析工程量增加、工日单价增加、劳动效率提高的具体原因和责任人。

3. 差额计算法

差额计算法是因素分析法的一种简化形式，它利用各个因素的目标值与实际值的差额来计算其对成本的影响程度。

【案例 5-26】　某施工项目某月的实际成本降低额比目标数提高了 24 万元，见表 5-63。

表 5-63　某项目降低成本目标值与实际值对比表

项目	目标值	实际值	差异
预算成本/万元	3000	3200	+200
成本降低率(%)	4	4.5	+0.5
成本降低额/万元	120	144	+24

根据表 5-63，用差额计算法进行分析预算成本和成本降低率对成本降低额的影响程度。

【解】

1）预算成本增加对成本降低额的影响程度：

(3200-3000)×4% = 8（万元）

2）成本降低率提高对成本降低额的影响程度：

$$(4.5\%-4\%)\times3200=16\ (万元)$$

以上两项合计：8+16=24（万元）

4. 比率法

比率法是指用两个以上的指标的比例进行分析的方法。它的基本特点是：先把对比分析的数值变成相对数，再观察其相互之间的关系。常用的比率法有以下几种：

（1）相关比率法　由于项目经济活动的各个方面是互相联系、相互依存、相互影响的，因而可以将两个性质不同又相关的指标加以对比，求出比率，并以此来考察经营成果的好坏。例如产值和工资是两个不同的概念，但它们的关系是投入产出关系，可用产值工资率指标考核人工费的支出水平。

（2）构成比率法　构成比率法又称比重分析法或结构对比分析法。通过构成比率可以考察成本总量的构成情况及各成本项目占成本总量的比重，同时也可以看出量、本、利（预算成本、实际成本、降低成本）的比例关系，为寻求降低成本的途径指明方向。例如，某工程项目成本构成比例分析见表5-64。

表5-64　成本构成比例分析表　　　　　（单位：万元）

成本项目	预算成本		实际成本		降低成本		
	金额	比重（%）	金额	比重（%）	金额	占本项（%）	占总量（%）
一、直接成本	1263.79	93.20	1200.31	92.38	63.48	5.02	4.68
1. 人工费	113.63	8.36	119.28	9.18	−5.92	−4.97	−0.42
2. 材料费	1006.56	74.23	939.67	72.32	66.89	6.65	4.93
3. 机械使用费	87.60	6.46	89.65	6.90	−2.05	−2.34	−0.15
4. 其他直接费	56.27	4.15	51.71	3.98	4.56	8.10	0.34
二、间接成本	92.21	6.80	99.01	7.62	−6.80	−7.37	−0.50
成本总量	1356.00	100.00	1299.32	100.00	56.68	4.18	4.18
量本利比例（%）	100.00	—	95.82	—	4.18	—	—

（3）动态比率法　动态比率法即将同类指标不同时期的数值进行对比，求出比率，以便分析该项指标的发展方向和发展速度。动态比率的计算常采用基期指数和环比指数两种方法，例如，某工程项目基期指数和环比指数见表5-65。

表5-65　指标动态数值比较

指标	第一季度	第二季度	第三季度	第四季度
降低成本/万元	45.60	47.80	52.50	64.30
基期指数（%）（一季度=100%）		104.82	115.13	141.01
环比指数（%）（上一季度=100%）		104.82	109.83	122.48

5. S形曲线法

从工期与成本综合控制的角度和要求，对实际成本S形曲线与计划成本S形曲线进行对比，这种方法比较直观易懂，反映项目总成本的进度状况。

在对成本模型（工期—累计成本）的计划值与实际值比较时要注意，如果不分析其他因素，仅在这个S形图上分析差异，常常不能反映出项目潜在危险和存在的问题。

如果计划成本和实际成本两曲线完全吻合，或基本吻合，如实际成本曲线在香蕉图范围内，如图 5-22 所示，也不能说明项目实施没有问题。例如可能由于工程进度较慢，未完成计划工作量，同时物价上涨，工作效率低，花费增加，而导致两曲线吻合或接近。另外实际曲线位于计划曲线的下侧，也不能说明一定会节约成本或缩短工期，当工作量不能保证（如外界干扰、低工作效率），使实际工作量未达到预定要求，则虽然总成本未超支，但最终工期会延长，总成本也会超支。

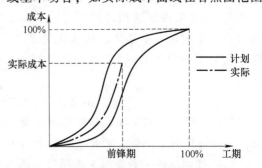

图 5-22 实际成本与计划成本曲线

另外，施工次序变化、设计变更、工作量增减和质量的变化等，也会导致两者不可比。

如果图 5-22 中计划和实际曲线完全不吻合，偏差较大，也不能说存在很大的问题。一般偏离是正常的，例如由于成本模型是以计划成本在工程活动上平均分配为前提的，而实际上并不这样，有时会有很大的差异。有些活动早期成本很低，给人们以降低成本的感觉，而后期成本很高。

通常只有在实施过程中完全按工程初期计划顺序、计划工作量施工，没有逻辑关系的变化，没有实施过程或次序的改变，没有工期的不正常推迟，才能从计划和实际的成本模型对比图上反映出成本差异的信息，才能反映成本本身的节约或超支。而这些条件在实际工作中很难保证，所以在上述分析时一定要对项目进行综合分析，防止误导。

在实际工程中，将实际成本核算到工程活动上是比较困难的，也常常是不及时的。在控制期末存在未完成的工作包，对已花费的成本量和完成程度的估算比较困难。通常在控制期末，未完的工作包越多，实际成本的数值越不准确，成本状况评价越困难。计划成本分解经常比较随意，项目成本模型所采用的平均分配方法与实际的成本使用差距太大，致使项目计划成本模型本身的科学性不大。

以上所述几种情况，会导致项目实际和计划的成本模型的比较不能反映真实的成本计划实施情况。所以，在用此方法进行成本分析时，要掌握好项目实施的实际动态。

6. 挣值法

挣值法克服了 S 形曲线法的局限性，考虑到项目的实际工作量完成情况对成本的影响，是对项目进度和费用进行综合控制的一种有效方法。

（1）挣值法的三个基本参数

1）计划工作量的预算费用（Budgeted Cost for Work Scheduled，简称 BCWS）。BCWS 是指项目实施过程中某阶段计划完成工作量所需的预算费用（或工时）。按照计划工作量和预算定额计算，表示按照原定计划应完成的工作量。计算公式为

$$BCWS = 计划工作量 \times 预算单价 \tag{5-57}$$

BCWS 主要是反映进度计划应当完成的工作量而不是反映应消耗的费用（或工时），对业主而言，BCWS 是计划工程投资额。

2）已完成工作量的实际费用（Actual Cost for Work Performed，简称 ACWP）。ACWP 是指项目实施过程中某阶段实际完成的工作量所消耗的工时（或费用）。ACWP 主要是反映项目执行的实际消耗指标。

ACWP 为完成工作实际费用或消耗工程投资额。

3）已完工作量的预算成本（Budgeted Cost for Work Performed，简称 BCWP）。BCWP 是指项目实施过程中某阶段按实际完成工作量及按预算定额计算出来的工时（或费用），即"实际工程价值曲线"，就是"挣得值"（Earned Value，简称 EV）。BCWP 的计算公式为

$$BCWP = 已完工作量 \times 预算定额单价 \tag{5-58}$$

其中，实际完成工作量包括在前锋期已经完成的活动的工作量，以及开始但未完成的部分活动所折算的工作量。对业主而言 BCWP 为完成工程预算费用或实现工程投资额。

（2）挣值法的三条曲线　在项目 S 形曲线图中将过去每个控制期末的上述三个值标出，则形成以下三条曲线：

1）BCWS 曲线，即计划工作量的预算值曲线，简称计划值曲线。它是按照批准的项目进度计划（横道图），将各个工程活动的预算成本在活动的持续时间上平均分配，然后在项目生命期上累加得到的。这条曲线是项目控制的基准曲线（baseline）。

2）BCWP 曲线，即已完工作量的预算值曲线，也称赢得值曲线。按控制期统计已完工作量，并将此已完工作量的值乘以预算单价，逐月累加，即生成赢得值曲线。赢得值的统计也可用预算值乘以已完工作的里程碑加权百分数得出。赢得值与实际消耗的人工或实际消耗的费用无关，它是用预算值或单价来计算已完工作量所取得的实物进展，也是测量项目实际进展效绩的尺度。

对承包商来说，是能够从业主处获得的工程价款，或真正已"赢得"的价值。能较好地反映工程实物进度。

3）ACWP 曲线，即已完工作量的实际费用消耗曲线，简称实耗值曲线。对应已完工作量实际上消耗的费用，逐项记录实际消耗的费用并逐月累加，即可生成这条实耗值曲线。

（3）挣值法的评价指标　通过图 5-23 中 BCWS、BCWP、ACWP 三条曲线的对比，可以直观综合反映项目费用和进度的进展情况。

（4）费用偏差分析

1）费用偏差值（Cost Variance，简称 CV）。CV 是指检查期间 BCWP 与 ACWP 之间的差异，由于两者均以已完工作量作为计算基准，因此两者的偏差即反映出项目进展的费用偏差值（CV），计算公式为

$$CV = BCWP - ACWP \tag{5-59}$$

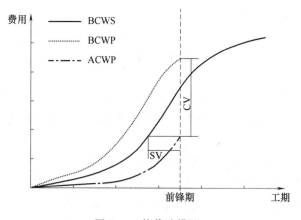

图 5-23　挣值法模型

当 CV 为负值时表示执行效果不好，即实际消费人工（或费用）超过预算值即超支；反之当 CV 为正值时表示实际消耗人工（或费用）低于预算值，表示有节余或效率高；CV=0，表示实际消耗费用与预算费用相符。

2）BCWP 与 ACWP 的比值反映费用执行指标（Cost Performed Index，简称 CPI）。CPI 是指预算费用与实际费用值之比（或工时值之比）：

$$CPI = \frac{BCWP}{ACWP} \qquad (5-60)$$

当 CPI>1 时，已完工作量的实际费用低于预算值，表示效益好或效率高；CPI<1 时，已完工作量的实际费用超过预算值，表示效益差或效率低；CPI=1 时，已完工作量的实际费用与预算费用吻合，表示效益或效率达到预定目标。

3）费用指数（Cost Index，简称 CI）是指费用偏差值（CV）与已完工作量的预算值（BCWP）的比率。

$$CI = \frac{CV}{BCWP} \qquad (5-61)$$

当 CI>0 时，表示实际效果比计划好；CI<0 时，表示实际效果比计划差；CI=0 时，表示实际效果达到预定目标。

（5）进度偏差分析

1）进度偏差值（Schedule Variance，简称 SV）是指前锋期 BCWP 与 BCWS 之间的差异。

将 BCWP 与 BCWS 作对比，由于两者均以已完工作量作为计算基础，因此两者的偏差即反映出项目进展的进度偏差值（SV）。BCWP 反映项目实施过程中对执行效果进行检测时，对已完的工作量按预算定额结算的费用值，而 BCWS 是反映项目实施过程中按进度计划应完成工作量的预算费用。两者同时建立在相同的费用基础上。若在同一时间里进行比较，BCWS 表示按进度计划应完成的工作量，BCWP 表示实际完成的工作量。其计算公式为

$$SV = BCWP - BCWS \qquad (5-62)$$

当 SV 为正值时，表示进度提前；SV 为负值时，表示进度延误；SV=0 时，表示项目实际进度与计划进度相符。

2）BCWP 与 BCWS 的比值反映进度执行指标（Schedule Performed Index，简称 SPI）。即

$$SPI = \frac{BCWP}{BCWS} \qquad (5-63)$$

当 SPI>1 时，表示进度提前；SPI<1 时，表示进度延误；SPI=1 时，表示实际进度等于计划进度。

3）进度指数（Schedule Index，SI）是指进度偏差值 SV 除以 BCWP

$$SI = \frac{SV}{BCWP} \qquad (5-64)$$

当 SI>0 时，表示实际进度超过计划进度；SI<0 时，表示实际进度落后于计划进度；SI=0 时，表示实际进度等于计划进度。

SV、SPI 和 SI 都用工作量来反映进度。SV 用完成工作量的实际值来表示进度提前或推迟，SI 表示提前或推迟了的工作量百分比，SPI 用工作量表示速率。

CV、CPI 和 CI 都用费用来表示效果。CV 表示在完成一定工作量时实际费用支付是节省还是超支，CI 表示费用超支或节省的百分数，CPI 表示效率或效益。

（6）挣值法的应用　运用挣值法原理可以对费用和进度进行综合控制。其优点如下：

1）可以应用 S 形曲线形象地把进度表中各项活动的计划要求和实际支出与实际进展相比较。

2）可以对项目的进度和资金的执行情况进行测量，并可进行生产效率分析。

3）对资金和人员的需求，可随时进行分析和调整。

4）可以灵活地编制项目报告，即根据不同项目的需要，可以提供标准的或按不同习惯要求的各种报告。

运用挣值法原理对项目的实施情况做出客观的评估，可及时发现原有问题和执行中的问题，有利于查找问题的根源，并能判断这些问题对进度和费用产生影响的程度，以便采取必要的措施去解决这些问题。

通过对三条曲线的分析对比，可以很直观地发现项目实施过程中费用和进度的差异，及时发现项目在哪些具体部分出了问题。接着就可以查出产生这些偏差的原因，进一步确定需要采取的补救措施，而对暂时性的影响较小的偏差则不要求采取特别的补救措施。通常可以在作为测量基准的 BCWS 曲线的两侧，规定两条临界曲线，作为限制容许偏差的极限。如果偏差值始终保持在临界曲线的范围内，则不需要采取特别的补救措施。否则应当采取补救措施。

挣值法的应用也存在一定的局限性：应用对象要有明确的、能够度量的工作量和单位成本（或单价），而在工程中有许多工程活动是不符合这一条的；它仅适用于工作量变化的情况，而工程中不仅有工程量的变更，而且还会有质量、工作条件、难度的变化和外界的不可抗力的影响，它们都会导致实际成本的变化；在前锋期，有许多已开始但未完成的分项工程，已领用但未完全消耗材料度量的准确性，都会影响挣值法的分析结果。

【案例 5-27】 某工程项目总成本为 312 万元，总工期为 150 天。现工程进行了 60 天，按计划项目的计划成本发生额为 120 万元，已完的工程计划成本额为 110 万元，实际成本发生额为 116 万元。

问题：1）计算 CV、SV、SPI、CPI。

2）对进度和成本执行情况进行分析。

【解】 1）$CV = BCWP - ACWP = 110 - 116 = -6$（万元）

$SV = BCWP - BCWS = 110 - 120 = -10$（万元）

$SPI = BCWP/BCWS = 110/120 = 0.92$

$CPI = BCWP/ACWP = 110/116 = 0.95$

2）从 CV 和 SV 可发现，本项目成本处于超支状态，项目实施滞后于计划进度。从 CPI 和 SPI 可发现，这两个指标均小于 1，说明该项目目前处于不利状态，完成该项目的成本效率和进度效率分别为 95% 和 92%，所以必须要分析其中原因，如合同变更、成本计划编制数据不准确、不可抗力事件发生、返工、管理不当等，可采取重新选择供应商、改变实施过程、加强施工成本管理等措施。

四、项目成本控制综合案例

（一）项目概况

某住宅小区建筑面积 49716m²，由 7 栋高层住宅组成，地上 18 层，钢筋混凝土筏形基础，短肢剪力墙结构，其中 A-1 号楼、A-2 号楼、A-3 号楼有地下 1 层。中标价格为 10969.1674 万元，平均价格 2206.37 元/m²。采用固定总价合同形式，合同工期 18 个月，质量标准为合格。合同关于工程造价的主要条款包括：工程款根据确定的工程计量结果，发包人按照每月验收的计价金额的 80% 支付工程进度款，当工程款支付达到合同金额的 85% 时，停止支付，待工程全部竣工验收合格，且工程结算完成后，付工程结算金额的 95%，余下的 5% 待工程保修期满后支付。对于单项费用在 5000 元以下设计变更不予调整，5000 元（含 5000 元）以上按合同变更条款进行结算。

工程承包范围包含：场地清理；周边临时围墙及临时出入口；结构（含主体结构和二次结构）、初装修、室外工程；除专业分包工程以外的全部机电工程，包括强电及照明系统、弱电工程线槽、线管预埋。其中初装修包括：所有外装修；楼面、墙面及顶棚之找平层或抹灰及公共区域装修工程；防水地面、墙面及屋面的防水层及防水保护层工程；屋面工程；所有防火门（入户门）及防火卷帘门；室外工程包括所有散水、坡道及台阶。

业主在招标文件中指定了部分项目和材料的暂定价格：50mm 厚屋面挤塑聚苯板为 30 元/m^2；成套外墙保温板（保温装饰一体化）采购安装综合单价 80 元/m^2；花岗石石材 120 元/m^2；入户三防门 800 元/樘；铝合金门窗 310 元/m^2。合同约定，暂定价项目由业主和施工方共同商定确认分包商或材料供应商，价格超出部分由业主承担。

（二）成本控制措施

本项目最高投标限价为 12904.9027 万元，考虑到目前市场状况和企业的自身情况，投标报价时管理费费率按 3%，利润率按 1.5% 计入，投标报价较最高投标限价优惠下浮 15%。因此有组织、有计划地进行控制、核算、考核、分析等以降低成本为宗旨的工作，是决定项目是否盈利的关键。本项目由施工经验较为丰富的项目管理人员和施工班组承担，项目经理部配备管理人员 18 人。公司要求盈利目标为 480 万元以上。

项目经理部根据公司现有状况并结合市场情况，安装部分以 280 元/m^2 由长期合作的专业队伍分包，并得到工程师认可。本案例以土建部分为主进行造价分析，主要以人工费、材料费、机械费、其他直接费的控制、过程控制为主线。其中土建部分造价分析见表 5-66。

表 5-66　土建部分造价分析

序号	项目名称	建筑面积/m^2	总价/元	单平方米造价/元	人工费/元	材料费/元	机械费/元	规费/元	管理费/元	利润/元	税金/元
1	A-1 号楼	6840	13506560	1974.64	1561163	8979476	573627	685178	401520	190376	1115221
2	A-2 号楼	10129	20128606	1987.23	2195397	13592633	821461	980028	574124	302969	1661995
3	A-3 号楼	6897	13625900	1975.63	1587645	9028010	567093	709232	409858	198987	1125074
4	A-4 号楼	5208	9424608	1809.64	1101519	6221430	396677	491447	294472	140885	778179
5	A-5 号楼	7163	13187194	1841.02	1625172	8571075	574840	719984	404250	203022	1088851
6	A-6 号楼	6899	12703268	1841.32	1506065	8330819	545191	670671	405569	196059	1048894
7	A-7 号楼	6581	12034039	1828.60	1204301	8133810	613792	553555	345057	189888	993636
合计		49716	94610175	1903.01	10781262	62857253	4092681	4810095	2834850	1422186	7811850
占总造价比例					11.40%	66.44%	4.33%	5.08%	3.00%	1.50%	8.26%

1. 人工费控制

除安装工程另行分包外，土建部分人工费占土建全部工程费的 11.40%。土建人工费主要从用工数量方面进行控制，降低工日消耗的主要做法有以下几个方面。

1）有针对性地减少或缩短某些工序的工日消耗量，并将安全生产、文明施工及零星用工按一定比例分配，由班组进行包干控制。

2）提高生产工人的技术水平和班组的组织管理水平，优化配置班组作业人员，合理进行劳动组织，杜绝窝工返工现象，提高劳动效率。

3）技术含量较低的项目和专业性较强的项目，实行专业分包，采取包干控制，降低人工费。例如：通过竞价方式确定土方按 27 元/m³、防水按 32 元/m² 确定了分包商，承包价格略低于投标报价水平。

施工过程中依据工程分部分项内容，对每天用工数量建立台账，完成一个分项工程后，与清单报价中的用工数量进行对比，找出存在的问题，采取相应的措施，对控制指标加以修正。每月完成几个分项工程后都同清单报价中的用工数量对比，考核控制指标完成情况。本项目土建预算总用工 229100 工日，通过这种控制对比节约了用工 2100 工日，虽然节约不多（降低人工成本：2100 工日×140 元/工日 = 294000 元），但从目前大部分项目人工费都趋于亏损的情况下，本项目降低了人工费的支出，也相当于控制了人工成本。

2. 材料费控制

土建材料费占土建全部工程费的 66.44%，直接影响工程成本和经济效益。材料费控制是成本控制的核心，主要包括材料采购、材料价格和材料用量控制三个方面内容。

（1）材料采购控制方面　考虑资金的时间价值，减少资金占用，合理确定进货批量和批次，尽可能降低材料储备。如按照工程进度及材料价值所占比例大小分出重点控制材料、一般控制材料、只需采取简单控制的材料三类。不同类型材料采用不同的采购原则、领料制度。例如钢筋、混凝土为重点控制材料，砂石料、砖砌块等为一般控制材料，腻子、钢丝等为简单控制材料。

（2）材料价格控制方面

1）采购价格控制。通过材料市场供销行情的调查研究，在保质保量的前提下，择优购料。

2）运输费用控制。合理组织运输，就近购料，选用最经济的运输方法，以降低运输成本。

3）考虑资金、时间价值，减少资金占用，合理确定进货批量和批次，尽可能降低材料储备。

投标报价时的主要材料价格见表 5-67。

表 5-67　投标报价时的主要材料价格

序号	名称及规格	单位	材料价格/元	备注
1	C15 商品混凝土	m³	597.84	含泵送
2	C20 商品混凝土	m³	626.65	含泵送
3	C25 商品混凝土	m³	653.34	含泵送
4	C30 商品混凝土	m³	672.81	含泵送
5	C35 商品混凝土	m³	694.15	含泵送
6	C40 商品混凝土	m³	726.80	含泵送
7	HPB300 φ8~10mm	t	3778.95	
8	HPB235 φ12~14mm	t	3854.18	
9	HRB400 φ12mm	t	3770.10	
10	HRB400 φ14mm	t	3690.45	
11	HRB400 φ16~25mm	t	3663.90	

序号	名称及规格	单位	材料价格/元	备注
12	水泥	t	438.08	
13	全煤矸石烧结砖 240mm×115mm×53mm	千块	526.58	
14	全煤矸石烧结空心砖 240mm×115mm×90mm	千块	694.73	
15	全煤矸石烧结空心砖 240mm×240mm×115mm	千块	1460.25	
16	生石灰	t	407.78	
17	中粗砂	t	213.6	

（3）材料用量控制方面

1）坚持按定额确定的材料消耗量，实行限额领料制度，各班组只能在规定限额内分期分批领用，如超出限额领料，要分析原因，及时采取纠正措施；也有因预算量不准确而导致材料量大或小的情况发生，因此要正确对待，认真核实，把损失降到最低。

2）改进施工技术，推广使用降低料耗的各种新技术、新工艺、新材料；例如：非承重墙的砌块等。

3）在对工程进行功能分析、对材料进行性能分析的基础上，力求用价格低的材料代替价格高的材料，尤其是用在临时设施的材料上。

4）认真计量验收。坚持余料回收，降低料耗水平。

5）加强现场管理，合理堆放，减少搬运，降低堆放、仓储损耗。

中标后，施工单位通过与商品混凝土供应商谈判及沟通，商品混凝土采购价格比表5-67中价格（报价）低18元/m³，钢筋比预估市场价格平均低95元/t，相应分包项目通过协商均有所降低。其他部分材料经过询价竞价、择优购料等方式降低采购价格。通过采购价格控制，降低了材料费及相关费用1504666元，其中：

混凝土降低额：$20252m^3 \times 18$ 元/$m^3 = 364536$ 元

钢筋降低额：$3054t \times 95$ 元/$t = 290130$ 元

其他材料及分包降低额：590000 元

回收利用及节约费用：260000 元

3. 机械费控制

机械费占全部工程费的4.33%，本工程主要从四个方面入手：

一是根据本工程施工特点和公司机械设备配置情况，向公司申请配备必需的施工机械，充分利用现有机械设备、内部合理调度，力求提高主要机械的利用率；对特种施工机械，采用从外部租用的办法，减少折旧、维修保养费在工程成本中的开支，各栋号穿插使用，提高租用机械的利用率。

二是严格机械设备利用定额和油料消耗定额，开展单机、单车等多种形式的内部经济承包核算，从而达到增加机械设备的作业产量和进一步减少配件和油料的消耗。

三是加强对机械设备的日常性管理工作，平时编制好机械设备运转、维修、保养计划，做好设备管理保养工作，保证机械设备正常运转，提高设备完好率、利用率和使用效果，减少大修费用支出。

四是做好操作人员与现场施工人员的协调配合，提高机械台班产量效率。

按照以上四点要求控制，机械费用整体降低约 20.2%，降低额为 826000 元，达到预期指标。

4. 其他相关费用控制

从项目工程耗用水、电管理和辅助生产的临时措施费等方面加以控制，严格执行成本开支，加强节约，制止可能发生的浪费。使得本项目其他直接费未超过投标时的预算价格。其他相关费用在投标报价中为 5610000 元，实际使用 4690000 元，节约 920000 元，具体见表 5-68。

表 5-68　其他相关费用分析

序号	项目名称	预算成本/元	实际成本/元	成本节约额/元
1	管理费（项目班组人员工资等）	2673000	2565000	108000
2	临时道路	260000	180000	80000
3	临时设施	1270000	950000	320000
4	围挡	180000	110000	70000
5	临时设施用电	170000	116000	54000
6	施工用水电费用	660000	540000	120000
7	变电费	162000	108000	54000
8	试验费	75000	51000	24000
9	其他费用	160000	70000	90000
	合计	5610000	4690000	920000

5. 加强造价全过程控制管理

1）在合理工期内，质量满足要求的条件下，合理确定工程的实施进度、资金回收计划及成本目标，在此基础上，做好资金计划表，科学确定工程预付款额度与工程款拨付时间。

2）按合同约定的时间节点，完成对已完成工作量的确认，并与原清单工作量进行对比分析。例如，在基础土方施工中，由于遇到不明的地下障碍物需要处理，经过与建设单位、监理单位三方现场测量确认，实际工作量比原清单工作量多 800 多 m^3，后经业主、监理、我公司三方共同复测证实后，得以更正，增加造价 29 万元。

3）做好施工现场经济技术签证核算、设计变更的经济比较，确定由此而引起的造价增减，并且及时调整工程拨付款额度；及时完成材料、设备采购、运输等费用的确认工作。

4）认真处理索赔，最大限度地减少费用损失。例如 A-1 号楼与 A-3 号楼之间装饰构架项目，招标图样仅为示意图，投标时根据施工方案及类似项目市场价格报价 26 万元，施工中业主提供的实际施工图与原招标图样差别较大，施工单位以装饰构架投影面积加大为由，实际施工图已超出了示意图几何尺寸，改变了设计规模，应按设计变更考虑，提出索赔 15 万元费用补偿。经过双方谈判，业主考虑到设计、工期等各方面的影响，经过双方共同测算和确认，施工单位最终获得索赔金额 12 万元。

5）每月根据已完成工作量进行结算审核报量，及时收回工程款以保证项目顺利进行，防止因工程款未到位影响到材料采购及工人的工资支付等。

6）竣工后及时协助业主做好经济技术资料的移交工作并报送竣工结算书。

通过与业主及时沟通谈判，最终结算金额为11371.65万元。实现盈利为546.9767万元，占总造价4.81%。达到了利润总额超过480万元的目标。

第六节　工程结算编审案例

工程结算是合理确定工程造价的必要程序，它直接关系到建设各方的经济利益，因此承发包双方均十分重视工程结算的编制和审核工作。

一、工程结算的概念

《建设项目工程结算编审规程》（CECA/GC 3—2010）中第2.0.2条明确规定：工程结算是指承包人按照合同约定的内容完成全部工作，经发包人或有关机构验收合格后，发承包双方依据约定的合同价款的确定和调整以及索赔等事项，最终计算和确定竣工项目工程价款。

发承包双方依据国家有关法律、法规和标准规定，按照合同约定确定的，包括在履行合同过程中按合同约定进行的合同价款调整，是承包人按合同约定完成了全部承包工作后，发包人应付给承包人的合同总金额。由此可以看出，工程结算不仅是一个过程，而且能反映工程项目投资的效果。

合同价款结算又称为工程结算，是指发承包双方根据国家有关法律、法规规定和合同约定，对合同工程实施中、终止时、已完工后的建设项目进行合同价款的计算、调整和确认。工程结算内容包括期中结算、终止结算和竣工结算。合同价款的支付则对应于发包人按照工程结算内容所确认的合同金额向承包人进行的各类付款，包括工程预付款、工程进度款、竣工结算款以及最终结清款等。

竣工结算是指工程项目完工并经竣工验收合格后，发承包双方按照施工合同的约定对所完成的工程项目进行工程价款的计算、调整和确认。

二、工程结算的编制

合同工程完工后，承包人应在经发承包双方确认的合同工期中价款结算的基础上汇总编制完成竣工结算文件，并在提交竣工验收申请的同时向发包人提交竣工结算文件。竣工结算的编制和审查如下：单位工程竣工结算由承包人编制；实行总承包的工程，单项工程竣工结算或建设工程项目竣工结算由总包人编制。

（一）工程结算编制的依据

《建设工程工程量清单计价规范》（GB 50500—2013）第11.2.1条规定：工程竣工结算应根据下列依据编制和复核：

1）本规范。

2）工程施工合同。

3）发承包双方实施过程中已确认的工程量及其结算的合同价款。

4）发承包双方实施过程中已确认调整后追加（减）的合同价款。

5）建设工程设计文件及相关资料。

6）其他依据。

同时，应注意《建设工程造价咨询规范》（GB/T 51095—2015）中第 8.2.4 条竣工结算编制依据包括以下几个内容：

1）影响合同价款的法律、法规和规范性文件。

2）现场踏勘复验记录。

3）施工合同、专业分包合同及补充合同，有关材料、设备采购合同。

4）相关工程造价管理机构发布的计价依据。

5）招标文件、投标文件。

6）工程施工图、经批准的施工组织设计、设计变更、工程洽商、工程索赔与工程签证、相关会议纪要等。

7）工程材料及设备认价单。

8）发承包双方确认追加或核减的合同价款。

9）经批准的开工、竣工报告或停工、复工报告。

10）影响合同价款的其他相关资料。

（二）工程结算编制的程序和方法

1. 编制程序

工程结算应按准备、编制和定稿三个工作阶段进行。

（1）结算编制准备阶段

1）收集与工程结算编制相关的原始资料。

2）熟悉工程结算资料内容，进行分类、归纳、整理。

3）召集相关单位或部门的有关人员参加工程结算预备会议，对结算内容和结算资料进行核对与充实完善。

4）收集建设期内影响合同价格的法律和政策性文件。

5）掌握工程项目发承包方式、现场施工条件、应采用的工程计价标准、定额、费用标准、材料价格变化等情况。

（2）结算编制阶段

1）根据竣工图及施工图以及施工组织设计进行现场踏勘，对需要调整的工程项目进行观察、对照、必要的现场实测和计算，做好书面或影像记录。

2）按既定的工程量计算规则计算需调整的分部分项、施工措施或其他项目工程量。

3）按招标文件、施工发承包合同规定的计价原则和计价办法对分部分项、施工措施或其他项目进行计价。

4）对于工程量清单或定额缺项以及采用新材料、新设备、新工艺的，应根据施工过程中的合理消耗和市场价格，编制综合单价或单位估价分析表。

5）工程索赔应按合同约定的索赔处理原则、程序和计算方法，提出索赔费用，经发包人确认后作为结算依据。

6）汇总计算工程费用，包括编制分部分项费、施工措施项目费、其他项目费、零星工作项目费或直接费、间接费、利润和税金等表格，初步确定工程结算价格。

7）编写编制说明。

8）计算主要技术经济指标。

9）提交结算编制的初步成果文件，待校对、审核。

（3）结算编制定稿阶段

1）由结算编制受托人单位的部门负责人对初步成果文件进行检查、校对。

2）工程结算审定人对审核后的初步成果文件进行审定。

3）工程结算编制人、校对人、审核人分别在工程结算成果文件上署名，并应签署造价工程师执业印章。

4）工程结算文件经编制、审核、审定后，工程造价咨询企业的法定代表人或其授权人在成果文件上签字或盖章。

5）工程造价咨询企业在正式的工程结算文件上盖章。

工程结算编制人、校对人、审核人要各尽其职，具体职责和任务如下：

1）工程结算编制人员按其专业分别承担其工作范围内的工程结算相关编制依据收集、整理工作，编制相应的初步成果文件，并对其编制的初步成果文件质量负责。

2）工程结算审核人员应由专业负责人和技术负责人承担，对其专业范围内的内容进行审核，并对其审核专业的工程结算成果文件的质量负责。

3）工程结算审定人员应由专业负责人和技术负责人承担，对工程结算的全部内容进行审定，并对工程结算成果文件的质量负责。

2. 编制方法

工程结算的编制应区分合同类型，采用相应的编制方法。

1）采用总价合同的，应在合同价基础上对设计变更、工程洽商以及工程索赔等合同约定可以调整的内容进行调整。

2）采用单价合同的，应计算或核定竣工图或施工图以内的各个分部分项工程工程量，依据合同约定的方式确定分部分项工程项目价格，并对设计变更、工程洽商、施工措施以及工程索赔等内容进行调整。

3）采用成本加酬金合同的，应依据合同约定的方法计算各个分部分项工程以及设计变更、工程洽商、施工措施等内容的工程成本，并计算酬金及有关税费。

（三）工程结算编制的要求

1）工程结算编制的依据应合法、合规。

2）工程量及主要材料用量、价格、人工费、材料费、机械使用费、定额套用等应真实、合理、合法。

3）各项综合取费基数、取费费率等应合理、合法。

4）对施工单位的工程拨款和材料、设备价格应符合要求。

5）工程概况应按项目实际进行描述。

6）工程结算书应符合规范要求。

三、工程结算的审核

（一）工程结算审核的依据

对竣工结算资料进行收集与整理，不仅是编制竣工结算的前提，也是进行竣工结算审核的前提。在进行竣工结算的审核时，要充分依靠竣工结算资料。除了工程结算文件外，竣工结算审核的依据还包括其他很多内容。具体来说，竣工结算审核的依据如下：

1）建设期内影响合同价格的法律、法规和规范性文件。

2）工程结算审核委托合同。

3）完整、有效的工程结算书。

4）现场踏勘复验记录。

5）施工发承包合同、专业分包合同及补充合同，有关材料、设备采购合同。

6）与工程结算编制相关的国务院建设行政主管部门以及各省、自治区、直辖市和有关部门发布的建设工程造价计价标准、计价方法、计价定额、价格信息、相关规定等计价依据。

7）招标文件、投标文件。

8）工程竣工图或施工图、经批准的施工组织设计、设计变更、工程洽商、索赔与现场签证，以及相关的会议纪要。

9）工程材料及设备中标价、认价单。

10）双方确认追加（减）的工程价款。

11）经批准的开、竣工报告或停、复工报告。

12）工程结算审核的其他专项规定。

13）影响工程造价的其他相关资料。

（二）工程结算审核的程序和方法

1．审核的程序

根据《建设项目工程结算编审规程》（CECA/GC3—2010），对竣工结算的审核应按准备、审核和审定三个工作阶段进行。

（1）审核准备阶段

1）审核工程结算手续的完备性、资料内容的完整性，对不符合要求的应退回限时补正。

2）审核计价依据及资料与工程结算的相关性、有效性。

3）熟悉招标投标文件、工程发承包合同、主要材料设备采购合同及相关文件。

4）熟悉竣工图或施工图、施工组织设计、工程概况，以及设计变更、工程洽商和工程索赔情况等。

5）掌握清单计价规范、工程预算定额等与工程相关的国家和当地的建设行政主管部门发布的工程计价依据及相关规定。

（2）结算审核阶段

1）审核结算项目范围、内容与合同约定的项目范围、内容的一致性。

2）审核工程量计算的准确性、工程量计算规则与计价规范或定额保持一致性。

3）审核结算单价时应严格执行合同约定或现行的计价原则、方法。对于清单或定额缺项以及采用新材料、新工艺的，应根据施工过程中的合理消耗和市场价格审核结算单价。

4）审核变更签证凭据的真实性、合法性、有效性，核准变更工程费用。

5）审核索赔是否依据合同约定的索赔处理原则、程序和计算方法以及索赔费用的真实性、合法性、准确性。

6）审核取费标准时，应严格执行合同约定的费用定额标准及有关规定，并审核取费依据的时效性、相符性。

7）编制与结算相对应的结算审核对比表。

8）提交工程结算审核初步成果文件，包括编制与工程结算相对应的工程结算审核对比表，待校对、复核。

（3）结算审定阶段

1）工程结算审核初稿编制完成后，应召开由结算编制人、结算审核委托人及结算审核受托人共同参加的会议，听取意见，并进行合理的调整。

2）由结算审核受托人单位的部门负责人对结算审核的初步成果文件进行检查、校对。

3）由结算审核受托人单位的主管负责人审核批准。

4）发承包双方代表人和审核人应分别在"结算审定签署表"上签认并加盖公章。

5）对结算审核结论有分歧的，应在出具结算审核报告前，至少组织两次协调会；凡不能共同签认的，审核受托人可适时结束审核工作，并做出必要说明。

6）在合同约定的期限内，向委托人提交经结算审核编制人、校对人、审核人和受托人单位盖章确认的正式的结算审核报告。

2. 结算审核的方法

结算审核方法是否得当，将直接关系到审核质量和效率，因此在结算审核过程中，除了注意审核内容外，还必须采用有效的审核方法，以提高审核质量，加快审核效率。主要考虑以下几种方法。

（1）全面审核法　全面审核法是根据施工招标文件、施工图、投标文件、施工合同、签证等资料进行逐条详细的全面审核，确保审核结果客观、合理的一种审核方法。此方法的优点是全面、细致，经审核的工程预结算差错比较少，质量比较高，效果较好，但是工作量大，时间较长。在一些工程量较少、工艺比较简单的工程上考虑用全面审核法。

（2）分组审核法　分组审核法是把结算中有关项目划分若干组，利用同组中个体数据审核分项工程工程量的一种审核方法。采用这种方法，审核一个分项工程工程量，就能判断同组中其他几个分项工程间具有相同或相近计算基数的关系，也能够判断同组中其他几个分项工程工程量的准确程度。该方法审核速度快、工作量小。

（3）对比审核法　对比审核法是用已建成的工程结算或未建成但已审核修正的工程量结算对比审核拟建的同类工程结算的一种审核方法。

（4）重点审核法　重点审核法是抓住工程结算中的重点进行审核，审核的重点是工程量大或较高的各种工程。该方法优点是重点突出、审核时间短、效果好。

（5）现场核对法　现场核对法是根据施工招标文件、施工图，对工程现场与图样进行详细核对，查找合同内容是否完成，材料、设备品牌、规格是否与标书一致的一种审核方法。

（三）工程结算审核的要求

1）工程结算编制的依据是否合法、合规。

2）工程量及主要材料用量、价格、人工费、材料费、机械使用费、定额套用等是否真实、合理、合法。

3）各项综合取费基数、取费费率等是否合理、合法。

4）施工单位招标工程标底和工程量计价清单的执行情况。

5）对施工单位的工程拨款和材料、设备价格是否进行了有效控制。

6）工程款支付是否规范，已支付工程款情况。

7）与工程竣工结算有关的其他情况。

（四）工程结算审核注意事项

1. 送审资料的完整性、真实性、有效性审核

（1）审核送审项目前期资料完整性　包括项目立项批复文件、初步设计概算、招标投标文件（招标文件、标前会议纪要、询价答疑、工程量清单及控制价、商务标、技术标、中标通知书）、合同文件（合同协议书、补充协议）、设计文件（招标图、施工图、竣工图、地质资料、图样会审记录、图样交底）、结算资料（结算书、补充结算、变更联系单）、施工资料（开竣工报告、工期签证）等是否完整，变更签证是否履行相应的审批手续以及审批手续的时效性，关注施工合同条款是否响应招标文件、招标答疑、施工合同、招标工程量控制价、图样会审等资料的要求。

（2）审核送审项目资料的真实性、有效性　审核送审资料是否与实际内容一致，是否存在篡改和仿造的资料，是否存在重复申报的资料和结算内容。重点关注合同内取消负变更是否办理有关手续，送审资料填写是否规范，签字盖章是否齐全，资料是否装订成册，真实有效。

（3）审核施工过程资料　包括施工组织设计、施工日志、监理日志、施工记录、监理旁站记录、隐蔽工程验收记录、工程设计变更及签证资料是否完整、真实、有效。对照竣工图，审核实际完成项目是否超出概算范围、施工合同范围，重点审核竣工图和实际完成工程量是否一致。

2. 送审资料内容的审核

1）根据招标文件、招标答疑、施工合同、招标工程量清单控制价、图样会审等资料，分析价款审核关键点，根据关键点逐项审核。

2）关注暂列金、暂定价、暂估价、暂定量、专项费用等有无漏扣除，是否按约定办理了结算手续，并对结算手续进行审核。

3）针对固定单价合同，需按实际施工图全面审核计算工程量，同时通过分析竣工图、施工图、设计变更图、图样会审等资料，利用收集的隐蔽工程资料，结合现场踏勘，确认图样工程量完成情况，扣除有关未实施工程量，据实结算。

4）针对固定总价合同，除暂列金、暂定价、暂估价、暂定量外，清单内其他工程内容是否按图样完成，通过分析竣工图、施工图、设计变更图、图样会审等资料，现场踏勘，进行确认合同内工程量完成情况。固定总价合同若产生变更签证，且未履行审批手续的情况，在不影响相应使用功能的前提下，若造价减少，审核时予以核减，若遇造价增加，审核时不予增加。

5）审核开工、竣工（交工）验收报告，审核工期是否符合合同约定，是否需要罚款。如果工期延误，建设单位需提供工期延误说明，分析是否属于承包单位原因造成延误，结算时需对延误的工期进行复核，决定是否处以工期延误的履约罚款。

6）审核费用调整是否正确，人工费调整、扬尘治理费等政策性调整是否符合文件规定，计算是否准确等。如工程保险费应根据承包单位缴纳的保金金额予以计入，若未提供保单或发票，此部分费用应予以扣除。

3. 变更签证资料的合法性、合规性、合理性审核

审核变更签证是否成立。详细审核设计变更、工程签证内容是否与施工图内容重复，是否包括在招标范围内，是否包含在招标清单范围内，是否与工程量清单特征描述、措施项目内容、专项工程内容重复，是否与合同范围及内容重复，变更、签证理由是否充分，是否合法、合规、合理。

4. 勘察现场

查看现场实体是否按照施工合同、设计图、竣工图、工程量清单等要求进行施工，对材料规格、材质、厚度、尺寸、施工形式等均要重点查验。调取监理日志、施工日志、施工记录等相关资料，核实现场情况。对于甩项工程、未按图样施工项目、图样以外新增项目，要进行详细记录和图样标记，并查看变更程序是否齐全、合规，为工程量的核对及工程造价的计算打好基础。

5. 隐蔽工程

对于隐蔽工程的审核是工程价款结算审核的重点，也是关键，对照设计图、工程量清单、杆管线迁移方案等资料查看是否按要求完成实体工程项目，通过钻芯取样等方式抽查市政、交通、水利、轨道交通等项目道路结构层厚度、雨污水管回填材料、标识标牌的基础、设备基础及垫层是否按照要求进行施工。

6. 综合单价的审核

审核综合单价计算是否有误，前后是否一致。

7. 主要材料设备价格的审核

审核主要材料设备价格确定依据是否正确，其价格是否合理，计算是否有误。

四、工程结算审核相关案例

(一) 经济签证的审核案例

国有投资建设工程结算方式部分为合同价+变更签证的模式，所以变更签证的审核将是审核的重点之一。签证的审核应注意以下几个方面：

1. 签证内容与招标文件、施工合同内容相冲突

【案例 5-28】 某市政工程结算审核，施工单位送审签证单内容大致描述如下：在一个交口人行道施工过程中发现一个宽 6m、长 12m 的化粪池高出人行道 30cm，影响道路施工，业主及现场监理要求：①拆除化粪池原盖板及部分墙壁，将其原位下降 60cm，以保证人行道正常施工；②预制钢筋混凝土盖板。

施工单位将化粪池拆除及外运、钢筋混凝土盖板的预制和安装这两项工程量的签证进行了上报，并得到了监理和建设单位代表的签认。

【解】 本项目招标文件中有一条说明："施工范围内需拆除的工程（含路面、基层、排水、路灯、围墙、挡土墙、护坡、拆除后的房屋混凝土地坪及基础等）作为一项列入清单报价，施工单位需根据图样内容和现场勘查情况充分考虑需要拆除的工作内容，中标后不再签证调整。"

根据招标文件中的此条内容不难理解，此签证单中的化粪池拆除及外运属于施工范围内需拆除的工程，作为一个有经验的施工单位，在投标前的现场勘查过程中完全能考虑到，故拆除及外运部分不应签证增加费用。

2. 签证违反法律、法规规定

【案例 5-29】 某开发区一条市政道路工程，结算审核时发现，施工单位在未经设计单位同意的情况下，将本标段设计图中路基回填土方变更为回填山皮石，并取得了开发区投资公司（即建设单位）的签字、盖章认可。此项变更施工单位要求增加工程造价 95.39 万元。

【解】 经审核，上述变更签证做法违反了《建设工程勘察设计管理条例》第二十八条："建设单位、施工单位、监理单位不得修改建设工程勘察、设计文件；确需修改建设工程勘察、设计文件的，应当由原建设工程勘察、设计单位修改"。

对所有涉及图样内容和做法的变更签证，尤其是政府投资或融资项目，都应该有设计单位的签字认可，必要时下发设计变更修改通知单，否则变更程序就不合规定，审核人员在进行政府投资项目结算审核时应特别关注。

3. 签证增加费用理由不合理

【案例 5-30】 某工程审核中，一施工单位上报的签证申报表中签证内容及理由如下：本工程桥梁预应力空心板在混凝土浇筑过程中气囊易上浮，造成空心板顶板厚度不足，影响了预应力空心板的内在质量，为了消除该质量隐患，确保空心板的施工质量，建议在空心板顶板处增设横向和纵向防裂钢筋。全标段此项变更经监理工程师和建设单位签认增加费用21.95 万元。

【解】 审核人员认为，此份变更不应签证增加费用。理由是：预应力空心板在混凝土浇筑过程中气囊上浮，是承包人的施工工艺问题，而采取相应的措施保证工程施工质量和安全，是承包人应尽的义务，采取相应的措施增加的费用不应由建设单位承担。

【案例 5-31】 某市政工程一份签证单内容如下：我部目前管线迁改及桩基施工过程中，虽派人 24 小时巡视，施工场地内外井盖失窃现象仍较为严重，为满足施工及社会车辆通行要求，保障行人出行安全，我部将丢失井盖井口全部覆盖 1m×1m 厚 1.5cm 钢板，并将施工围挡外井口钢板四周增加钢筋锚固防盗措施，并附签证工程量。签证也得到了监理和业主的签章认可，合计增加费用 4.52 万元。

【解】 从造成签证事件的合同各方责任分析，签证增加费用理由不合理。

首先，造成签证事件的责任不在建设方，其次，井盖丢失事件并非招标文件中规定的不可抗力因素造成的；再次，施工过程中保证社会车辆及行人正常通行安全是合同文件中明确规定施工单位应尽的责任。

审核人员在进行签证审核时，首先要判定，签证是由什么原因造成的，是客观因素、人为因素还是不可抗力因素，是施工单位的责任，还是因为设计缺陷、监理责任或建设方的责任造成的签证。先定性，再算量，审核过程中往往可以做到事半功倍。

4. 违反清单工程量计算规则，重算、多算工程量

【案例 5-32】 某项目签证单内容大致描述为，在施工地铁车站出入口时，为保证出入口边广场排水正常，应业主要求增加一道 28m 的 DN600 污水管。新增污水外接管具体签证工程量如下：

1）挖沟槽土方：$28×(1.8+3.4)/2×3.6=262.1$（m^3）

2）DN600 钢筋混凝土管道铺设：28m

3）级配碎石填方：$262.1-28×0.36×0.36×3.14=250.71$（$m^3$）

以上签证量得到了监理和建设单位代表签字、盖章认可。虽然本签证影响费用不是很

大，但在签证的审核中，审核人员发现出现的问题很有代表性，对市政工程中类似沟槽开挖、回填性质的签证审核有较好的参考作用。

【解】　审核人员认为，施工单位的本项签证工程量三个方面存在多算现象。

首先，挖沟槽土方横断面面积按梯形 (1.8+3.4)/2×3.6 计算有误。市政工程工程量清单挖沟槽土方项目工程量计算规则为，原地面以下按构筑物最大水平投影面积乘以挖土深度（也就是原地面平均标高至槽底高度）以体积计算。也就是我们通常所说的直上直下计算。

其次，签证上的挖沟槽底宽 1.8m 有误。根据本工程排水说明中污水管的施工图集 04S516 第 17 页中注明的参数，DN600 的钢筋混凝土管采用的 120°混凝土基础，其基础宽度应为 0.92m。根据清单工程量计算规则，此处的沟槽开挖底宽就应该为 0.92m，计算沟槽开挖清单工程量时不应该考虑基础的工作面宽度和放坡开挖所增加的工程量。

再次，计算级配碎石回填签证工程量时还应扣除管道基础混凝土所占的体积。

因为施工单位增加的 28m 混凝土管采用的是合同清单里 DN600 钢筋混凝土管道铺设项目单价，而该清单项目特征描述中含有 C15 混凝土基础施工内容，查图集每米管道基础工程量为 0.178m³。此处应该注意，在计算级配碎石回填签证工程量时，应扣除每米 C15 混凝土基础工程量，因为施工单位大多数在投标时不会按照图集中该种管道每米基础工程量全额计入报价，他们一般对此量都进行少报甚至不报，从而达到优惠单价的目的。

综上所述，本签证中正确的签证工程量应为：

1) 挖沟槽土方：28×0.92×3.6=92.74（m³）；

2) DN600 钢筋混凝土管道铺设：28m

3) 级配碎石填方：92.74-28×(0.36×0.36×3.14+0.178)=76.36（m³）

挖沟槽土方、级配碎石填方送审数量、审定数量、审减额及审减率见表 5-69。

表 5-69　挖沟槽土方、级配碎石填方送审数量、审定数量、审减额及审减率

序号	项目名称	送审数量/m³	审定数量/m³	审减额/m³	审减率
1	挖沟槽土方	262.1	92.74	169.36	64.6%
2	级配碎石填方	250.71	76.36	174.35	69.5%

从表 5-69 看出，审减率还是比较可观的。

由此可以看出，审核人员必须熟悉并掌握各专业的清单计算规则，了解并能熟练应用各种施工图集，同时把握签证所套用清单项目的特征描述，全面考虑，才能保证每份签证审核的准确性。

5. 确定签证项目单价不合理

【案例 5-33】　某市政项目排水工程签证单内容如下：在顶管顶进过程中遇现状人防工程，无法继续施工，根据专家评审方案，在人防工程上口增加工作井，并拆除人防工程顶板混凝土 16.12m³。

施工单位在签证费用计算中重新对拆除混凝土结构清单单价进行了组价，组价结果为 264.19 元/m³，从施工单位所报的软件版中看到组价所套定额合理，看似签证单价没问题。

但本项目施工合同第 31.1 条规定，变更合同价款按下列方法进行：

1) 合同中已有适用于变更工程的价格，按合同已有的价格变更合同价款。

2) 合同中只有类似于变更工程的价格，可以参照类似价格变更合同价款。

3）合同中没有适用或类似于变更工程的价格，由承包人提出适当的变更价格，经工程师确认后执行。

【解】 虽然本项目排水单位工程投标报价清单中没有拆除钢筋混凝土清单项目，但在本项目桥梁单位工程投标报价清单中有拆除钢筋混凝土清单报价，报价为 116.07 元/m^3。因此，根据合同变更价款确定方法，此签证拆除混凝土结构单价应为 116.07 元/m^3，而不是承包人重新组价的 264.19 元/m^3。

因此，国家建设工程的结算审核，尤其是"合同价+签证"结算模式的项目，在审核过程中，作为审核人员应紧紧围绕合同，并结合招标、投标文件及相关的法律、法规，重点是加强经济签证的合法性、合理性、准确性、时间性等方面的审核。确保审核结果准确、无误，以求审核后的项目更好地发挥经济效益和社会效益。

（二）某办公服务楼建设项目结算审核综合案例

1. 项目概况

A 区政府办公服务楼建设工程，位于 H 市，占地面积 $15879m^2$，建筑面积 $86404m^2$，地上 12 层，地下 1 层，建筑高度 49.6m，框架-剪力墙结构。

该工程施工采用公开招标，中标价为 123884738.85 元，其中预留金 750000 元。该工程合同价款采用合同价包干+变更的形式。合同价款包括的风险范围：人工、材料、机械费用的市场价格变化；材料部分的风险执行 H 造字【2007】004 号文件规定；除政策性调整和不可抗力以外的其他风险。

该项目于 2012 年 9 月 10 日审核开始，于 2012 年 12 月 1 日审核定案，历时近 3 个月，审核过程中通过反复核对，并对争议问题多次召开审核协调会，最终确定审核结果，项目送审工程造价为 156908469.98 元，审定工程造价 140478083.43 元，核减工程造价 16430386.55 元，核减率约为 10.5%。

2. 结算争议问题

争议问题 1：该工程地下室墙面防霉涂料，图样中未设计此项内容做法，招标工程量清单中也未列墙面防霉涂料子目，仅列有顶棚防霉涂料子目，在后期施工过程中，设计单位出了设计修改通知单，补充了墙面的做法说明，施工单位在结算资料中按照设计变更，增加了此部分工程造价。按照合同约定，由设计变更造成的工程项目增加可调整造价，初看起来，此部分造价增加合情合理，施工单位也以新增项目上报了结算价，争议点在于该项目是否属于合同外新增内容。

争议问题 2：室外景观工程，设计珊瑚树灌木的种植密度为 25 株/m^2，现场勘察，种植密度不足 25 株/m^2，不足部分是否扣除成为争议的焦点。施工方提出合同清单中工程量是按面积计的，现场已按设计完成，因业主要求提高绿化效果，苗木的规格比设计大，无法按原设计密度完成。

3. 问题分析及处理方法

（1）问题 1 分析及处理方法　本地区基本所有招标项目，在招标前，清单编制单位均会对图样及现场的施工方案、施工组织等提出一些答疑，这些答疑均是经过业主及设计部门确认后，一起发给所有投标人的，相关答疑很有可能对后期结算至关重要作用，因此在审核中，审核人员非常重视对答疑文件的收集应用。

在以上问题的分析处理过程中，审核人员在招标答疑文件中发现一条："8. 地下室墙面、顶棚面层做法？答：地下室墙面、顶棚面满刮腻子，刷防霉涂料二遍。"从答疑中可以看出，墙面的防霉涂料做法在招标前已经明确，不属于设计变更，而工程量清单中未列此项目，只能算是清单缺项问题，而根据合同约定，在规定的时间内未对招标清单提出异议，中标后对清单缺项、少量等情况，中标人是不能调整合同造价的，最终审核人员对此部分造价进行了核减。该项签证全部核减，共计核减约16.1万元，单项签证核减率100%。

（2）问题2分析及处理方法　工程施工过程中，施工单位为获取较大利益，对一些项目会采取偷工减料方式施工，虽按合同完成，但完成数量、标准与设计不符，这就需要审核人员在现场勘察时，对照图样及合同，认真审查。

此工程中的灌木种植密度现场完成与设计不符情况属实，苗木规格变大，无法栽植应当办理书面设计变更手续，业主的口头要求不能作为结算的依据，没有变更手续，只能是未按设计要求完成，最终审核时根据现场情况，在建设单位、监理单位、施工单位共同见证下随机抽查几处，取平均密度计算，此项共计核减约5.5万元。

4. 合理化建议

1）建设单位和清单编制单位对前期的工程量清单编制应严格把关，尽可能减少工程量缺项、漏项、少量等问题，工程量偏差较小，施工单位可能不太计较，偏差较大的话，就容易产生分歧。

2）重视工程的前期设计及施工图审查。如绿化工程设计苗木规格和种植密度相冲突，无法按设计施工，类似问题业主应在设计过程或施工开始发现问题前，与设计单位及时勾通，提出更为实用、完善、可行的设计方案。

5. 结算总结

审核人员在做建设项目工程价款结算审核时，应该紧紧围绕招标文件、施工合同，在严格工程量、价审核基础上，收集齐招标前期的答疑文件等资料，对照现场，审查合同内容是否全部完成，完成内容是否与设计标准相符，签证内容是否与合同及相关文件相冲突，对一些大型的综合性工程，结算审核时要整体统筹考虑，重点把控项目是否有多算、重算现象，抓住这些问题关键点，厘清审核思路，将会给审核工作带来事半功倍的效果。

（三）某水利建设项目结算审核综合案例

1. 项目概况

某河综合治理工程位于A市经济开发区，工程内容包括：截污、桥涵、河道整治、养护通道工程等，工程开工时间：2013年7月7日，工程竣工时间：2013年12月29日。招标方式为公开招标，中标价为11259593.28元。

合同第23.2条：本合同价款采用固定价格合同方式确定。合同价款包括的风险范围：人工、材料、机械费用的市场价格变化，除不可抗力以外的风险。

2. 审核结果

该项目于2015年4月30日开始审核，于2015年8月21日审核定案，历时近4个月，审核过程中反复核对，最终确定审核结果；送审工程造价12056617.58元，业主初审工程造价11420541.34元，核定工程造价10237559.10元，核减工程造价1182982.24元。

3. 审核过程中存在问题及处理意见

（1）工程量计算范围与现场不符　工程量计算范围与现场实际不符，没有按规定实际情况计算，造成竣工结算工程量增加而多报工程价款。

争议问题 1：六角砖工程量计算范围与现场实际不符。

处理意见：根据审核小组现场踏勘，同时结合跟踪过程中影像资料，申报的工程量将整个河底、堤岸、护坡面所有均计算了六角砖，实际现场仅护坡面做了六角砖护坡，其余均未做，审核将其他部位的六角砖全部扣减，最终施工单位也予以认可。

（2）结算单价随意高套　不认真执行规定的定额（或合同约定的）单价，随意高套，造成结算投资虚增。

争议问题 2：土工格栅、六角砖单价计取有误。

处理意见：原合同第 47.4.6 条中，对于新增项目约定如下：根据某省工程计价清单规范文件和承包人投标文件中的人工、材料、机械价格和利润率、风险费、取费费率等进行组价，但未明确新增项目中在原投标文件中没有的主材价格如何确定；因此项变更比较特殊，当时有变更会议纪要。审核人员对于新增项目中在原投标文件中没有的主材价格按照会议纪要第七条"认真审查所申报的单价，同时考虑项目投标时的降价和优惠比例"处理。

（3）取费标准未按原投标标准　新增变更取费标准不执行原投标预算中相应费率标准，虚报造价。

争议问题 3：某大道桥下支护新增变更不执行原投标报价相应费率标准，施工单位以当时施工时间紧、难度大为理由，不能执行原来的费率，要考虑特殊难度下施工费。

处理意见：依据合同中条款"工程实施中新增的项目，参考投标报价清单中类似项目的单价结算；没有类似项目的，根据某省工程量清单计价规范文件和承包人投标文件中人工、材料、机械价格和利润率、风险费率等进行组价结算"，新增变更执行原投标相应标准，最终也得到施工单位的认可。

（4）片面理解政策性文件　片面理解政府发布的政策性文件，从利于施工单位角度考虑，高报费用。

争议问题 4：人工费、扬尘费调整。

处理意见：人工费调整依据 A 市造价【2013】13 号中，第 3.2.2 条：合同对人工费调整已约定或约定不明确的，2013 年 11 月 1 日未完成的工程量，人工单价执行本文件第二条调整，基数为原投标预算中套用相关定额计算工程造价中所含的人工费进行调整（扬尘费计算依据也按同样方式考虑）；此争议经过几次协调，一直未与施工单位达成一致意见，最后针对此问题又寻求了 A 市造价管理部门意见，并得到书面回复，最终施工单位也予以认可。

（5）原合同内容已包含，结算中重复计算　不注重招标前答疑及补充说明，原招标清单内已经包含此部分内容，结算时不应再计算。

争议问题 5：养护通道增加刻纹等费用。

处理意见：养护通道增加刻纹等费用在招标答疑中明确要计入招标范围，但在实际招标清单并非以单独列项的形式体现，而是在混凝土路面清单特征中加以描述，故投标人在报价中已经考虑，后期不能单独再计算费用；最终此部分没有额外增加费用，施工单位最终也予以认可。

4. 总结分析及建议

在审核中发现，有的施工企业利用建设单位对建设工程结算的知识了解较少，不能对建设工程结算进行有效监督的情况，采用多计工程量、重复计算工程量，高套定额，编制假结算等手段，高估工程造价。在进行工程项目审核时应着重注意上述问题，在具体的审核过程中把上述问题作为要点进行把控。

（1）收集、核对好结算基础资料　水利工程项目在竣工之后，进行竣工结算时要按照国家以及相关部门的要求，以其所提供的结算标准为结算的具体参照。所以，在进行竣工结算之前，必须对自己获得的结算信息进行科学的整理研究，确保它的准确性。具体地，这些结算时需要的信息包括招标时的相关数据信息以及工程在具体实施过程中涉及的资料信息，尽量得到较多的工程项目信息，以便于工程造价的计算。

（2）深入现场，全面掌握工程实况　工程造价的工作人员必须对整个工程量有一个深入的了解，这样才能科学地进行工程造价的计算。因为在实际的计量中，图样上的信息内容并不能够清楚准确反映出整个工程的工程量。因此，造价师必须深入具体的项目中，对工程进行考察，只有这样才能够准确地获得工程量。一些经验丰富的造价师往往能够根据图样上的信息，大体估算出整个工程的工程量，进而进行造价的计算。在具体的计算过程中，如果遇到一些不能够解释的问题，再深入具体项目中进行考察。同时，造价师必须准确掌握市场上各种材料的单价信息。

（3）落实设计变更及现场签证　当工程的具体设计出现相关变动时，工程的设计单位必须将变动后的工程的设计样式告诉建设部门，经过建设部门的同意之后才能够获得签证的权利；在涉及工程大的变动时，要经过工程原来的审批部门再一次进行审批，才能够将变动后的预算纳入工程造价中。

（4）核对工程量应细致　施工单位一般会通过虚增工程量，重复计算工程量来增加造价。审减工程量是降低工程造价的基本手段。对工程量进行审核，首先要熟悉图样，再根据工作细致程度的需要、时间的要求和审核人力资源情况，结合工程的大小、图样的简繁选择审核方法。

（5）严格审核定额套用标准　施工单位一般会通过高套定额、重复套用定额、调整定额子目、补充定额子目来提高工程造价。套用定额分为直接套用与换算套用。对直接套用的审核，通过对实际套用定额价格与定额规定的价格是否相符加以对比进行审核，着重应对主要材料、主要机械、人工等价格进行审核，审核套用定额有无就高不就低或多套定额的问题。对换算套用除完成对直接套用的审核工作外，还要审核对应该换算的材料是否按规定进行换算及换算方法是否合理、正确。

（6）严格审核材料价差调整项　材料价格是工程造价的重要组成部分，直接影响到工程造价的高低。在对材料价格进行审核时主要从五个方面进行把关：一是确定计差价的材料，不该进行调差的决不进行调差；二是按设计图核算定额所需材料用量或按施工实际核定用量；三是核定材料市场价格与预算价格差额以及规定应取的采购保管费和税金；四是在编制预、决算时，所取定的材料价格，是否跨期高套；五是对大型设备、特种建材采购以及普通建材大批采购有必要实行实地审核程序。

（7）审核结算取费标准　审核时应注意取费文件的时效性、执行的取费表是否与工程性质相符、费率计算是否正确、人工费及材料价差调整是否符合文件规定等。如取费费率是按照企业资质及取费类别、工程类别等由合同双方协商或招标确定的。进行审核时应按照合同约定的费用项目及各项费用的计取条件、适用范围、计算基数及取费费率，结合实际情况加以审核，审核有无随意扩大取费基数或费率的问题，费用项目有无重复计算的问题等。

（四）某公园绿道完善及景观提升工程结算审核综合案例

1. 项目概况

（1）项目主要特征　某公园绿道完善及景观提升工程（一期）施工1、2、3标段是市建投融资，工程施工范围包括绿道工程、设施更新、景观植物提升等。

（2）合同计价形式、工程招标情况　该工程三个标段均采用公开招标方式，为固定价格合同；施工三个标段中标价合计为25213033.92元。其中招标人部分预留金2400000元，建设工程交易费15000元。

2. 审核结果

（1）施工1标段　结算送审金额为8096285.78元，审定工程造价6352602.74元，审减率为21.54%。

（2）施工2标段　结算送审金额为9472784.37元，审定工程造价7489719.72元，审减率为20.93%。

（3）施工3标段　结算送审金额为4938477.64元，审定工程造价4095927.21元，审减率为17.06%。

3. 项目审核过程中的争议处理

（1）原有树木及新增苗木的区分　该项目为景观提升项目，新栽植树木及地被植物经过一段时间养护生长后与原有树木及地被植物不易区分，给勘察现场造成了一定的难度。

处理方法：

1）不易区分的乔木：在多次踏勘现场过程中遇到无法区分新老乔木，审核组成员首先通过查看乔木枝干修剪状况，判断了一部分难以区分乔木。对于无法通过查看乔木枝干修剪状况区分的乔木，审核组成员现场挖开树穴浮土查看土球完整性，判断余下难以区分的新老乔木。

2）不易区分色带植被：审核组成员按照图样设计范围结合现场实际栽植情况进行划分，并现场量取面积。

通过以上处理方法，此项审减约6.3万元。

（2）对于养护期内死亡苗木的审核处理　在踏勘现场过程中遇到现场苗木被破坏严重，如：本工程为开放式公园游客众多，部分乔木被游客折断、推倒或连根拔起，部分灌木植被被踩踏严重，施工单位现场补植多次，但因施工单位在养护期内对栽植的苗木未做防护处理及委派专人看管，造成苗木死亡。

处理方法：由于施工单位自身管理养护不到位造成的苗木死亡。审核组成员在查看现场时对于已经清点过的苗木，再次遭到破坏而死亡的苗木，依据合同及某市绿化导则未计入结算。此项审减约28.6万元。

（3）对于养护期外死亡苗木的审核处理　绿化工程结算报审时间与建设单位接手管理养护开始时间差距过大，审核时现状与终验形成的数量发生较大差异，造成的原因：一是对于养护期间枯死的苗木，施工单位到养护期将要结束前才补种，补种的苗木后期的成活率不能保证；二是未及时办理移交手续且养护已经结束，造成后期无人管理养护的空缺，使苗木数量差异责任无法划分，导致结算发生分歧。

处理方法：一是对于在养护期内死亡苗木，施工单位到养护期将要结束前才补种的苗木，审核组成员与建设单位商议后决定结算时予以认可，在工程移交到建设单位前如果死亡，由建设单位自行扣除费用或重新补植。二是未办理移交手续且养护期已经结束，此时间段死亡及人为破坏的苗木，经审核组成员与建设单位及施工单位商议后决定此时间段的存在是由于施工单位未及时与建设单位办理移交手续，所以死亡苗木由施工单位承担责任，结算未予计入。此项审减约 2.1 万元。

（4）施工图、竣工图及现场情况不一致的审核处理　施工图、竣工图及现场情况差异比较大，现场苗木品种规格与竣工图绘制不一致，与施工图也不一致，导致结算难度加大。

处理方法：在竣工图的基础上，通过现场测绘，根据现场的实际情况进行修改，计算出各种灌木的栽植面积，并在现场清点灌木密度，注意扣减死亡苗木的面积、各种检查井、硬地所占面积以及乔木树穴周边未种植灌木的面积，必须根据现场施工情况认真复核，进行调整。此项审减约 6.7 万元。

（5）对于不平衡报价在结算中的审核处理　施工单位不平衡报价涉及清单项见表 5-70。

表 5-70　不平衡报价涉及清单项

项目名称	清单工程量	控制价综合单价	控制价综合合价	投标综合单价	投标综合合价
木平台	488m²	1249.45 元/m²	609731.60 元	0.97 元/m²	473.36 元
栏杆、扶手	70m	260 元/m	18200 元	0.97 元/m	67.9 元
琥珀潭塑石假山修缮	1 处	800000 元	800000 元	0.97 元	0.97 元

以上清单不平衡报价较为严重，后现场进行了变更取消，施工单位要求按投标价扣除，审核组坚持按合同及招标文件"34.2.2.2.2 第③条对于分部分项综合单价投标报价降幅低于控制价相应子目综合单价 30% 以上的清单项目，工程量减少幅度超过本项目工程数量 15%（不含 15%）的，超过 15% 的减少部分工程量相应综合单价按控制价相应子目综合单价与投标总价降幅同比下浮标准，作为结算的依据。"执行予以扣除产生了较大争议。

处理方法：针对施工单位所提争议审核组向有关部门进行了汇报，2016 年 5 月 23 日某市林业和园林局发函给该市公管局，进行了回复并给予了处理意见，最终以处理意见核减此项。

审核组按照给市公管局函审核情况见表 5-71。

表 5-71　审核情况

项目名称	清单工程量	控制价综合单价	控制价综合合价	投标综合单价	投标综合合价	审核综合单价	审核综合合价
木平台	488m²	1249.45 元/m²	609731.60 元	0.97 元/m²	473.36 元	-319.81 元/m²	-156067.28 元
栏杆、扶手	70m	260 元/m	18200 元	0.97 元/m	67.9 元	-129.71 元/m	-9079.70 元
琥珀潭塑石假山修缮	1 处	800000 元	800000 元	0.97 元	0.97 元	-399120 元	-399120 元

最终共审减约 56.4 万元。

4. 总结分析

审核组成员在接审项目时，首先要认真熟悉报审资料：

（1）对照竣工图反复查看现场，掌握现场施工范围及施工内容　如发现竣工图与现场差距较大及时通知主审及建设单位让施工单位重新绘制竣工图。充分地掌握现场实际施工情况，对于做好项目的价款结算审核起到关键性的作用。

（2）熟悉招标投标文件、合同等结算资料　注意变更取消项目是否存在不均衡报价情况、不合理的变更情况。发现问题审核组成员应及时上报主审，降低审核风险，提高审核质量。

（3）对上报结算资料规范性的审核　审核组在审核施工单位报送的结算书时，发现施工单位结算书的格式及思路混乱，签证部分与合同部分混在一起难以区分，审核组应及时将情况通知建设单位，并建议施工单位重新报送结算书。

第六章　造价工程师职业资格制度和职业道德

我国自 1996 年以来开始推行造价工程师职业资格制度，其目的是为了在工程造价管理领域培养专门的人才，实现对工程造价的全过程管理。造价工程师在我国工程建设中发挥了重要作用，直到 2018 年，为适应建设行业发展的实际需要，造价工程师执业制度和业务开展做了调整和创新，造价工程师分为一级、二级，以便充分发挥造价专业人员的作用，更好地服务于工程建设。

第一节　造价工程师职业资格制度

一、造价工程师定义

造价工程师是指通过职业资格考试取得中华人民共和国造价工程师执业资格证书，并经注册后从事建设工程造价工作的专业技术人员。

国家设置造价工程师准入类职业资格，纳入国家职业资格目录。目前造价工程师分为一级造价工程师和二级造价工程师。

二、造价工程师职业资格制度规定

现行造价工程师职业资格制度规定主要有：2018 年 7 月 20 日住房和城乡建设部、交通运输部、水利部、人力资源和社会保障部联合印发的《造价工程师职业资格制度规定》《造价工程师职业资格考试实施办法》和 2020 年 2 月 19 日住房和城乡建设部令第 50 号修正《注册造价工程师管理办法》。

《造价工程师职业资格制度规定》共 5 章 32 条，《造价工程师职业资格考试实施办法》共 14 条，《注册造价工程师管理办法》共 6 章 40 条，明确了造价工程师职业资格的考试、注册、执业和监督管理等内容。

三、资格考试

（一）一级造价工程师资格考试

1. 考试组织

一级造价工程师职业资格考试实行全国统一大纲、统一命题、统一组织。每年举行一次。

2．报考条件

凡中华人民共和国公民，具有工程造价或相关专业大学专科及其以上学历，从事工程造价业务满一定年限后，均可申请参加一级造价工程师职业资格考试。

3．考试科目

考试科目为《建设工程造价管理》《建设工程计价》《建设工程技术与计量》《建设工程造价案例分析》4个科目，其中《建设工程造价管理》《建设工程计价》2个科目为基础科目，《建设工程技术与计量》《建设工程造价案例分析》2个科目为专业科目。

专业科目分为土木建筑工程、交通运输工程、水利工程和安装工程。

考试成绩实行4年为一个周期的滚动管理办法，在连续的4个考试年度内通过全部考试科目，方可取得一级造价工程师职业资格证书。

4．证书取得

一级造价工程师职业资格考试合格者，由各省、自治区、直辖市人力资源社会保障行政主管部门颁发中华人民共和国一级造价工程师职业资格证书。该证书由人力资源和社会保障部统一印制，住房和城乡建设部、交通运输部、水利部按专业类别分别与人力资源和社会保障部用印，在全国范围内有效。

（二）二级造价工程师资格考试

1．考试组织

二级造价工程师职业资格考试实行全国统一大纲，各省、自治区、直辖市自主命题并组织实施。

二级造价工程师职业资格考试每年不少于一次。

2．报考条件

凡中华人民共和国公民，具有工程造价专业大学专科及其以上学历，从事工程造价业务工作满一定年限，均可申请参加二级造价工程师职业资格考试。其工作年限要求较报考一级造价工程师短。

3．考试科目

考试科目为《建设工程造价管理基础知识》《建设工程计量与计价实务》2个科目，其中《建设工程造价管理基础知识》为基础科目，《建设工程计量与计价实务》为专业科目。

专业科目分为土木建筑工程、交通运输工程、水利工程和安装工程。考生在报名时可根据实际工作需要选择其一。其中，土木建筑工程、安装工程专业由住房和城乡建设部门负责；交通运输工程专业由交通运输部门负责；水利工程专业由水利部门负责。

考试成绩实行2年为一个周期的滚动管理办法，参加全部2个科目考试的人员必须在连续的2个考试年度内通过全部科目，方可取得二级造价工程师职业资格证书。

4．证书取得

二级造价工程师职业资格考试合格者，由各省、自治区、直辖市人力资源和社会保障行政主管部门颁发中华人民共和国二级造价工程师职业资格证书。该证书由各省、自治区、直辖市住房和城乡建设、交通运输、水利行政主管部门按专业类别分别与人力资源和社会保障行政主管部门用印，原则上在所在行政区域内有效。

四、注册

国家对造价工程师职业资格实行执业注册管理制度。取得造价工程师职业资格证书且从事工程造价相关工作的人员，经注册方可以造价工程师名义执业。

住房和城乡建设部、交通运输部、水利部负责一级造价工程师注册及相关工作，各省、自治区、直辖市住房和城乡建设、交通运输、水利行政主管部门按专业类别分别负责二级造价工程师注册及相关工作。

（一）注册条件

造价工程师注册必须具备以下基本条件：

1）取得职业资格。

2）受聘于一个工程造价咨询企业或者工程建设领域的建设、勘察、设计、施工、招标代理、工程监理、工程造价管理等单位。

3）无法律法规规定的不予注册的情形。

（二）注册办理

符合注册条件的人员申请注册的，可以向聘用单位工商注册所在的省、自治区、直辖市住房和城乡建设主管部门或有关专业部门提交申请材料。

1）申请一级注册造价工程师初始注册，省、自治区、直辖市住房和城乡建设主管部门或国务院有关专业部门收到申请材料后，应当在5日内将申请材料报国务院住房和城乡建设主管部门。国务院住房和城乡建设主管部门在收到申请材料后，应当依法做出是否受理的决定，并出具凭证，申请材料不齐全或者不符合法定形式的，应当在5日内一次性告知申请人需要补正的全部内容。逾期不告知的，自收到申请材料之日起即为受理。国务院住房和城乡建设主管部门应当自受理之日起20日内做出决定。

2）申请一级注册造价工程师变更注册、延续注册的，省、自治区、直辖市住房和城乡建设主管部门或国务院有关专业部门收到申请材料后，应当在5日内将申请材料报国务院住房和城乡建设主管部门，国务院住房和城乡建设主管部门应当自受理之日起10日内做出决定。

3）申请二级注册造价工程师初始注册，省、自治区、直辖市住房和城乡建设主管部门或有关专业部门收到申请材料后，应当依法做出是否受理的决定，并出具凭证，申请材料不齐或者不符合法定形式的，应当在5日内一次性告知申请人需要补正的全部内容。逾期不告知的，自收到申请材料之日起即为受理，省、自治区、直辖市住房和城乡建设主管部门或有关专业部门应当自受理之日起20日内做出决定。

4）申请二级注册造价工程师变更注册、延续注册，省、自治区、直辖市住房和城乡建设主管部门或有关专业部门收到申请材料后，应当自受理之日起10日内做出决定。

目前，注册工程师的初始、变更、延续注册均通过国家或省注册造价工程师注册管理系统办理，实行网上申报、受理和审批。

（三）注册材料

申请人提交的注册材料有以下要求：

1. 初始注册

取得职业资格证书的人员，可自职业资格证书签发之日起1年内申请初始注册。逾期未申请者，须符合继续教育的要求后方可申请初始注册。初始注册的有效期为4年。

申请初始注册，应当提交的材料：

1）初始注册申请表。

2）职业资格证书和身份证件。

3）与聘用单位签订的劳动合同。

4）取得职业资格证书的人员，自职业资格证书签发之日起 1 年后申请初始注册的，应当提供当年的继续教育合格证明。

2. 变更注册

在注册有效期内，注册造价工程师变更执业单位的，应当与原聘用单位解除劳动合同。变更后延续原注册有效期。

申请变更注册，应当提交的材料：

1）变更注册申请表。

2）注册证书。

3）与新聘用单位签订的劳动合同。

3. 延续注册

注册造价工程师应当在注册有效期满 30 日前申请延续注册。延续注册的有效期为 4 年。申请延续注册的，应当提交的材料：

1）延续注册申请表。

2）注册证书。

3）与聘用单位签订的劳动合同。

4）继续教育合格证明。

（四）注册证和执业印章

造价工程师准予注册的，由住房和城乡建设部、交通运输部、水利部核发《中华人民共和国一级造价工程师注册证》（或电子证书）；或由各省、自治区、直辖市住房和城乡建设、交通运输、水利行政主管部门核发《中华人民共和国二级造价工程师注册证》（或电子证书）。

注册证、执业印章样式以及注册证编号规则由住房和城乡建设部会同交通运输部、水利部统一制定。执业印章由注册造价工程师按照统一规定自行制作。

注册造价工程师执业时，应持注册证和执业印章。

五、执业

（一）执业范围

1. 一级注册造价工程师执业范围

一级注册造价工程师执业范围，包括建设项目全过程的工程造价管理与工程造价咨询等，具体工作内容如下：

1）项目建议书、可行性研究投资估算与审核，项目经济评价与造价分析。

2）建设工程设计概算、施工图预算编制与审核。

3）建设工程招标投标文件工程量和造价的编制与审核。

4）建设工程合同价款、结算价款、竣工决算价款的编制与管理。

5）建设工程审计、仲裁、诉讼、保险中的造价鉴定，工程造价纠纷调解。

6）建设工程计价依据、造价指标的编制与管理。

7）与工程造价管理有关的其他事项。

2. 二级注册造价工程师执业范围

二级注册造价工程师主要协助一级注册造价工程师开展相关工作，可独立开展以下具体工作：

1) 建设工程工料分析、计划、组织与成本管理，施工图预算、设计概算编制。

2) 建设工程工程量清单、最高投标限价、投标报价编制。

3) 建设工程合同价款、结算价款和竣工决算价款的编制。

（二）造价成果及修改

1. 造价成果签章

注册造价工程师应当根据执业范围，在本人形成的工程造价成果文件上签字并加盖执业印章，并承担相应的法律责任。最终出具的工程造价成果文件应当由一级注册造价工程师审核并签字盖章。

2. 造价成果的修改

修改经注册造价工程师签字盖章的工程造价成果文件，应当由签字盖章的注册造价工程师本人进行；注册造价工程师本人因特殊情况不能进行修改的，应当由其他注册造价工程师修改，并签字盖章；修改工程造价成果文件的注册造价工程师对修改部分承担相应的法律责任。

（三）注册造价工程师的权利和义务

1. 注册造价工程师的权利

1) 使用注册造价工程师名称。

2) 依法从事工程造价业务。

3) 在本人执业活动中形成的工程造价成果文件上签字并加盖执业印章。

4) 发起设立工程造价咨询企业。

5) 保管和使用本人的注册证书和执业印章。

6) 参加继续教育。

2. 注册造价工程师的义务

1) 遵守法律、法规、有关管理规定，恪守职业道德。

2) 保证执业活动成果的质量。

3) 接受继续教育，提高执业水平。

4) 执行工程造价计价标准和计价办法。

5) 与当事人有利害关系的，应当主动回避。

6) 保守在执业中知悉的国家秘密和他人的商业、技术秘密。

（四）注册造价工程师禁止行为

注册造价工程师不得有下列行为：

1) 不履行注册造价工程师义务。

2) 在执业过程中，索贿、受贿或者谋取合同约定费用以外的其他利益。

3) 在执业过程中实施商业贿赂。

4) 以个人名义承接工程造价业务。

5) 签署有虚假记载、误导性陈述的工程造价成果文件。

6) 允许他人以自己名义从事工程造价业务。

7) 同时在两个或两个以上单位执业。

8）涂改、倒卖、出租、出借或者以其他形式非法转让注册证书或者执业印章。

9）超出执业范围、注册专业范围执业。

10）法律、法规、规章禁止的其他行为。

六、继续教育

注册造价工程师在每一个注册期内继续教育学时应不少于 120 学时。注册两个专业的造价工程师继续教育学时可重复计算。

继续教育包括：有关国家机关、行业协会等单位组织的面授培训、远程教育（网络）培训、学术会议、学术报告、专业论坛等活动。

注销注册或注册证书失效后重新申请注册的造价工程师，自重新申请初始注册之日起算，近 4 年继续教育学时应不少于 120 学时；自职业资格证书签发之日起至重新申请初始注册之日止不足 4 年的，应提供每满 1 个年度不少于 30 学时继续教育学习证明。

七、监督管理

县级以上住房和城乡建设主管部门、交通运输部门、水利部门按照分工对注册造价工程师的注册、执业和继续教育实施监督管理。

住房和城乡建设部应将造价工程师注册信息告知省、自治区、直辖市住房和城乡建设主管部门和国务院有关专业部门。省、自治区、直辖市住房和城乡建设、交通运输、水利主管部门应当将造价工程师注册信息告知本行政区域内市、县住房和城乡建设、交通运输、水利主管部门。

注册造价工程师违法从事工程造价活动的，违法行为发生地县级及以上监督管理机构应当依法查处，并将违法事实、处理结果告知注册机关；依法应当撤销注册的，应当将违法事实、处理建议及有关材料报注册机关。

注册造价工程师及其聘用单位应当按照有关规定，向注册机关提供真实、准确、完整的注册造价工程师信用档案信息。

第二节 造价工程师职业道德

一、职业道德概述

（一）什么是职业道德

道德是社会学意义上的一个基本概念。不同的社会制度，不同的社会阶层都有不同的道德标准。所谓道德，就是由一定社会的经济基础所决定，以善恶为评价标准，以法律为保障，并依靠社会舆论和人们内心信念来维系的，调整人与人、人与社会及社会各成员之间关系的行为规范的总和。

职业道德是一般道德在职业行为中的反映，是社会分工的产物。所谓职业道德，就是人们在进行职业活动过程中，一切符合职业要求的心理意识、行为准则和行为规范的总和。它是一种内在的、非强制性的约束机制。是用来调整职业个人、职业主体和社会成员之间关系的行为准则和行为规范。

（二）职业道德的本质

1. 职业道德是生产发展和社会分工的产物

自从人类社会出现了农业和畜牧业、手工业的分离，以及商业的独立，社会分工就逐渐成为普通的社会现象。由于社会的分工，人类的生产就必须通过各行业的职业劳动来实现。随着生产发展的需要，随着科学技术的不断进步，社会分工越来越细。分工不仅没有把人们的活动分成彼此不相联系的独立活动，反而使人们的社会联系日益加强，人员之间的关系越来越紧密，越来越扩大，经过无数次的分化与组合，形成了今天社会生活中的各种各样的职业，并形成了人们之间错综复杂的职业关系。这种与职业相关的特殊的社会关系，需要有与之相适应的特殊的道德规范来调整，职业道德就是作为适应并调整职业生活和职业关系的行为规范而产生的。可见，生产的发展和社会分工的出现是职业道德形成、发展的历史条件。

2. 职业道德是人们在职业实践活动中形成的规范

人们对自然、社会的认识依赖于实践，正是由于人们在各种各样的职业活动实践中，逐渐地认识人与人之间、个人与社会之间的道德关系，从而形成了与职业实践相联系的特殊的道德心理、道德观念、道德标准。由此可见，职业道德是随着职业的出现以及人们的职业生活实践形成和发展起来的，有了职业就有了职业道德，出现一种职业就随之有了关于这种职业的道德。

3. 职业道德是职业活动的客观要求

职业活动是人们由于特定的社会分工而从事的具有专门业务和特定职责，并以此作为主要生活来源的社会活动。它集中地体现着社会关系的三大要素——责、权、利。

一是每种职业都意味着承担一定的社会责任，即职责。如完成岗位任务的责任，承担责权范围内的社会后果的责任等。职业者的职业责任的完成，既需要通过具有一定权威的政令或规章制度来维持正常的职业活动和职业程序，强制人们按一定规定办事，也需要通过内在的职业信念、职业道德感情来操作。当人们以什么态度来对待和履行自己的职业责任时，就使职业责任具有道德意义，成为职业道德责任。

二是每种职业都意味着享有一定的社会权利，即职权。职权不论大小都来自于社会，是社会整体和公共权利的一部分，如何承担和行使职业权利，必然联系着社会道德问题。

三是每种职业都体现和处理着一定的利益关系，职业劳动既是为社会创造经济、文化效益的主渠道，也是个人一个主要的谋生手段，因此，职业是社会整体利益、职业服务对象的公众利益和从业者个人利益等多种利益的交汇点、结合部。如何处理好它们之间的关系，不仅是职业的责任和权利之所在，也是职业内在的道德内容。

总之，没有相应的道德规范，职业就不可能真正担负起它的社会职能。职业道德是职业活动自身的一种必要的生存与发展条件。

4. 职业道德是社会经济关系决定的特殊社会意识形态

职业道德虽然是在特定的职业生活中形成的，但它作为一种社会意识形态，则根植于社会经济关系之中，决定于社会经济关系的性质，并随着社会经济关系的变化而变化发展着。在人类历史上，社会的经济关系归根到底只有两种形式：一种是以生产资料私有制为基础的经济结构，另一种是以生产资料公有制为基础的经济结构。与这两种经济结构相适应也就产生了两种不同类型的职业道德：一种是私有制社会的职业道德，包括奴隶社会、封建社会和资本主义社会的职业道德；另一种是公有制社会即社会主义社会的职业道德。以公有制为基础的社会主义的职业道德与私有制条件下的各种职业道德有着根本性的区别。社会主义社会人与人之间的关系，不再是剥削与被剥削、雇佣与被雇佣的职业关系，从事不同的职业活动，只是社会分工不同，而没有高低贵贱的区别，每个职业工作者都是平等的劳动者，不同职业之间是相互服务的关系。每个职业活动都是社会主义事业的一个组成部分。各种职业的职业利益同整个社会的利益，从根本上说是一致的。因此，各行各业有可能形成共同的职业道德规范，这是以私有制为基础的社会的职业道德难以实现的。

（三）职业道德的特征

（1）职业性　职业道德的内容与职业实践活动紧密相连，反映着特定职业活动对从业人员行为的道德要求。每一种职业道德都只能规范本行业从业人员的职业行为，在特定的职业范围内发挥作用。

（2）实践性　职业行为过程，就是职业实践过程，只有在实践过程中，才能体现出职业道德的水准。职业道德的作用是调整职业关系，对从业人员职业活动的具体行为进行规范，解决现实生活中的具体道德冲突。

（3）继承性　在长期实践过程中形成的，会被作为经验和传统继承下来。即使在不同的社会经济发展阶段，同样一种职业因服务对象、服务手段、职业利益、职业责任和义务相对稳定，职业行为的道德要求的核心内容将被继承和发扬，从而形成了被不同社会发展阶段普遍认同的职业道德规范。

（4）多样性　不同的行业和不同的职业，有着不同的职业道德标准。

（四）职业道德基本规范内容

1. 爱岗敬业

爱岗敬业反映的是从业人员热爱自己的工作岗位，尊重自己所从事的职业的道德操守。表现为从业人员勤奋努力、精益求精、尽职尽责的职业行为。这是社会主义职业道德的最基本的要求。

2. 诚实守信

诚实守信，不仅是做人的准则，也是对从业者的道德要求，即从业者在职业活动中应该诚实劳动、合法经营、信守承诺、讲求信誉。

3. 办事公道

办事公道是指从业人员廉洁公正，不仅自己清正廉洁，办事公正，不以权谋私，还要秉公执法，做到出于公心、主持公道、不偏不倚。既不唯上、不唯权，又不唯情、不唯利。

4. 服务群众

服务群众就是在职业活动中一切从群众的利益出发，为群众着想，为群众办事，为群众提供高质量的服务。

5. 奉献社会

奉献社会就是要求从业人员在自己的工作岗位上树立起奉献社会的职业理想，并通过兢兢业业的工作，自觉为社会和他人做贡献，尽到力所能及的责任。

二、造价工程师职业道德

（一）造价工程师主要职能

1. 为投资人服务的造价工程师的主要职能

1）投资评估和估算工作，是造价工程师为投资人进行项目投资而评估预算和其他估算

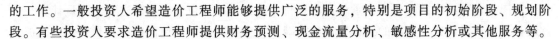

的工作。一般投资人希望造价工程师能够提供广泛的服务，特别是项目的初始阶段、规划阶段。有些投资人要求造价工程师提供财务预测、现金流量分析、敏感性分析或其他服务等。

2）设计概算编制是造价工程师帮助投资人进行设计阶段造价控制的重要工作；必要时进行价值工程分析，选定最优化的设计方案。施工图设计是造价形成的关键环节，造价工程师完成施工图预算编制，是造价控制的主要阶段。

3）工程发承包阶段造价工程师担任着主要角色，工程量清单编制、最高投标限价编制或者标底的编制与审核都由造价工程师负责。有些造价工程师专门从事合同发包工作。当工程条件不同及投资人的要求不同时，其适用的发包方式也不同。一般投资人缺乏发包经验，就会错误地选择发包方式，而造价工程师正是利用在发包方面的专业知识，来帮助投资人选择合适的发包方式和承包商。

4）合同文件的编制也是造价工程师的主要工作内容。合同文件编制的内容，根据项目性质、范围、规模的不同可以分为很多类型，造价工程师可以利用自己的经验结合项目的具体情况提出选择何种合同类型的建议，并进行合同文件的编制。

5）投标分析是造价工程师帮助投资人选择承包商的关键步骤，除了检查投标文件中错误和不一致的地方外，建造师和监理工程师还常常依靠造价工程师对承包商的选择提出建议和推荐。

6）实施阶段的造价管控，包括合同管理、工程变更、工程索赔、现场签证、工程计量及价款支付，造价工程师在这些工作中的作用都不可忽略或低估。造价工程师的工作内容应该根据承包商选择的方式、合同价格确定的方法、施工现场实际情况，以及代表投资人或承包商的利益等方面来综合确定。

7）竣工结算及决算工作。在工程项目实施过程中，造价工程师为投资人把关工程签证、变更、中期付款等。在项目验收时，编制竣工结算和工程决算，反映整个项目的造价管控情况和财务成果。

2. 为承包商服务的造价工程师的主要职能

1）投标报价是造价工程师为承包商提供服务的一项重要工作内容。承包商在投标报价时，如出错，其损失难以弥补，成功的报价将依赖于造价工程师对招标文件、施工合同、施工方法的熟悉程度及对市场价格和竞争对手的了解。

2）合同谈判。作为承包商的造价工程师，在谈判签订合同时，要不断地与投资人的造价工程师进行协商，从一个项目的单价到工程项目总价，从合同形式到某一条合同条款，都要细谈。因此，承包商的造价工程师不仅要熟悉所有的标准合同、合同法及相关的案例，而且要有一个正确的操守，否则将直接影响承包企业的利益。

3）现场计量。承包商的造价工程师工作中的一部分应包括现场测量。不论是内部结算，还是与投资人的造价工程师进行中期付款、工程结算，都应去现场进行实地测量。承包商的利益更多需要造价工程师务实的职业作风，熟练的工作技巧和更强的工作能力。

4）定期地编制财务报告也是承包商的造价工程师的一项工作内容。每隔一段时间，造价工程师要检查工程财务状况，编写成报告提交企业管理人员，报告中还要指出工程中不够有效的工作方法、报价时的错误以及不恰当的采购政策等不足之处。这项工作职能更多地需要造价工程师扎实的业务功底和诚实的工作态度。

5）承包商的造价工程师的工作还包括对分包商的管理，即与不同类型的分包商的合作。对于承包商确认的分包商，承包商的造价工程师应按分包合同条款进行工程量计算、价款结算，确认设计变更引起的工程量增加或减少，应做到确保承包商的利益受到合理保护。

6）控制实际建造成本。承包商的造价工程师还要进行现场成本分析，一般针对造价数额较大的项目。采取将实际成本与原计划成本比较，发现不够理想的地方，应及时采取措施进行改正，以维护承包商的合理利益。

7）准备工程结算。作为承包商的造价工程师，与投资人达成工程结算的协议，是承包商的造价工程师的一项重要工作。由于对工程量计算规则理解不一致，导致计量分歧；对于合同文件存在没有事先确定的工程单价，往往结算协商会产生一些问题。需要造价工程师的协调能力和足够的耐心。

3. 其他专业服务的造价工程师的职能

造价工程师除了可以为投资人或承包商提供专业服务外，在工程造价管理中还有可能担任其他角色，如工程造价计价依据的编制、施工监理、准仲裁员等。

（1）计价依据编制专家 造价工程师接受建设行业造价管理机构的邀请，参加建设行业工程造价计价依据的编制。计价依据是行业确定工程造价的标准，直接影响投资人、承包商等各方利益，计价依据编制者业务素养和职业操守十分重要。

（2）施工监理工作 造价工程师作为施工监理就是监督、协调、配合承包商，宏观控制承包商在施工中履行合同的情况。

（3）担任纠纷的准仲裁员 在施工过程中，引起索赔的原因很多，一些承包商会寻找索赔机会，希望从索赔中得到更多的利润和工期补偿。当投资人与承包商意见不一致时，异议一方会向造价工程师书面汇报争端，要求其做出准仲裁。造价工程师熟悉施工合同条款和专业技术标准，可作为索赔事件的"准仲裁员"。目前这种做法在我国香港特别行政区较为普遍，其他地区才开始试行。直到现在，我国工程建设领域绝大多数是双方（投资人与承包商）发生争议，首先向当地工程造价管理机构申请调解，调解不成再向合同约定的仲裁委员会申请正式仲裁，或向人民法院起诉。无论何种方式，活动中造价工程师都将发挥着重要作用。

三、造价工程师的素质要求和职业道德

（一）造价工程师的素质要求

通过上述造价工程师的职能，不难看出造价工程师的执业关系到国家、建设活动各方和社会公众利益，对其专业和身体素质，应有以下要求：

（1）造价工程师应是复合型的专业管理人才 作为工程造价管理者，造价工程师应是具有工程、经济和管理知识与实践经验的高素质复合型专业人才。

（2）造价工程师应具备技术技能 技术技能是指能使用由经验、教育及培训的知识、方法、技能及设备，来达到特定任务的能力。主要包括建筑技术、测量技术、计算机技术、估算技术及造价控制能力。

（3）造价工程师应具备人文技能 人文技能是指与人共事的能力和判断力。造价工程师应具有高度的责任心与协作精神，善于与业务有关的各方面人员沟通、协作，共同完成对项目目标的控制或管理。

（4）造价工程师应具备观念技能 观念技能是指了解整个组织及自己在组织中地位的能

力，使自己不仅能按本身所属的群体目标行事，而且能按整个组织的目标行事。同时，造价工程师应有一定的组织管理能力，具有面对机遇与挑战，积极进取、勇于开拓的精神。

（5）造价工程师应有健康的体魄　健康的心理和较好的身体素质是造价工程师适应繁忙、紧张工作的基础。

（二）造价工程师的职业道德

造价工程师的职业道德又称造价工程师职业操守，是指造价工程师在工程造价职业活动中所遵守的行为规范的总称，也是造价专业人员必须遵从的道德标准和行业规范。由于造价工程师维护的是国家和社会的公共利益，并且造价工程师的工作直接涉及投资人和承包商的经济利益，所以造价工程师具备良好的职业道德和品行极其重要。

为提高造价工程师整体素质和职业道德水准，促进工程造价行业健康持续发展，中国建设工程造价管理协会制定和颁布了《造价工程师职业道德行为准则》，其具体要求如下：

1）遵守国家法律、法规和政策，执行行业自律性规定，珍惜职业声誉，自觉维护国家和社会公共利益。

2）遵守"诚信、公正、精业、进取"的原则，以高质量的服务和优秀的业绩，赢得社会和客户对造价工程师职业的尊重。

3）勤奋工作，独立、客观、公正、正确地出具工程造价成果文件，使客户满意。

4）诚实守信，尽职尽责，不得有欺诈、伪造、作假等行为。

5）尊重同行，公平竞争，搞好同行之间的关系，不得采取不正当的手段损害、侵犯同行的权益。

6）廉洁自律，不得索取、收受委托合同约定以外的礼金和其他财物，不得利用职务之便谋取其他不正当的利益。

7）造价工程师与委托方有利害关系的应当主动回避，委托方有权要求其回避。

8）对客户的技术和商务秘密负有保密义务。

9）接受国家和行业自律组织对其职业道德行为的监督检查。

参 考 文 献

[1] 朱宏亮，成虎. 工程合同管理 [M]. 2 版. 北京：中国建筑工业出版社，2018.

[2] 付涵钧. 市政工程总承包合同管理的基本程序与难点剖析 [J]. 企业改革与管理，2022 (6)：29-31.

[3] 潘自强，赵家新. 建设工程项目管理咨询服务指南 [M]. 北京：中国建筑工业出版社，2017.

[4] 安徽省住房和建设执业资格注册中心. 二级建造师继续教育教材 [M]. 北京：中国机械工业出版社，2018.

[5] 陈金海，陈曼文，杨远哲，等. 建设项目全过程工程咨询指南 [M]. 北京：中国建筑工业出版社，2018.

[6] 宋体民. 全生命周期工程造价管理研究 [J]. 科技资讯，2005 (25)：10-11.

[7] 中国建筑设计咨询有限公司. 建设工程咨询管理手册 [M]. 北京：中国建筑工业出版社，2017.

[8] 陈勇，曲颐胜. 工程项目管理 [M]. 北京：清华大学出版社，2016.

[9] 柏昌利. 专业技术人员职业道德修养教程 [M]. 西安：西安电子科技大学出版社，2012.

[10] 陈飞. 建筑工程工程总承包项目招标管理研究 [D]. 成都：西华大学，2018.

[11] 中国建设工程造价管理协会. 建设项目施工图预算编审规程 [M]. 北京：中国计划出版社，2013.

[12] 王晓青，汪照喜. 建筑工程概预算 [M]. 2 版. 北京：电子工业出版社，2012.

[13] 孟宪海. 全寿命周期成本管理与价值管理 [J]. 国际经济合作，2007 (5)：59-61.

[14] 刘振亚. 企业资产全寿命周期管理 [M]. 北京：中国电力出版社，2015.

[15] 吴静. 《建设工程工程量清单计价规范》新旧版本对照与条文解读 [M]. 北京：中国建筑工业出版社，2013.

[16] 中国建设工程造价管理协会. 建设项目工程结算编审规程 [M]. 北京：中国计划出版社，2010.

[17] 中国建设工程造价管理协会. 建设工程招标控制价编审规程 [M]. 北京：中国计划出版社，2011.

[18] 何佰洲. 建设工程施工合同（示范文本）条文注释与应用指南 [M]. 北京：中国建筑工业出版社，2013.

[19] 郑意叶. 工程总承包项目管理研究 [D]. 上海：华东理工大学，2016.

[20] 谢能榕. 施工总承包合同管理研究与实践 [D]. 重庆：重庆大学，2016.

[21] 刘占省，赵雪峰. BIM 技术与施工项目管理 [M]. 北京：中国电力出版社，2015.

[22] 过俊. BIM 在建筑全生命周期中的应用 [J]. 建筑技艺，2010 (10)：209-214.

[23] 贺灵重. BIM 在全球的应用现状 [J]. 工程质量，2013，31 (3)：12-19.

[24] 安玉华. 施工项目成本管理 [M]. 北京：化学工业出版社，2010.

[25] 郑博文. 基于 BIM 技术 JD 项目施工成本控制研究 [C]. 大连：大连理工大学，2016.

[26] 中国建设监理协会. 建设工程合同管理 [M]. 北京：中国建筑工业出版社，2018.

[27] 全国人大常委会法制工作委员会经济法室. 中华人民共和国招标投标法实用问答 [M]. 北京：中国建材工业出版社，1999.

[28] 瞿延山. 工程总承包模式下的招投标与造价管理策略 [J]. 质量与市场，2021 (5)：153-154.

[29] 周和生，尹贻林. 建设项目全过程造价管理 [M]. 天津：天津大学出版社，2008.

[30] 中国建设教育协会继续教育委员会. 公路工程 [M]. 北京：中国建筑工业出版社，2019.

[31] 李建峰. 建设工程定额原理 [M]. 北京：机械工业出版社，2019.

[32] 袁鹤桐. 行业转型背景下工程总承包企业能力影响因素及机理研究 [D]. 济南：山东建筑大学，2021.

[33] 张雪莲. 建设工程总承包合同管理研究 [D]. 西安：西安建筑科技大学，2008.